微电子与集成电路设计系列教材

微电子器件实验教程

刘继芝　任　敏　编著

电子工业出版社
Publishing House of Electronics Industry
北京·BEIJING

内 容 简 介

本书共 4 章，分别介绍三种基本微电子器件——PN 结二极管、双极型晶体管（BJT）和绝缘栅场效应晶体管（MOSFET）的基本工作原理、仿真实验、测试实验和 PSpice 模型提取实验。

本书可作为高等学校电子科学与技术、集成电路设计与集成系统、微电子学等专业相关实验课程的教材，也可供其他相关专业的本科生、研究生和工程技术人员阅读参考。

图书在版编目（CIP）数据

微电子器件实验教程 / 刘继芝，任敏编著. —北京：电子工业出版社，2021.7

ISBN 978-7-121-41539-5

Ⅰ. ①微… Ⅱ. ①刘… ②任… Ⅲ. ①微电子技术-电子器件-实验-高等学校-教材 Ⅳ. ①TN4-33

中国版本图书馆 CIP 数据核字（2021）第 132614 号

责任编辑：韩同平

印　　刷：涿州市般润文化传播有限公司

装　　订：涿州市般润文化传播有限公司

出版发行：电子工业出版社

　　　　　北京市海淀区万寿路 173 信箱　邮编　100036

开　　本：787×1092　1/16　印张：12.25　字数：392 千字

版　　次：2021 年 7 月第 1 版

印　　次：2023 年 1 月第 2 次印刷

定　　价：59.90 元

前　言

微电子是我国重点发展的战略需求产业，该领域着力提升集成电路设计水平，不断丰富知识产权（IP）和设计工具，突破关系国家信息与网络安全及电子整机产业发展的核心通用芯片，提升国产芯片的应用适配能力。因此，应着力培养适应当今社会需求的微电子领域专业人才。

根据行业需求，微电子专业学生未来可从事的专业分为微电子工艺、微电子器件和集成电路三个方向。这三个方向的侧重点各有不同，应该有不同的课程内容和体系进行支撑。

"微电子器件实验"是微电子专业核心课程"微电子器件"的配套实验课程，其对于培养微电子人才起到非常重要和关键的作用。该实验课程以人才需求为导向，有针对性地培养学生的专业能力。本书主要包含以下四个方面的内容：

（1）器件理论基础。主要介绍与三种基本微电子器件——PN 结二极管、双极型晶体管（BJT）和绝缘栅场效应晶体管（MOSFET）相关的基本知识点。这部分内容起到一个承接的作用，即将理论知识与器件特性连接起来，复习巩固微电子器件的理论基础，并能够运用到后面与器件相关的实验内容中去。

（2）器件仿真实验。首先介绍 Medici 和 Sentaurus 两种 TCAD 器件仿真软件的使用方法，然后进行 PN 结二极管、双极型晶体管和绝缘栅场效应晶体管三种器件的直流特性、交流特性和开关特性等器件特性的仿真，从而掌握器件仿真的方法。通过器件仿真来联系微电子器件内部工作机理和外部器件特性，并通过器件参数的改变来改变器件的电学性能，从而使学生的器件分析能力得到提高。同时，器件仿真也是今后从事器件设计工作的必备设计手段。

为了使软件仿真在课堂上具有可操作性并快速得出结果，本教材在编写时注重实验的可操作性，针对每一类器件编写标准仿真程序范例，教师和学生可直接调用标准仿真程序，在界面处简单明了地修改器件的结构参数和偏置条件后，运行程序即能得出器件的各种电学参数变化规律。这样可大大提高授课效率，节省软件学习时间，能将主要精力放在对器件物理特性的理解上。

（3）器件测试实验。将围绕 PN 结二极管、双极型晶体管和绝缘栅场效应晶体管三种器件的测试实验进行介绍，对器件的直流、交流和开关等方面的特性进行全面的测试。该部分内容以强化学生自主实验为主线，通过对器件各种特性的测试，将器件的外部电学特性与内部工作机理结合起来，以实验促进理论知识的吸收和升华，提高学生学习的主观能动性。

（4）器件模型提取实验。将测试得到的 PN 结二极管、双极型晶体管和绝缘栅场效应晶体管三种基本器件的电学特性参数转化为器件的模型参数，将器件模型化，使其应用于各种具体电路的仿真中。这样就将器件的理论与器件作用联系起来，使学生具有器件的应用能力，对今后从事集成电路设计会起到非常大的帮助。

本书适合作为高等学校电子科学与技术、集成电路设计与集成系统、微电子学等专业相关实验课程的教材，也可供其他相关专业的本科生、研究生和工程技术人员阅读参考。

本书第 1 章作为复习微电子器件基本理论的内容可以安排学生自学；第 2 章器件仿真实验可安排 18～24 课时；第 3 章器件测试实验可安排 12～16 课时；第 4 章器件模型提取实验可安排 12～16 课时。

　　本书由刘继芝和任敏编著，第 1 章和第 3 章由任敏编写，第 2 章和第 4 章由刘继芝编写。特别感谢何刚、曾耀辉、王德康、薛文辉、黄秋培等为本书出版所做的大量工作。

　　由于编著者水平有限，书中难免有缺点和错误，欢迎读者批评指正（jzhliu@uestc.edu.cn）。

编著者

于电子科技大学

目　录

第1章　微电子器件基础知识…………（1）
1.1　PN 结二极管…………………（1）
　1.1.1　二极管的基本结构…………（1）
　1.1.2　PN 结二极管的伏安特性…（1）
　1.1.3　二极管的击穿电压…………（3）
　1.1.4　PN 结二极管的电容特性…（4）
　1.1.5　PN 结二极管的开关特性…（5）
1.2　双极型晶体管（BJT）………（5）
　1.2.1　BJT 的基本结构……………（5）
　1.2.2　BJT 的放大作用与电流放大
　　　　系数………………………（6）
　1.2.3　BJT 的输出特性曲线………（9）
　1.2.4　BJT 的反向截止电流和击穿
　　　　电压………………………（10）
　1.2.5　BJT 的大注入效应…………（11）
　1.2.6　BJT 的频率特性……………（11）
　1.2.7　BJT 的开关特性……………（12）
1.3　金属-氧化物-半导体场效应
　　晶体管（MOSFET）…………（15）
　1.3.1　MOSFET 的基本结构………（15）
　1.3.2　转移特性曲线和输出特性
　　　　曲线………………………（15）
　1.3.3　MOSFET 的阈电压…………（17）
　1.3.4　MOSFET 的非饱和区和饱和
　　　　区特性……………………（18）
　1.3.5　MOSFET 的亚阈区特性……（20）
　1.3.6　MOSFET 的开关特性………（20）
第2章　微电子器件仿真实验………（23）
2.1　器件仿真的基础知识…………（23）
　2.1.1　仿真软件简介………………（23）
　2.1.2　Medici 仿真软件的使用……（24）
　2.1.3　Sentaurus 仿真软件的使用…（39）
2.2　PN 结二极管的仿真…………（56）
　2.2.1　实验目的……………………（56）

2.2.2　实验原理……………………（56）
2.2.3　实验方法……………………（57）
2.2.4　思考题………………………（74）
2.3　双极型晶体管的仿真…………（74）
　2.3.1　实验目的……………………（74）
　2.3.2　实验原理……………………（74）
　2.3.3　实验方法……………………（74）
　2.3.4　思考题………………………（95）
2.4　MOSFET 的仿真………………（95）
　2.4.1　实验目的……………………（95）
　2.4.2　实验原理……………………（96）
　2.4.3　实验方法……………………（96）
　2.4.4　思考题………………………（114）
第3章　微电子器件测试实验………（115）
3.1　PN 结二极管直流参数
　　测试……………………………（115）
　3.1.1　实验目的……………………（115）
　3.1.2　实验原理……………………（115）
　3.1.3　实验器材……………………（115）
　3.1.4　实验方法和步骤……………（119）
　3.1.5　实验数据处理………………（121）
　3.1.6　思考题………………………（121）
3.2　PN 结二极管电容测试…………（121）
　3.2.1　实验目的……………………（121）
　3.2.2　实验原理及器材……………（122）
　3.2.3　实验器材……………………（122）
　3.2.4　实验方法和步骤……………（122）
　3.2.5　实验数据处理………………（124）
　3.2.6　思考题………………………（124）
3.3　双极型晶体管直流参数
　　测试……………………………（125）
　3.3.1　实验目的……………………（125）
　3.3.2　实验原理……………………（125）
　3.3.3　实验器材……………………（125）

3.3.4　实验方法和步骤 ·············（125）

3.3.5　实验数据处理 ···············（130）

3.3.6　思考题 ·····················（132）

3.4　MOS 场效应晶体管直流参数
　　　测试 ·····················（132）

3.4.1　实验目的 ···················（132）

3.4.2　实验原理 ···················（132）

3.4.3　实验器材 ···················（133）

3.4.4　实验方法和步骤 ·············（133）

3.4.5　实验数据处理 ···············（138）

3.4.6　思考题 ·····················（138）

3.5　MOSFET 输出电容参数
　　　测试 ·····················（139）

3.5.1　实验目的 ···················（139）

3.5.2　实验原理 ···················（139）

3.5.3　实验器材 ···················（139）

3.5.4　实验方法和步骤 ·············（139）

3.5.5　实验数据处理 ···············（140）

3.5.6　思考题 ·····················（140）

3.6　双极型晶体管开关时间
　　　测试 ·····················（140）

3.6.1　实验目的 ···················（140）

3.6.2　实验原理 ···················（140）

3.6.3　实验器材 ···················（141）

3.6.4　实验方法和步骤 ·············（141）

3.6.5　实验数据处理 ···············（143）

3.6.6　思考题 ·····················（143）

3.7　双极型晶体管特征频率
　　　测试 ·····················（143）

3.7.1　实验目的 ···················（143）

3.7.2　实验原理 ···················（144）

3.7.3　实验器材 ···················（145）

3.7.4　实验方法和步骤 ·············（145）

3.7.5　实验数据处理 ···············（148）

3.7.6　思考题 ·····················（148）

第 4 章　微电子器件的模型参数
　　　　　提取 ···················（149）

4.1　模型提取软件简介 ···········（149）

4.2　二极管模型参数的提取 ·······（151）

4.2.1　实验目的 ···················（151）

4.2.2　实验原理 ···················（151）

4.2.3　实验方法和步骤 ·············（155）

4.2.4　实验数据处理 ···············（159）

4.2.5　实验思考 ···················（160）

4.3　双极型晶体管模型参数的
　　　提取 ·····················（161）

4.3.1　实验目的 ···················（161）

4.3.2　实验原理 ···················（161）

4.3.3　实验方法和步骤 ·············（164）

4.3.4　实验数据处理 ···············（170）

4.3.5　实验思考 ···················（172）

4.4　MOSFET 模型参数的提取 ···（172）

4.4.1　实验目的 ···················（173）

4.4.2　实验原理 ···················（173）

4.4.3　实验方法和步骤 ·············（182）

4.4.4　实验数据处理 ···············（188）

4.4.5　实验思考 ···················（189）

参考文献 ··························（190）

第1章 微电子器件基础知识

1.1 PN 结二极管

1.1.1 二极管的基本结构

二极管（Diode）是最基本的一类微电子器件，它是二端元器件，具有单向导电性：当给二极管施加正向电压（阳极接高电位、阴极接低电位）时，器件导通；反之，对其施加反向电压（阳极接低电位、阴极接高电位）时器件阻断。按照工作原理的不同，二极管可分为 PN 结二极管和金半接触二极管（肖特基二极管）。按照所用的半导体材料，二极管又可以分为硅二极管、锗二极管和砷化镓二极管等。下面主要介绍由硅材料制作的 PN 结二极管。

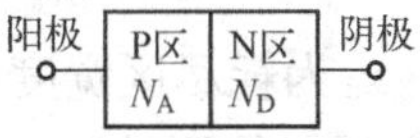

图 1.1-1 PN 结二极管基本结构

PN 结二极管的基本结构如图 1.1-1 所示，由相互接触的 P 型掺杂区（简称 P 区）和 N 型掺杂区（简称 N 区）构成，P 区引出的电极称为阳极，N 区引出的电极称为阴极。

1.1.2 PN 结二极管的伏安特性

二极管的 P 区由于 P 型掺杂会引入大量空穴，N 区由于 N 型掺杂会引入大量电子。P 区和 N 区接触后，由于 P 区空穴和 N 区电子分别向低浓度方向扩散，会在冶金结（P 区和 N 区交界处）附近形成空间电荷区（或称为"耗尽区"）。空间电荷区存在内建电场，由于电场的存在，就会在空间电荷区两侧形成电势差。将 P 区与耗尽区的交界处到 N 区与耗尽区的交界处的电势差称为内建电势，记为 V_{bi}，其表达式为：

$$V_{bi} = \frac{kT}{q} \ln \frac{N_A N_D}{n_i^2} \tag{1.1-1}$$

式中，k 为玻尔兹曼常数，T 为热力学温度，q 为一个电子所带电荷的绝对值，N_A 为 P 区的掺杂浓度，N_D 为 N 区的掺杂浓度，n_i 为本征载流子浓度。可以知道，N_A、N_D 越大，V_{bi} 就越大；半导体禁带宽度越宽，则 n_i 越小，V_{bi} 就越大。硅 PN 结的 V_{bi} 一般为 0.8V 左右，锗 PN 结的 V_{bi} 一般为 0.35V 左右。

二极管电流与外加电压的关系称为二极管的伏安特性，硅 PN 结二极管的典型伏安特性曲线如图 1.1-2 所示。

在二极管的势垒区内，存在载流子的漂移电流和扩散电流两种电流。在没有外加电压情况下，内建电场的存在使漂移电流和扩散电流达到平衡，净电流为零。当施加正向电压 V 时，内建电场被削弱，漂移电

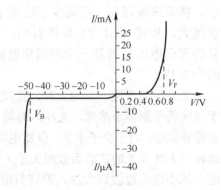

图 1.1-2 硅 PN 结二极管的伏安特性曲线

流和扩散电流之间的平衡被打破，载流子的漂移作用减小，扩散作用占据优势。平衡时，V_{bi} 形成的势垒高度 qV_{bi} 正好阻止载流子扩散，外加正向电压使势垒高度下降为 $q(V_{bi}-V)$，不能阻止载流子扩散，此时便有电子从 N 区扩散到 P 区，空穴从 P 区扩散到 N 区，形成了流过 PN 结的正向电流。而 PN 结反偏时，势垒高度提高，同样也破坏了漂移作用和扩散作用的平衡。势垒区两边的多数载流子要越过势垒区而扩散到对方区域变得更为困难；但对各区的少子来说，情况恰好相反，它们遇到了更深的势阱，因此反而更容易被拉到对方区域去。由于反向电流由少子形成，因此反向电流很小。此外，由于势垒区中存在复合中心，因此 PN 结的电流还包括势垒区的产生-复合电流。当 PN 结正偏时该电流为复合电流，PN 结反偏时为产生电流。

如图 1.1-3 所示，当正向偏压较低（如硅 PN 结，正向偏压小于 0.3V）时，正向电流以势垒区复合电流为主，其电流密度

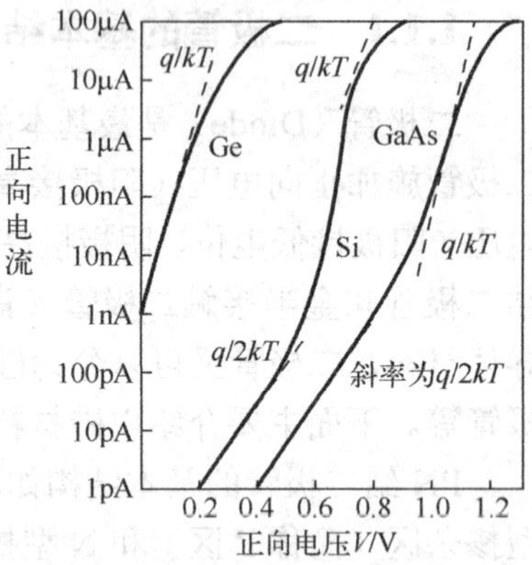

图 1.1-3　25℃时，几种材料的 PN 结二极管的正向伏安特性

$$J_r = \frac{qn_ix_d}{2\tau}\exp\left(\frac{qV}{2kT}\right) \tag{1.1-2}$$

式中，x_d 为耗尽区宽度，τ 为耗尽区内载流子寿命。

当正向偏压较高（如硅 PN 结，正向偏压大于 0.4V）时，正向电流主要是扩散电流，其电流密度

$$J_d = q\left(\frac{D_p}{L_p}p_{n0} + \frac{D_n}{L_n}n_{p0}\right)\left[\exp\left[\frac{qV}{kT}\right]-1\right] \tag{1.1-3}$$

式中，D_n、D_p 分别为电子、空穴的扩散系数，L_n、L_p 分别为电子、空穴的扩散长度，p_{n0}、n_{p0} 分别为 N 区平衡少子空穴的浓度和 P 区平衡少子电子的浓度。令

$$J_0 = q\left(\frac{D_p}{L_p}p_{n0} + \frac{D_n}{L_n}n_{p0}\right) = qn_i^2\left(\frac{D_p}{L_pN_D} + \frac{D_n}{L_nN_A}\right) \tag{1.1-4}$$

则有

$$J_d = J_0\left[\exp\left(\frac{qV}{kT}\right)-1\right] \tag{1.1-5}$$

式（1.1-5）称为肖克莱方程。当外加反向电压并且电压的值较大时，有

$$J_d = -J_0 \tag{1.1-6}$$

反向电流基本恒定，不会随反向电压变化，所以 J_0 被称为反向饱和电流密度。J_0 的大小取决于材料的种类、掺杂浓度和温度。半导体材料的禁带宽度越大，则 n_i 越小，J_0 就越小。掺杂浓度越高，平衡少子浓度 p_{n0} 或者 n_{p0} 越小，J_0 就越小。温度越高，n_i 越大，J_0 就越大。从式（1.1-5）可以看出，二极管的正向电流随外加电压呈指数增长。规定二极管的正向电流达到某一个测试值时的电压为正向导通电压，用 V_F 表示，硅二极管的 V_F 约为 0.7V。

当外加偏压进一步增大时，将发生大注入，即注入某区边界附近的非平衡少子浓度远大于该区的平衡多子浓度。大注入时将在中性区产生一个自建电场，载流子除了扩散运动外还有漂移运动。对于少子来说，自建电场将使其产生与扩散运动大小相等方向相同的漂移运动，这相当于使少子的扩散系数增大了 1 倍。这个现象称为大注入效应或韦伯斯脱（Webster）效应。从小注入过渡到大注入的转折电压称为膝点电压（V_K）。令小注入和大注入的扩散电流相等可解出 V_K。N 区和 P 区的膝点电压分别为：

$$V_{KN} = \frac{2kT}{q} \ln\left(\frac{\sqrt{2}N_D}{n_i}\right) \tag{1.1-7}$$

$$V_{KP} = \frac{2kT}{q} \ln\left(\frac{\sqrt{2}N_A}{n_i}\right) \tag{1.1-8}$$

相应地，大注入时 N 区中的空穴电流密度和 P 区中的电子电流密度与外加电压之间的关系变为

$$J_p = \frac{\sqrt{2}qD_p n_i}{L_p} \exp\left(\frac{qV}{2kT}\right) \tag{1.1-9}$$

$$J_n = \frac{\sqrt{2}qD_n n_i}{L_n} \exp\left(\frac{qV}{2kT}\right) \tag{1.1-10}$$

1.1.3 二极管的击穿电压

当反向电压不大时，二极管的反向电流通常很小，这实际上反映了二极管的反向阻断能力。然而这种阻断能力是有限的，如图 1.1-2 所示，当反向电压达到某个数值 V_B 时，二极管的反向电流会突然激增，这种现象称为击穿，V_B 称为反向击穿电压。

1. 雪崩击穿

当 PN 结掺杂浓度不太高时，这种击穿通常由耗尽区内的雪崩倍增效应引起。高反向偏压在耗尽区内产生高电场，载流子在电场中运动时将从电场中获得能量并通过碰撞传递给晶格。当传递的能量足够高时，载流子与晶格的碰撞会产生新的电子-空穴对，新产生的电子-空穴对又会再重复上述过程，该过程将不断进行下去，新的载流子无止境的产生，从而使电流迅速增大。显然，雪崩倍增效应的强度与耗尽区内的电场强度及半导体的禁带宽度密切相关，耗尽区内电场强度越强，载流子从电场中获取的能量越多，禁带宽度越小，电子-空穴对的激发越容易。

PN 结雪崩击穿电压的大小，与其掺杂浓度及材料类型相关。硅突变结的雪崩击穿电压为

$$V_B \approx 5.2 \times 10^{13} E_G^{3/2} N_0^{-3/4} \tag{1.1-11}$$

式中，E_G 为半导体材料的禁带宽度；$N_0 = N_A N_D/(N_A + N_D)$，称为约化浓度。$E_G$ 越大，V_B 越高；约化浓度越低，V_B 越高。当温度升高时，晶格的振动也会越强，载流子与晶格的碰撞更加频繁，载流子平均自由程变短，更难积累起足够高的能量与晶格发生碰撞电离，因此 V_B 具有正温度系数。

2. 齐纳击穿

根据量子理论，电子具有波动性，可以有一定的概率穿过位能比电子动能高的势垒区，这种现象称为隧道效应。

当 PN 结掺杂浓度很高时，随着反向电压增大，PN 结势垒区的强电场将使该区域能带的倾斜度增大，隧道长度缩短。当隧道长度小到一个临界值时，大量的 P 区价带电子通过隧道效应流入 N 区导带，使隧道电流急剧增加。

通常用 V_B 与 E_G 的比值作为区分不同击穿机构的判据：当 $V_B < 4E_G/q$ 时为隧道击穿；$V_B > 6E_G/q$ 时为雪崩击穿；若反向击穿电压介于上述两个值之间，则两种击穿兼有。对于硅，这分别相当于约 5V 和 7V 的击穿电压。

1.1.4 PN 结二极管的电容特性

当 PN 结上加有交流小信号电压时，它在电路中除表现出直流特性外，还表现出电容特性。PN 结电容包括势垒电容 C_T 和扩散电容 C_D，二者是并联关系。此外，实际 PN 结二极管上还并联着直流增量电导 g_D、漏电导 g_l，串联着由中性区体电阻、欧姆接触电阻及引线电阻形成的寄生电阻 R_s。前三个是小信号参数，后两个寄生参数则在直流或小信号下均存在。实际 PN 结二极管的小信号交流等效电路如图 1.1-4 所示。

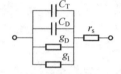

图 1.1-4　实际 PN 结二极管的小信号交流等效电路

1. 势垒电容 C_T

当外加电压发生 ΔV 的变化时，PN 结空间电荷区（即势垒区）宽度发生变化，使 PN 结两侧的空间电荷也发生相应的（$+\Delta Q$）与（$-\Delta Q$）的变化，如图 1.1-5 所示。空间电荷区中电荷的这种变化，显然是由多子进入或离开空间电荷区引起的，或者说是多子电流对空间电荷区充、放电的结果。将

$$C_T = \lim_{\Delta V \to 0} \left| \frac{\Delta Q}{\Delta V} \right| = \left| \frac{dQ}{dV} \right| \qquad (1.1\text{-}12)$$

称为 PN 结的势垒区微分电容，简称势垒电容。它是微分电荷与微分电压之比。若 PN 结的结面积为 A，那么势垒电容也可以看作一个极板面积为 A、极板间隔为 x_d、板间介质的介电常数为半导体介电常数 ε_s 的平行板电容器。于是可得到

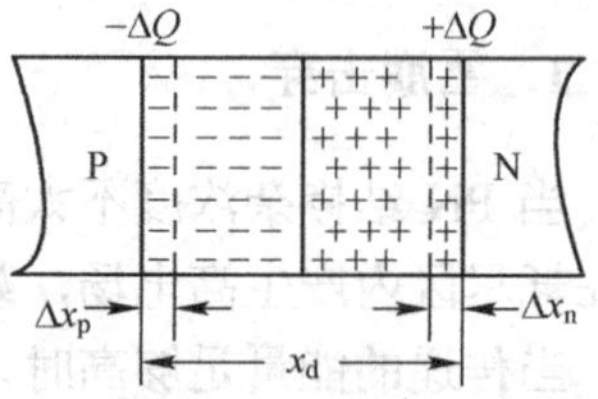

图 1.1-5　外加电压改变 ΔV 时势垒区宽度及两边电荷的变化

$$C_T = A \frac{\varepsilon_s}{x_d} \qquad (1.1\text{-}13)$$

式（1.1-13）对突变结、线性缓变结和其他任意杂质分布的 PN 结都适用。所以只要知道了 A 和 x_d 后，就可以很容易地求出 C_T。必须指出的是，由于 x_d 是随外加电压 V 变化的，因此 C_T 是外加电压 V 的函数。

对于突变结，有

$$C_T = \left| \frac{dQ}{dV} \right| = A \left[\frac{\varepsilon_s q N_0}{2(V_{bi} - V)} \right]^{1/2} \qquad (1.1\text{-}14)$$

式中，$N_0 = \dfrac{N_A N_D}{N_A + N_D}$，为约化浓度。

对于线性缓变结，有

$$C_T = A \frac{\varepsilon_s}{x_d} = A \left[\frac{a q \varepsilon_s^2}{12(V_{bi} - V)} \right]^{1/3} \qquad (1.1\text{-}15)$$

线性缓变结的势垒电容与外加反向电压是-1/3 次方关系，而突变结的势垒电容与外加反向电压是-1/2 次方关系。

2. 扩散电容 C_D

当外加正向电压有一个增量 ΔV 时，中性区内的非平衡载流子电荷会随外加电压的变化

而变化。如图 1.1-6 所示，从 P 区注入 N 区的非平衡空穴增加，使 N 区出现一个正电荷增量（+ΔQ_{pn}）。与此同时，有相同数量的非平衡电子从 N 区欧姆接触处流入 N 区，以便与增加的空穴维持电中性，使 N 区出现一个相同大小的负电荷增量（-ΔQ_{nn}）。也就是说，电压的变化 ΔV 引起了一对大小相等、符号相反的非平衡载流子电荷储存于 N 区，它们各从两端欧姆接触处而来。这相当于一个电容。同理，在 P 区也会有一对大小相等、符号相反的非平衡载流子电荷（+ΔQ_{pp} 和-ΔQ_{np}）。扩散电容的定义为

$$C_D = \lim_{\Delta V \to 0} \frac{\Delta Q_C}{\Delta V} = \lim_{\Delta V \to 0} \frac{(\Delta Q_{pn} + \Delta Q_{np})}{\Delta V} \quad (1.1\text{-}16)$$

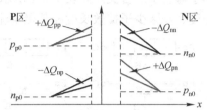

C_D 只存在于正偏下，因此不能用作电容器。低频下

$$C_D = \frac{1}{2} g_D \tau = \frac{qI_f\tau}{2kT} \quad (1.1\text{-}17)$$

图 1.1-6 外加电压改变ΔV时中性区中的载流子浓度分布

式中，$g_D = \dfrac{qI_f}{kT}$，为 PN 结的直流增量电导，τ 为少子寿命。

1.1.5 PN 结二极管的开关特性

由于具有单向导电性，PN 结二极管可被用作开关。脉冲电路中，如果加在开关电路上的电压为如图 1.1-7（a）所示的理想阶跃脉冲，则实际二极管的电流波形如图 1.1-7（b）所示。由图 1.1-7 可以看出，当电压由 E_1 突然变为-E_2 后，电流并不是立刻成为反向饱和电流 I_S，而是在一段时间 t_s 内，反向电流维持为-E_2/R_L，二极管仿佛仍然处于导通状态而并不关断。t_s 段时间结束后，反向电流的值才开始逐渐变小。再经过 t_f 时间，二极管的电流才恢复为正常情况下的 I_S。t_s 称为存储时间，t_f 称为下降时间。$t_r = t_s + t_f$，称为反向恢复时间。以上过程称为反向恢复过程，其产生的原因是正向导通时存储在中性区中的非平衡少子电荷的消失需要一定的时间。

反向恢复过程的存在使二极管不能在快速连续的脉冲下被当作开关使用。如果反向脉冲的持续时间比 t_r 短，则二极管在正、反向下都处于导通状态，起不到开关的作用。

$$t_r = \tau \ln\left[1 + \frac{I_f}{I_r + I_f}\right] \quad (1.1\text{-}18)$$

式中，τ 为少子寿命，I_f 和 I_r 分别为二极管的正向电流和反向电流。

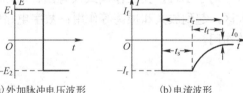

(a) 外加脉冲电压波形   (b) 电流波形

图 1.1-7 开关二极管对脉冲电压的响应

1.2 双极型晶体管（BJT）

1.2.1 BJT 的基本结构

构建双极型晶体管（Bipolar Junction Transistor，BJT）的基本思想是"双极晶体管效应"，即通过改变一个正偏 PN 结的偏压对附近的反偏 PN 结的电流进行控制。1948 年贝尔实验室发明了第一只点接触晶体管，它是由两根细金属丝与一块 N 型锗基片相接触而形成的。1951 年出现了具有两个背对背 PN 结的结型场效应晶体管。20 世纪 60 年代，为了区别由一种载流子起作用的单极型器件——场效应管，又将结型晶体管归为双极型器件。目前，双极型晶

体管在高速计算机、汽车、卫星、现代通信和电力领域都是关键的器件。

BJT 是由两个方向相反的 PN 结构成的三端器件。根据其 P 区与 N 区的分布，可以分为两种类型：NPN 管与 PNP 管，如图 1.2-1 所示。

在 BJT 中，三个区域分别称为发射区、基区与集电区，形成的两个 PN 结为发射结与集电结，将三个区引出导线的连接点分别称为发射极、基极与集电极。以 E、B 与 C 为下角标的字母表示的含义，如表 1.2-1 所示。例如，W_B、N_B、L_B、I_B 分别表示基区宽度、基区杂质浓度、基区少子扩散长度和基极电流等。

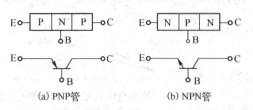

(a) PNP管　　　　　(b) NPN管

图 1.2-1　BJT 的基本结构与电路符号

表 1.2-1　E、B、C 为下角标的字母含义

字母	英文名称	含义
E	Emitter	发射区、发射极、发射结
B	Base	基区、基极
C	Collector	集电区、集电极、集电结

早期的 BJT 采用合金工艺制作，这种晶体管的基区杂质为均匀分布，因此又称为均匀基区晶体管。在硅平面工艺出现后，对于分立器件和集成电路中的纵向硅平面晶体管，基区杂质为非均匀分布，又称为缓变基区晶体管，其结构如图 1.2-2 所示。

为方便研究晶体管的电流电压关系，对各电极的电压参考极性与流经电流的参考方向做出规定。直流电压用下角标的字母顺序表示参考极性，第一个字母代表参考高电位的电极，第二个字母代表参考低电位的电极。对于 PNP 管，两个结上的电压分别为 $V_{EB}=V_E-V_B$ 和 $V_{CB}=V_C-V_B$。对于 NPN 管，两个结上的电压分别为 $V_{BE}=V_B-V_E$ 和 $V_{BC}=V_B-V_C$。电压大于 0 表示正偏，电压小于 0 表示反偏。电流的参考方向，对于 PNP 管，发射极电流以流入为正，基极电流与集电极电流以流出为正；对于 NPN 管，发射极电流以流出为正，基极电流与集电极电流以流入为正。

对于 BJT，其工作模式共有四种，如表 1.2-2 所示。模拟电路中的晶体管主要工作在放大区，起到放大和振荡等作用；数字电路中的晶体管主要工作在饱和区与截止区，起到开关的作用。

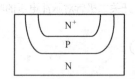

图 1.2-2　缓变基区晶体管基本结构

表 1.2-2　BJT 的工作模式

发射极-基极偏置	集电极-基极偏置	工作模式
正偏	反偏	正向放大区（或称为正向有源区、放大区、有源区）
正偏	正偏	饱和区
反偏	反偏	截止区
反偏	正偏	反向放大区（或称为反向有源区）

1.2.2　BJT 的放大作用与电流放大系数

在电路分析中，根据输入与输出电路所共有的引线，NPN 管可以连接成三种电路组态，如图 1.2-3 所示。

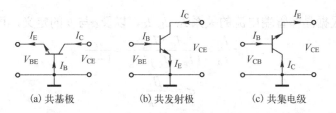

(a) 共基极　　　　　(b) 共发射极　　　　　(c) 共集电级

图 1.2-3　正常模式下 NPN 晶体管的三种基本组态

以 PNP 管为例，对处于放大区的晶体管内部的电流传输过程进行分析，如图 1.2-4 所示。图中：

I_E：发射极电流；

I_B：基极电流；

I_C：集电极电流；

I_{pE}：从发射区注入基区的空穴形成的空穴扩散电流；

I_{nE}：从基区注入到发射区的电子形成的电子扩散电流；

I_{pr}：空穴在渡越基区时与电子相复合的部分形成的空穴电流；

I_{nr}：与渡越基区的空穴相复合的电子形成的电子电流，由外电路补充；

I_{pC}：集电结耗尽区边界处的空穴电流。

由图 1.2-4 可以得出以下电流关系：

$$I_E = I_{pE} + I_{nE} \tag{1.2-1}$$

$$I_B = I_{nE} + I_{nr} \tag{1.2-2}$$

$$I_C = I_{pE} - I_{pr} = I_E - I_{nE} - I_{nr} \tag{1.2-3}$$

电流的放大系数也称为电流增益，是双极型晶体管的重要直流参数之一。下面以 PNP 管为例，对几种直流电流放大系数给出定义。

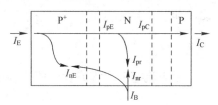

图 1.2-4　NPN 管内部各种
电流成分的传输过程

共基极电路中，发射结正偏、集电结零偏时的 I_C 与 I_E 之比，称为共基极直流短路电流放大系数，记为 α，即

$$\alpha \equiv \left. \frac{I_C}{I_E} \right|_{V_{EB}>0, V_{CB}=0} \tag{1.2-4}$$

发射结正偏、集电结反偏时的 I_C 与 I_E 之比，称为共基极静态电流放大系数，记为 h_{FB}，即

$$h_{FB} \equiv \left. \frac{I_C}{I_E} \right|_{V_{EB}>0, V_{CB}<0} \tag{1.2-5}$$

共发射极电路中，发射结正偏、集电结零偏时的 I_C 与 I_B 之比，称为共发射极直流短路电流放大系数，记为 β，即

$$\beta \equiv \left. \frac{I_C}{I_B} \right|_{V_{EB}>0, V_{CB}=0} \tag{1.2-6}$$

发射结正偏、集电结反偏时的 I_C 与 I_B 之比，称为共发射极静态电流放大系数，记为 h_{FE}，即

$$h_{FE} \equiv \left. \frac{I_C}{I_B} \right|_{V_{EB}>0, V_{CB}<0} \tag{1.2-7}$$

α 与 h_{FB} 以及 β 与 h_{FE} 在数值上几乎是相等的，因此出于方便的考虑，一般常用 α 和 β 来

代替 h_{FB} 和 h_{FE}。根据晶体管端电流的关系 $I_B=I_E-I_C$，以及 α 与 β 的定义，可得如下关系

$$\beta = \frac{I_C}{I_B} = \frac{I_C / I_E}{(I_E - I_C)/I_E} = \frac{\alpha}{1-\alpha} \tag{1.2-8}$$

$$\alpha = \frac{\beta}{1+\beta} \tag{1.2-9}$$

另外，直流小信号电流放大系数的定义是

$$\alpha_0 \equiv \left. \frac{\mathrm{d}I_C}{\mathrm{d}I_E} \right|_{V_{EB}>0, V_{CB}<0} \tag{1.2-10}$$

$$\beta_0 \equiv \left. \frac{\mathrm{d}I_C}{\mathrm{d}I_B} \right|_{V_{EB}>0, V_{CB}<0} \tag{1.2-11}$$

下面仍以 PNP 管为例，分析均匀基区晶体管的共基极直流短路电流放大系数 α。晶体管必须在结构上满足以下两个条件，才能达到放大的作用：（1）少子在基区中的复合必须很少，即要求 $W_B \ll L_B$（W_B 和 L_B 分别为基区宽度和基区少子扩散长度）。通常采用基区输运系数对基区复合进行定量分析。（2）发射区注入基区的少子形成的电流必须远大于基区注入发射区的少子形成的电流，即要求 $N_E \gg N_B$。通常采用发射结注入效率对该物理过程进行定量分析。

基区输运系数：基区中到达集电结的少子电流与从发射区注入基区的少子形成的电流之比，即

$$\beta^* = \frac{I_{pC}}{I_{pE}} = \frac{J_{pC}}{J_{pE}} \tag{1.2-12}$$

用电流密度方程或者电荷控制法可求得

$$\beta^* = 1 - \frac{1}{2}\left(\frac{W_B}{L_B}\right)^2 \tag{1.2-13}$$

基区渡越时间：少子在基区内从发射结渡越到集电结所需要的平均时间，记为 τ_b。同时基区输运系数又可以表示为

$$\beta^* = 1 - \frac{\tau_b}{\tau_B} \tag{1.2-14}$$

式中，τ_B 为基区少子寿命。

发射结注入效率：从发射区注入基区的少子形成的电流与总的发射极电流之比，记为 γ，即

$$\gamma = \frac{I_{pE}}{I_E} = \frac{I_{pE}}{I_{pE}+I_{nE}} = \frac{1}{1+\dfrac{I_{nE}}{I_{pE}}} \tag{1.2-15}$$

对于薄基区晶体管，可以得到

$$\gamma = 1 - \frac{D_E W_B N_B}{D_B W_E N_E} \tag{1.2-16}$$

$$\gamma = 1 - \frac{R_{\square E}}{R_{\square B1}} \tag{1.2-17}$$

式中，D_B、D_E 分别为基区和发射区少子扩散系数，μ_B、μ_E 分别为基区和发射区多子迁移率，$R_{\square E}$、$R_{\square B1}$ 分别为发射区与基的方块电阻。电流放大系数为

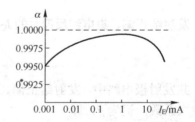

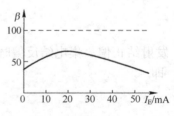

图 1.2-5　某硅晶体管的 α 和 β 与 I_E 的关系

$$\alpha = \frac{I_C}{I_E} = \frac{I_{pC} I_{pE}}{I_{pE} I_E} = \beta^* \gamma = \left(1 - \frac{\tau_b}{\tau_B}\right)\left(1 - \frac{R_{\square E}}{R_{\square B1}}\right) \approx 1 - \frac{\tau_b}{\tau_B} - \frac{R_{\square E}}{R_{\square B1}} \tag{1.2-18}$$

$$\beta = \frac{\alpha}{1-\alpha} = \left(\frac{\tau_b}{\tau_B} + \frac{R_{\square E}}{R_{\square B1}}\right)^{-1} \tag{1.2-19}$$

从式（1.2-19）看，α 与 β 似乎与电流的大小无关。然而实际测量表明，α 与 β 会随发射极电流的变化而变化。如图 1.2-5 所示，当电流很小时，α 随电流的减小而下降；当电流很大时，α 随电流的增加而下降。β 会发生较大的同样规律的变化。

小电流时 α 与 β 下降的原因，是其发射结势垒区复合电流占总发射极电流的比例增大，从而使注入效率 γ 降低。大电流时 α 与 β 随电流的增加而下降，则是因为大注入效应和基区扩展效应所致。

1.2.3 BJT 的输出特性曲线

下面以 NPN 管为例说明 BJT 的输出特性。共基极输出特性是指以输入端的 I_E 为参变量，输出端的 I_C 与 V_{BC} 之间的关系。即在共基极直流电流电压方程中，以 I_E 和 V_{BC} 作为已知量，求 I_C 随 I_E 和 V_{BC} 的变化关系。

$$I_C = \alpha I_E - I_{CBO}\left[\exp\left(\frac{qV_{BC}}{kT}\right) - 1\right] \tag{1.2-20}$$

根据式（1.2-20），即得共基极输出特性曲线如图 1.2-6 所示。

共发射极输出特性指以输入端的 I_B 为参变量，输出端的 I_C 与 V_{CE} 之间的关系。

$$I_C = \beta I_B - I_{CEO}\left\{\exp\left[\frac{q\left(V_{BE} - V_{CE}\right)}{kT}\right] - 1\right\} \tag{1.2-21}$$

根据式（1.2-21），即得共发射极输出特性曲线，如图 1.2-7 所示。

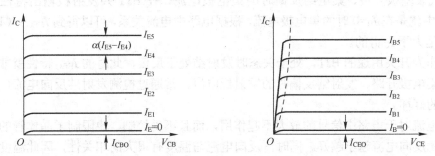

图 1.2-6　NPN 晶体管的共基极输出特性曲线　　图 1.2-7　NPN 晶体管的共发射极输出特性曲线

图 1.2-7 中的虚线代表 $V_{BC}=0$，或 $V_{CE}=V_{BE}$，即放大区与饱和区的分界线。在虚线右侧，$V_{BC}<0$，或 $V_{CE}>V_{BE}$，为放大区。在虚线左侧，$V_{BC}>0$，或 $V_{CE}<V_{BE}$，为饱和区。图 1.2-7 中相邻曲线间距的大小可反映 β 的大小。

由式（1.2-21）可见，I_C 与 V_{CE} 无关。但在实测的 BJT 输出特性曲线中，经常观测到 I_C 在放大区随 V_{CE} 的增加而略有增加。产生这种现象的原因：如图 1.2-8 所示，当 V_{CE} 增加时，集电结上的反向偏压增加，集电结势垒区宽度增宽。势垒区的右侧向中性集电区扩展，左侧向中性基区扩展。这使得中性基区宽度 W_B 减小，从而使基区少子浓度的梯度增加，必然导致电流放大系数和集电极电流的增大。

该效应被称为基区宽度调变效应，或厄尔利效应。通常用厄尔利电压 V_A 来表征厄尔利效应的强弱。图 1.2-9 给出了厄尔利电压的几何意义：对应于不同 I_B 的各条 I_C-V_{CE} 曲线在 V_{CE} 接近于零时的切线均交于横坐标上的（$-V_A$）处。显然，V_A 越大，则 I_C-V_{CE} 曲线越平坦，厄尔利效应越弱，晶体管的输出特性就越接近于理想情况。增大 V_A 的措施是增大基区宽度 W_B、减小势垒区宽度 x_{dB}，即增大基区掺杂浓度。但这些都是与提高电流放大系数相矛盾的。

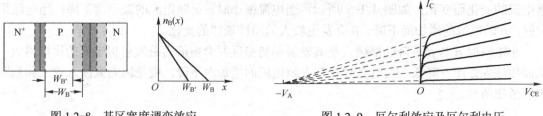

图 1.2-8　基区宽度调变效应　　　　图 1.2-9　厄尔利效应及厄尔利电压

1.2.4　BJT 的反向截止电流和击穿电压

BJT 在使用中集电结经常处于反偏状态，此时 BJT 的反向特性尤为重要，主要用反向截止电流与反向击穿电压来描述其反向特性。

1. 反向截止电流

BJT 的反向电流主要有 I_{CBO}，I_{CEO}、I_{EBO}，也叫作反向截止电流或反向漏电流，其中 I_{CBO} 与 I_{CEO} 已经在式（1.2-20）和式（1.2-21）中出现过。

I_{CBO} 代表发射极开路、集电结反偏时的集电极电流，在 BJT 共基极输出特性曲线（如图 1.2-5）中表现为 $I_E=0$ 时的集电极电流。

I_{CEO} 代表基极开路、集电结反偏时的集电极电流，在 BJT 共发射极输出特性曲线（见图 1.2-6）中就是在 $I_B=0$ 时的集电极电流。根据电路中电流关系，可以得到 $I_{CEO}=(1+\beta)I_{CBO}$，因此 I_{CEO} 是大于 I_{CBO} 的。

对于作为开关用途的 BJT，处于关态时发射结处于反偏，此时的 I_{EBO} 特性就非常重要。I_{EBO} 代表集电极开路、发射结反偏时的发射极电流。常通过检测发射结反向电流，来衡量发射结质量的好坏。

反向电流对于电路中信号的放大不起作用，而且不受控制，也限制了晶体管的工作电流大小，因此反向电流越小越好。同时，反向电流与温度有很大的相关性，因此温度变化会严重影响器件的稳定工作。

2. 反向击穿电压

根据不同使用条件，反向击穿电压通常有 BV_{CBO}、BV_{CEO} 与 BV_{EBO}，相应地代表了不同的含义。

在共基极接法中，发射极开路时，经过集电极势垒区雪崩倍增后的反向截止电流 I_{CBO} 达到无穷大时的 V_{CB}，就是共基极接法集电结的雪崩击穿电压，记为 BV_{CBO}。

在共发射极接法中，基极开路时，经过集电极势垒区雪崩倍增后的反向截止电流 I_{CEO} 达到无穷大时的 V_{CE}，就是共发射极接法集电结的雪崩击穿电压，记为 BV_{CEO}。可以推导出 $BV_{CEO}=BV_{CBO}/\sqrt[n]{1+\beta}$。对于硅 NPN 管，$n$ 取 4；对于硅 PNP 管，n 取 2。可以得到 BV_{CBO}

大于 BV_{CEO}。

若集电极开路、发射结反偏，当发射极电流 $I_{EBO} \to \infty$ 时的发射结反向电压称为 BV_{EBO}。由于双极型晶体管的掺杂浓度通常满足 $N_E > N_B > N_C$，根据低掺杂一侧的浓度对击穿电压的影响，可以得出 $BV_{CBO} \gg BV_{EBO}$，因此有 $BV_{CBO} > BV_{CEO} > BV_{EBO}$。$BV_{EBO}$ 值的范围约为 $4 \sim 10V$，因此其击穿类型可能是雪崩击穿也可能是隧道击穿。

一般情况下，要提高反向耐压 BV_{CBO} 和 BV_{CEO}，可采取的方法有提高外延层电阻率、集电区厚度，减小二氧化硅中表面电荷密度。另外，采用圆角基区结构、深结扩散也可以进一步提高耐压。

1.2.5 BJT 的大注入效应

当双极型晶体管的基区发生大注入，即注入基区的非平衡少子浓度增加到可以与基区的平衡多子浓度（或 N_B）相比拟时，与 PN 结的大注入效应类似，基区内也会形成一个内建电场。在这个内建电场的作用下，基区少子将产生与扩散运动大小相等方向相同的漂移运动，相当于少子扩散系数增大了一倍，导致渡越时间减半。于是可知在大注入下，BJT 基区的渡越时间及基区输运系数分别为

$$\tau_b = \frac{W_B^2}{4D_B} \tag{1.2-22}$$

$$\beta^* = 1 - \frac{\tau_b}{\tau_B} = 1 - \frac{W_B^2}{4L_B^2} \tag{1.2-23}$$

当基区发生大注入时，基区非平衡少子浓度大大增加，可等效为工作基区方块电阻大大增加，因此发射极注入效率将降低。考虑大注入效应后的发射极注入效率为

$$\gamma = 1 - \frac{D_E W_B^2}{4 D_B^2 Q_{EE0}} I_C \tag{1.2-24}$$

式中，$Q_{EE0} = A_E q \int_0^{W_E} N_E dx$，为发射区的多子总电荷量。可见，当发生大注入后，$\gamma$ 随 I_C 增加而减小。

1.2.6 BJT 的频率特性

在用晶体管对高频信号进行放大时，首先要用直流电压或直流电流使晶体管工作在放大区，即发射结正偏、集电结反偏。这些直流电流或直流电压称为"偏置"或"工作点"。然后把欲放大的高频信号叠加在输入端的直流偏置上，从输出端得到的放大了的信号也是叠加在输出端的直流偏置上的。用 α_ω 和 β_ω 分别代表高频小信号的共基极电流放大系数和共发射极电流放大系数，它们都是角频率 ω 的函数，而且都是复数。对于极低的频率或直流小信号，即 $\omega \to 0$ 时，它们分别成为直流共基极电流放大系数 α_0 和直流共发射极电流放大系数 β_0。当信号频率提高时，电流放大系数的幅度会下降，相位会滞后。对于高频晶体管，α_ω 和频率之间的关系为

$$\alpha_\omega = \frac{\alpha_0}{1 + j\dfrac{\omega}{\omega_\alpha}} = \frac{\alpha_0}{1 + j\dfrac{f}{f_\alpha}} \tag{1.2-25}$$

式中，ω_α 和 f_α 分别为 α_ω 的截止角频率和截止频率。

设 ω_β 和 f_β 分别为 β_ω 的截止角频率和截止频率，则

$$\beta_\omega = \frac{\beta_0}{1 + j\dfrac{\omega}{\omega_\beta}} = \frac{\beta_0}{1 + j\dfrac{f}{f_\beta}} \tag{1.2-26}$$

从式 (1.2-26) 可知，当 $f \ll f_\beta$ 时 $\qquad \beta_\omega = \beta_0 \tag{1.2-27}$

这时 β_ω 与频率几乎无关。

当 $f = f_\beta$ 时 $\qquad |\beta_\omega| = \beta_0 / \sqrt{2} \tag{1.2-28}$

当 $f \gg f_\beta$ 时 $\qquad |\beta_\omega| = \beta_0 f_\beta / f \tag{1.2-29}$

这时电流放大系数与频率成反比，频率每提高一倍，电流放大系数下降一半，或下降 3dB。当工作频率达到 f_β 时，$|\beta_\omega|$ 虽然降到 $\beta_0 / \sqrt{2}$，但仍大于 1，晶体管仍有电流放大能力。把 $|\beta_\omega|$ 降到 1 时所对应的频率，称为晶体管的特征频率，用 f_T 表示。显然

$$f_T = \beta_0 f_\beta \tag{1.2-30}$$

理论研究表明，f_T 由载流子从流入发射极开始到从集电极流出为止的总渡越时间决定，该时间常数称为信号延迟时间，用 τ_{ec} 表示。

$$f_T = \frac{1}{2\pi\tau_{ec}} \tag{1.2-31}$$

$$\tau_{ec} = \tau_{eb} + \tau_b + \tau_c + \tau_d \tag{1.2-32}$$

式中，τ_{eb}、τ_b、τ_c 及 τ_d 分别为发射结势垒电容充放电时间常数、发射结扩散电容充放电时间常数（同时也是基区少子渡越时间）、集电结耗尽区延迟时间常数和集电结势垒电容经集电区充放电的时间常数。

$$\tau_{eb} = r_e C_{TE} = (kT / qI_E) C_{TE} \tag{1.2-33}$$

$$\tau_b = C_{DE} r_e \tag{1.2-34}$$

$$\tau_d = \frac{\tau_t}{2} = \frac{x_{dc}}{2v_{max}} \tag{1.2-35}$$

$$\tau_c = C_{TC} r_{cs} \tag{1.2-36}$$

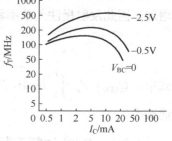

图 1.2-10 f_T 随 I_C 变化曲线

式 (1.2-36) 说明晶体管的特征频率 f_T 完全决定于 τ_{ec}。

因此，f_T 除了与器件参数相关，也会受到器件偏置状态的影响。当 I_C 较小时，因 τ_{eb} 随 I_C 的减小而增加，使 f_T 随 I_C 的减小而下降。当 I_C 较大时，因基区扩展效应，τ_b 随 I_C 的增加而增加，使 f_T 随 I_C 的增加而下降。图 1.2-10 是典型的 f_T 与 I_C 关系曲线。此外，f_T 随着集电结反向电压 V_{BC} 的减小而下降。这主要是因为 V_{BC} 减小时集电结耗尽区变薄，C_{TC} 增加，从而 τ_c 增加。另外，V_{BC} 减小时，易出现"弱电场"的基区扩展效应，使 f_T 开始下降的电流值变小。

1.2.7 BJT 的开关特性

1. 直流开关特性

图 1.2-11 所示为简单的晶体管开关电路及其输入波形。流过负载电阻 R_L 的电流为

$$I_C = \frac{E_C - V_{CE}}{R_L} \tag{1.2-37}$$

式 (1.2-37) 称为负载方程，根据负载方程画出的曲线称为负载线，如图 1.2-12 所示。当输

入为负脉冲电压 $e(t)=-E_B$ 时，$V_{BE}<0$，$V_{BC}<0$，晶体管处于关断状态，这时晶体管的工作点为负载线上的点 R。当输入的正脉冲电压 $e(t)=+E_B$ 时，$V_{BE}>0$。此时，如果 $V_{BC}<0$，晶体管处于放大区，对应负载线上的点 Q；如果 $V_{BC}=0$，晶体管处于放大区与饱和区的交界点，即临界饱和点，对应负载线上的点 T；如果 I_B 继续增大到使 $V_{BC}>0$，晶体管处于饱和区，其工作点为负载线上的点 S，这时晶体管的 V_{CE} 为饱和压降 V_{CES}。V_{CES} 的数值很小，所以饱和区的集电极电流为

$$I_C = \frac{E_C - V_{CES}}{R_L} \approx \frac{E_C}{R_L} \tag{1.2-38}$$

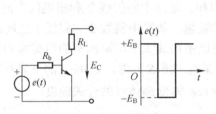

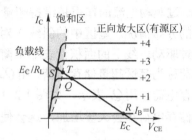

图 1.2-11　简单的晶体管开关电路及其输入波形　　图 1.2-12　晶体管输出特性曲线与负载线

以饱和区作为导通状态的开关称为饱和开关，它很接近于理想开关的导通状态，因为饱和开关具有如下优点：（1）导通状态时的压降很小，因此晶体管的功耗很小；（2）抗干扰性好。当 E_B、I_B、β、E_C 等发生微小变动时，晶体管仍处于饱和区，V_{CES} 和 I_C 也始终保持不变。

从临界饱和（T 点）开始，当 I_B 增加时，称为饱和深度的加大。在"深饱和"的情况下，V_{BC} 仅比 V_{BE} 小 0.1V 左右，因此，深饱和时晶体管的饱和压降为

$$V_{CES} = V_{BE} - V_{BC} + I_C r_{CS} = 0.1 + I_C r_{CS} \tag{1.2-39}$$

这时，V_{CES} 只与 I_C 有关而与 I_B 无关，这反映在输出特性曲线中，就是对应于不同 I_B 的各条曲线在最左侧汇集成一条曲线。

深饱和时的发射结压降称为正向压降，记为 V_{BES}，有

$$V_{BES} = V_{BE} + I_B r_{bb'} \approx 0.8 + I_B r_{bb'} \tag{1.2-40}$$

式（1.2-40）中，0.8V 是深饱和时本征发射结上的压降。

当基极电流 I_B 由负变正并不断增大时，晶体管的工作点从图 1.2-12 中截止区的点 R 沿负载线经放大区的点 Q 移动到临界饱和线上的点 T，即 I_B 驱动着晶体管从关态进入开态，因此将这种情况下的 I_B 称为驱动电流。使晶体管达到临界饱和的驱动电流称为临界饱和基极电流，记为 I_{BS}。相应的集电极电流称为临界饱和集电极电流，记为 I_{CS}。I_{CS} 与 I_{BS} 之间仍满足

$$I_{CS} = \beta I_{BS} \tag{1.2-41}$$

由于临界饱和时的 V_{CE} 通常远小于 E_C，故 I_{CS} 又可表为

$$I_{CS} = \frac{E_C - V_{CE}}{R_L} \approx \frac{E_C}{R_L} \tag{1.2-42}$$

当 I_B 继续增大而超过 I_{BS} 后，晶体管的工作点为图 1.2-12 中饱和区内的点 S。这时饱和压降 V_{CES} 的变化很小，从临界饱和时的约 0.7V 降到深饱和时的约 0.1V。I_C 也几乎没有什么变化。这就是说，当 $I_B>I_{BS}$ 后，I_B 的增加几乎不能使 I_C 增加，而只是加深晶体管的饱和程度。所以将 I_B-I_{BS} 称为过驱动电流，即

$$I_\text{B} - I_\text{BS} = I_\text{B} - \frac{I_\text{CS}}{\beta} \approx I_\text{B} - \frac{E_\text{C}}{\beta R_\text{L}} \tag{1.2-43}$$

过驱动电流越大，晶体管的饱和程度越深。为了定量表示晶体管的饱和程度，可定义晶体管的饱和度（或称驱动因子）为

$$S \equiv \frac{I_\text{B}}{I_\text{BS}} = \beta \frac{I_\text{B}}{I_\text{CS}} \tag{1.2-44}$$

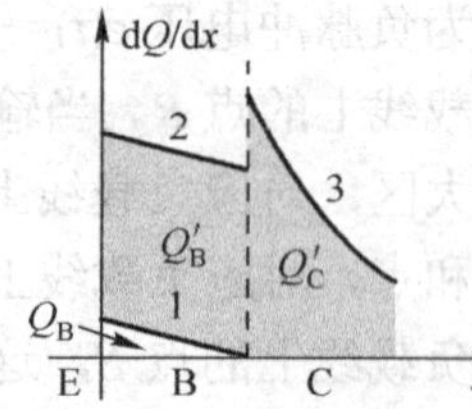

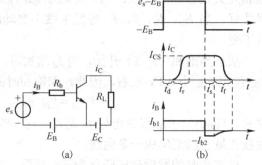

图 1.2-13　超量储存电荷

临界饱和时，过驱动电流为零，$S=1$。进入饱和后，$S>1$。S 越大，晶体管的饱和程度越深。为了减小饱和压降 V_CES，提高抗干扰能力，在开关电路中一般 $S=2\sim6$。过驱动电流的作用是维持超量储存电荷。图 1.2-13 是过驱动时双极型晶体管内部少子电荷的分布情况。基区中的斜线 1 对应于临界饱和。基区中的斜线 2 和集电区中的曲线 3 对应于过驱动。线下的面积代表非平衡少子电荷的数量。基区中斜线 2 与斜线 1 之间阴影面积的电荷称为基区超量储存电荷，用 Q'_B 表示；集电区中曲线 3 下阴影面积的电荷称为集电区超量储存电荷，用 Q'_C 表示，如图 1.2-13 所示。如果饱和度 S 太深，则 V_CES 的下降并不多，而超量储存电荷却会大量增加，这会使储存时间延长，降低晶体管的开关速度。

2. 瞬态开关特性

当开关晶体管的基极输入脉冲信号时，输出波形和输入波形在时间上并不完全一致，而有一个延迟的过程，类似于开关二极管。

如图 1.2-14（a）所示的开关电路，当外加正脉冲电压 e_s 时，输入端电压为（$e_\text{s}-E_\text{B}$）。从图 1.2-14（b）中 i_C 的波形可以看出，在外加脉冲信号到来后，i_C 要经过一段时间 t_d 才开始上升，t_d 称为延迟时间。然后再经过一段时间 t_r 才上升到饱和值 I_CS，t_r 称为上升时间。脉冲电压消失后，i_C 会在时间 t_s 内几乎维持原值 I_CS 不变，这段时间称为储存时间。然后再经过一段时间 t_f，i_C 才下降到接近于零，t_f 称为下降时间。晶体管从"关"到"开"经历了 t_d 与 t_r 两段时间，这两段时间合起来称为开

图 1.2-14　双极型晶体管的典型开关电路和信号波形

启时间 t_on，即 $t_\text{on} \equiv t_\text{d}+t_\text{r}$。从"开"到"关"经历了 t_s 与 t_f 两段时间，这两段时间合起来称为关断时间 t_off，即 $t_\text{off} \equiv t_\text{s}+t_\text{f}$。$t_\text{on}$ 与 t_off 合起来称为开关时间。为了测量和使用的方便，可对 t_on 及 t_off 做如下定义：t_on 为从脉冲信号加入后，到 i_C 达到 $0.9I_\text{CS}$ 的时间；t_off 为脉冲信号去除后，i_C 从 I_CS 降到 $0.1I_\text{CS}$ 的时间。理论分析可知

$$t_\text{d} \approx \frac{C_\text{TE}(0) + C_\text{TC}(-E_\text{C})}{I_\text{b1}}(V_\text{F} + E_\text{B}) \tag{1.2-45}$$

$$t_\text{r} = \beta \left[\frac{1}{2\pi f_\text{T}} + 1.7 C_\text{TC}(-E_\text{C}) R_\text{L} \right] \ln\left(\frac{\beta I_\text{b1}}{\beta I_\text{b1} - I_\text{CS}} \right) \tag{1.2-46}$$

$$t_\text{s} = \tau_\text{C} \ln\left(\frac{\beta I_\text{b1} + \beta I_\text{b2}}{I_\text{CS} + \beta I_\text{b2}} \right) \tag{1.2-47}$$

$$t_\text{f} = \beta \left[\frac{1}{2\pi f_\text{T}} + 1.7 C_\text{TC}(-E_\text{C}) R_\text{L} \right] \ln\left(\frac{\beta I_\text{b2} + I_\text{CS}}{\beta I_\text{b2}} \right) \tag{1.2-48}$$

式中，V_F 为发射结的正向导通电压，$C_{TE}(0)$ 代表结偏压为零时的发射结势垒电容，$C_{TE}(-E_C)$ 代表结偏压为 $-E_C$ 时的集电结势垒电容。

1.3　金属-氧化物-半导体场效应晶体管（MOSFET）

1.3.1　MOSFET 的基本结构

场效应晶体管（Field Effect Transistor，FET）是指利用电场来控制导电粒子行为的器件。由于电场通常是通过电压实现的，所以场效应晶体管是电压控制型器件。场效应晶体管具有输入阻抗高、速度快和功耗低等优点，它可以分为三类：结型场效应晶体管（Junction FET，JFET）、金属-半导体场效应晶体管（Metal-Semiconductor FET，MESFET）和金属-氧化物-半导体场效应晶体管（Metal Oxide Semiconductor FET，MOSFET）。其中，MOSFET 占有主导地位。虽然现在 MOSFET 的栅极材料大多已不采用金属，但 MOSFET 这个名字仍然被广泛使用。

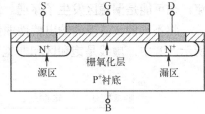

按照沟道类型的不同，MOSFET 可以分为 N 沟道和 P 沟道器件。N 沟道 MOSFET 的基本结构如图 1.3-1 所示。P 型衬底上的两个 N^+ 掺杂区分别是源区和漏区，导电沟道存在于源漏区之间。导电沟道上面是控制栅，控制栅和沟道之间由氧化物绝缘层隔开。源区、漏区和控制栅通过金属作为引出电极，分别称为源极、漏极和栅

图 1.3-1　MOSEFET 基本结构

极，简称为 S、D 和 G。衬底也可以引出电极，简称 B。四个电极上的电压分别称为源极电压、漏极电压、栅极电压和衬底偏压，记为 V_S、V_D、V_G 和 V_B。器件工作时，通常会把源极和衬底连接到地，即 $V_S = V_B = 0$。P 沟道 MOSFET 则与 N 沟道 MOSFET 正好相反，其衬底是 N 型半导体，源区和漏区都是 P^+ 掺杂；沟道中的导电粒子是空穴；外加电压及 I_D 的极性与 N 沟道 MOSFET 相反。

1.3.2　转移特性曲线和输出特性曲线

当 MOSFET 的栅极没有外加电压时，不存在导电沟道，即使在漏极和源极之间加电压，漏极也基本没有电流，即漏极电流 $I_D=0$。给栅极施加适当的电压 V_{GS}，当 V_{GS} 增大到阈电压 V_T 时，会在栅极下面的半导体表面产生电场。以 N 型 MOSFET 为例，在电场的作用下，P 型半导体表面发生强反型，积累了大量的电子，从而形成 N 型导电沟道，连通源区和漏区。此时，再对源极和漏极施加电压 V_{DS}，就会产生漏极电流 I_D。通过 V_{GS} 的变化，可以实现对 I_D 的控制，即电压控制电流。当 V_{DS} 一定时，I_D 随 V_{GS} 的变化称为 MOSFET 的转移特性，如图 1.3-2 所示。

图 1.3-2　N 沟道增强型 MOSFET 的转移特性曲线

按照 $V_{GS}=0$ 时沟道是否存在，MOSFET 可分为耗尽型和增强型。N 沟道增强型 MOSFET 的 $V_T>0$，只有 $V_{GS}>V_T$ 时，才会形成导电沟道；N 沟道耗尽型 MOSFET 的 $V_T<0$，$V_{GS}=0$ 时沟道已经存在，可以在栅极加负电压，使沟道消失，从而使器件关断。对于 P 沟道增强型 MOSFET，其 $V_T<0$，在 $V_{GS}<V_T$ 时形成导电沟道；P 沟道耗尽型 MOSFET，$V_T>0$。因此，N 沟道 MOSFET 与 P 沟道 MOSFET 在电特性方面具有相似性。

在以下的分析中，以 N 沟道 MOSFET 为例。

当 V_{GS} 满足 $V_{GS}>V_T$ 并且为一个定值时，I_D 和 V_{DS} 的关系称为 MOSFET 的输出特性。MOSFET 的输出特性可以分成四个不同的区域，如图 1.3-3 所示，这四个区域对应器件不同的状态。

当 V_{DS} 很小的时候，整个沟道长度范围内的电势都近似为零，各点的电子浓度也近似相等，这时沟道就像一个阻值与 V_{DS} 无关的固定电阻，所以 I_D 与 V_{DS} 呈线性关系。这一区域称为线性区。

随着 V_{DS} 逐渐增大，由漏极流向源极的电流也会增大，使得沿着沟道由源极到漏极存在电势差，栅极与沟道中各点之间的电压及各点的电子浓度也不再相等，沟道厚度就会随着向漏极靠近而减薄。沟道中电子的减少会使沟道电阻增大，因此输出特性曲线的斜率会降低。当 V_{DS} 增大到夹断电压 V_{Dsat} 时，沟道厚度在漏极处为零，称为沟道被夹断。这一区域称为过渡区。线性区和过渡区统称为非饱和区。

V_{DS} 继续增大，沟道夹断点向源极移动，会在沟道和漏区之间形成耗尽区。电子在耗尽区内的漂移速度达到饱和速度，所以即使 V_{DS} 再增大，I_D 也不会增大。这一区域称为饱和区。

当 V_{DS} 增大到漏源击穿电压 BV$_{DS}$ 时，I_D 将迅速增大，原因可能是漏 PN 结发生了雪崩击穿，也可能是漏源区发生了穿通。这一区域称为击穿区。

将不同的 V_{GS} 下的输出特性曲线画在一起就构成了 MOSFET 输出特性曲线，如图 1.3-4 所示。其中，虚线是饱和区和非饱和区的分界线。

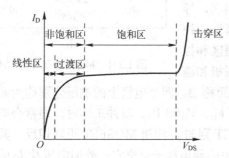

图 1.3-3　N 沟道 MOSFET 输出特性图

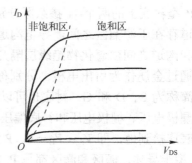

图 1.3-4　N 沟道 MOSFET 的输出特性曲线

表 1-3 总结了 N 沟道增强型、N 沟道耗尽型、P 沟道增强型、P 沟道耗尽型 MOSFET 的输出特性曲线和转移特性曲线。

表 1-3　MOSFET 的输出特性曲线与转移特性曲线

类型	输出特性曲线	转移特性曲线	类型	输出特性曲线	转移特性曲线
N 沟道增强型			P 沟道增强型		
N 沟道耗尽型			P 沟道耗尽型		

1.3.3 MOSFET 的阈电压

阈电压 V_T 是 MOSFET 的重要电学参数，是指使栅下的衬底表面开始发生强反型的栅极电压。所谓强反型，是指半导体表面处的平衡少子浓度等于体内的平衡多子浓度，此时半导体的能带在表面附近的弯曲量为 $2q\phi_{FB}$（其中 ϕ_{FB} 为衬底费米势）。

$$V_T = V_S + \phi_{MS} - \frac{Q_{OX}}{C_{OX}} \pm K \left[\pm (2\phi_{FB} + V_S - V_B) \right]^{1/2} + 2\phi_{FB} \tag{1.3-1}$$

$$K = \frac{(2q\varepsilon_s N_D)^{1/2}}{C_{OX}} \tag{1.3-2}$$

式中，V_S 为源极电压，V_B 为衬底偏压，ϕ_{MS} 为金属半导体功函数差，Q_{OX} 为栅氧化层内的有效电荷面密度，$C_{OX}=\varepsilon_{OX}/T_{OX}$ 为单位面积的栅氧化层电容，K 为衬底的体因子，K 与 $2\phi_{FB}$ 前的符号对 N 沟道取正，对 P 沟道取负。可见，影响阈值电压的因素有栅氧化层厚度 T_{OX}、衬底费米势 ϕ_{FB}、金属半导体功函数差 ϕ_{MS}、耗尽区电离杂质电荷面密度，以及栅氧化层内的有效电荷面密度 Q_{OX} 等。

由阈值电压的表达式可以看出，V_S 与 V_B 同样影响了 V_T。在衬底与源级之间加偏压 V_{BS} 时，MOSFET 的特性将发生一些变化，这些变化就称为衬底偏置效应或者体效应。以 N 沟道 MOSFET 为例，外加衬底偏压后阈值电压的增加量为

$$\Delta V_T = (V_T)_{VBS<0} - (V_T)_{VBS<0} = K(2\phi_{FP})^{1/2} \left[\left(1 - \frac{V_{BS}}{2\phi_{FP}} \right)^{1/2} - 1 \right] > 0 \tag{1.3-3}$$

由阈值电压的变化量可知，当 $|V_{BS}|$ 增大时，N 沟道 MOSFET 的阈电压向正方向变化。类似的，P 沟道 MOSFET 的阈电压向负方向变化。由于体因子 K 的影响，T_{OX} 越厚、衬底掺杂浓度 N 越高，衬底偏置效应就越严重。

一般来说，阈值电压的大小与 MOSFET 的沟道长度和宽度无关。但是，实验发现，当 MOSFET 的沟道长度缩短到可以与源、漏区的结深相比拟时，阈电压 V_T 将随沟道长度 L 的缩短而减小，这就是阈电压的短沟道效应。引起阈电压的短沟道效应的原因是源、漏区电势对沟道耗尽区电荷的影响。

图 1.3-5 中给出了一个简单的电荷分享模型。电荷分享模型将沟道耗尽区总电荷 Q_{AT}^* 分为两部分，即

$$Q_{AT}^* = Q_{AG}^* + Q_{Aj}^* \tag{1.3-4}$$

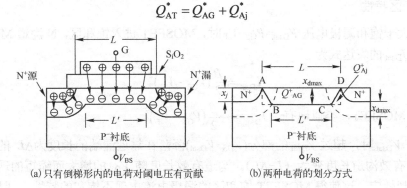

(a) 只有倒梯形内的电荷对阈电压有贡献　　(b) 两种电荷的划分方式

图 1.3-5　短沟道 MOSFET 阈电压的电荷分享模型

式中，Q_{AG}^* 为受栅极控制的电离受主电荷，它接受起源于栅极上正电荷的电力线，这部分空

间电荷对阈电压有贡献；Q_{Aj}^* 为受源、漏区控制的电离受主电荷，它接受起源于源、漏区的正电荷的电力线，这部分空间申电荷对阈电压没有贡献。在短沟道 MOSFET 中，因为受到源、漏区的影响，使对阈电压有贡献的电荷 Q_{AG}' 减小，从而使阈电压减小。

此外，当外加漏源电压 V_{DS} 后，漏 PN 结的耗尽区将扩大，使漏区对沟道耗尽区电荷的影响更大，所以在短沟道 MOSFET 中，V_T 除了随 L 的缩短而减小外，还将随 V_{DS} 的增加而减小。

实验还发现，当 MOSFET 的沟道宽度 Z 很小时，V_T 将随着 Z 的减小而增大。这个现象称为阈电压的窄沟道效应。实际的栅电极总有一部分要覆盖在沟道宽度以外的场氧化层上，因此在场氧化层下的衬底表面也会产生一些耗尽区电荷，如图 1.3-6 所示。当沟道宽度很宽时，这些电荷可以忽略。但是当沟道宽度很窄时，这些电荷在整个沟道耗尽区电荷中所占的比例将增大，与没有窄沟道效应时的情况相比，就要外加更高的栅电压才能使栅下的半导体反型。

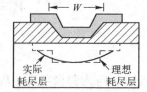

图 1.3-6　窄沟道 MOSFET 阈电压的电荷分享模型

1.3.4　MOSFET 的非饱和区和饱和区特性

1. 非饱和区特性

在缓变沟道近似下，N 沟道 MOSFET 在非饱和区的漏极电流的近似表达式为

$$I_D = \beta \left[(V_{GS} - V_T)V_{DS} - \frac{1}{2}V_{DS}^2 \right] \tag{1.3-5}$$

$$\beta = \frac{Z\mu_n C_{OX}}{L} \tag{1.3-6}$$

式中，β 为 MOSFET 的增益因子，其单位是 A/V^2。Z、L 和 μ_n 分别为沟道宽度、沟道长度和沟道载流子的迁移率。

当 V_{DS} 很小时，MOSFET 相当于一个阻值与 V_{DS} 无关的固定电阻。根据式（1.3-6），在略去 V_{DS}^2 项后，V_{DS} 与 I_D 的比值称为通导电阻，记为 R_{on}，即

$$R_{on} \equiv \frac{V_{DS}}{I_D} = \frac{1}{\beta(V_{GS} - V_T)} \tag{1.3-7}$$

R_{on} 与（$V_{GS}-V_T$）成反比，与沟道的宽度比成反比，与栅氧化层厚度 T_{OX} 成正比。

2. 饱和区特性

当 V_{DS} 大于饱和漏极电压 $V_{Dsat}=V_{GS}-V_T$ 时，MOSFET 进入饱和区。N 沟道 MOSFET 的饱和漏极电流 I_{Dsat} 的表达式为

$$I_{Dsat} = \frac{\beta}{2}(V_{GS} - V_T)^2 \tag{1.3-8}$$

对于 P 沟道 MOSFET，类似地有　　$I_{Dsat} = -\frac{\beta}{2}(V_{GS} - V_T)^2 \tag{1.3-9}$

当 $V_{DS} > V_{Dsat}$ 时，超过 V_{Dsat} 的部分（$V_{DS}-V_{Dsat}$）降落在靠近漏端的长度为 ΔL 的耗尽区上，MOSFET 的有效沟道长度变为（$L-\Delta L$）。沟道有效长度随 V_{DS} 的增大而缩短的现象称为有效沟道长度调制效应，这使得 MOSFET 饱和区的漏极电流出现不饱和的特性。耗尽区宽度

$$\Delta L = \left[\frac{2\varepsilon_s}{qN_A}(V_{DS} - V_{Dsat}) \right]^{\frac{1}{2}} \tag{1.3-10}$$

将ΔL代入漏极电流表达式中，经一级近似将L换成有效沟道长度（$L-\Delta L$），即得到

$$I_D = \frac{1}{2} \cdot \frac{Z}{L-\Delta L} \mu_n C_{OX} (V_{GS} - V_T)^2 = I_{Dsat}\left(\frac{1}{1-\Delta L/L}\right) \qquad (1.3\text{-}11)$$

由式（1.3-11）可以看出，对于沟道较短与衬底掺杂浓度较低的 MOSFET，有效沟道长度调制效应比较显著，ΔL将随V_{DS}的增加而增加，使漏极电流随V_{DS}的增加而增加，即漏极电流出现不饱和。

除了有效沟道调制效应的影响，漏区静电场对沟道区的反馈作用也会造成饱和区漏极电流的不饱和现象。制作在较低掺杂浓度衬底上的 MOSFET，尤其是沟道长度较短的器件，当$V_{DS} > V_{Dsat}$后，其漏区附近的耗尽区较宽，严重时甚至可以与有效沟道长度相比拟。这时起始于漏区的电力线中的一部分将穿过耗尽区而终止于沟道，如图 1.3-7 所示。正如前面已经指出的，沟道内的载流子电荷也可以由V_{DS}产生的（$\partial \varepsilon_y / \partial y$）感应出来。当$V_{DS}$增大时，耗尽区内的电场强度随之增强，使沟道内的电子数也相应增加，以终止增多的电力线。可以将这一过程看作在漏区和沟道之间存在一个耦合电容C_{dCT}。

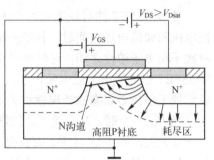

当V_{DS}增加ΔV_{DS}时，通过静电耦合，单位面积沟道区内产生的平均电荷密度的增量为

$$\Delta Q_{AV} = -\frac{C_{dCT}\Delta V_{DS}}{ZL} \qquad (1.3\text{-}12)$$

由于漏区与沟道间的静电耦合，当V_{DS}增大时，沟道内的载流子数增多，沟道电导增大，从而使漏极电流增大。

在实际的 MOSFET 中，以上两种作用同时存在。在衬底为中等或较高掺杂浓度的 MOSFET 中，使饱和

图 1.3-7 $V_{DS} > V_{Dsat}$后 N 沟道 MOSFET 中的电场分布

区漏极电流不饱和的主要原因是有效沟道长度调制效应；而在衬底掺杂浓度较低的 MOSFET 中，则以漏区与沟道间的静电耦合作用为主。

3. 沟道强电场的影响

随着 MOSFET 特征尺寸的不断缩小，小尺寸 MOSFET 的沟道中具有更强的电场，该电场将对电子迁移率μ产生影响，并影响器件的输出特性。

（1）由V_{GS}产生的与沟道垂直的电场ε_x对迁移率μ的影响

沟道内自由载流子迁移率的散射机构有晶格散射、库仑散射和表面散射。实验表明，在衬底掺杂浓度为$10^{15} \sim 10^{18}\text{cm}^{-3}$的范围内，当$\varepsilon_x$小于$1.5 \times 10^5 \text{V/cm}$时，强反型层内电子和空穴的迁移率约为各自的体内迁移率的 1/2。但当ε_x大于上述值时，电子和空穴的迁移率将随着ε_x的增加而减小。这是表面散射进一步显著增强的结果。

（2）由V_{DS}产生的沿沟道方向的电场ε_y对μ的影响

在小于10^3V/cm的低场区，μ是与电场无关的常数，这时电子漂移速度v与电场呈线性关系；但是，随着电场的增强，μ逐渐变小，v与电场的关系将偏离线性关系，增速逐渐变慢；当超过临界电场时，v不再增加，而是维持一个称为散射极限速度或饱和速度的恒定值，以v_{max}表示。这个现象叫作速度饱和。

由于短沟道 MOSFET 的沟道长度L较短，在一定的V_{DS}下沟道中的电场强度会较强，沟道漏端的电场强度可能在沟道被夹断之前就已经达到了速度饱和临界电场，从而使该处的电子漂移速度达到v_{max}。当V_{GS}恒定而V_{DS}增加时，沟道漏端的电子漂移速度已不可能随V_{DS}

的增加而增加，而该处的电子浓度也因 V_{GS} 恒定而不会增加，于是漏极电流开始饱和，MOSFET 进入饱和区。当 V_{DS} 继续增加时，沟道中各点的电场均上升，电场达到临界电场及电子漂移速度开始饱和的位置从漏端向左移动。这种现象类似于有效沟道长度调制效应，使饱和漏极电流随 V_{DS} 的增加而略有增加。

对于发生了速度饱和的短沟道 MOSFET，其饱和漏源电压 $V'_{Dsat} \approx \varepsilon_c L$。$V'_{Dsat}$ 将随 L 的缩短而线性减小。而饱和漏极电流 I'_{Dsat} 近似为

$$I'_{Dsat} \approx \frac{Z\mu C_{OX}}{L}(\varepsilon_c L)^2 \left(\frac{V_{Dsat}}{\varepsilon_c L} - 1\right) \approx Z\mu C_{OX}\varepsilon_c(V_{GS} - V_T) \tag{1.3-13}$$

相应地，饱和区跨导为
$$g'_{ms} = \frac{dI'_{Dsat}}{dV_{GS}} = Z\mu C_{OX}\varepsilon_c = ZC_{OX}v_{max} \tag{1.3-14}$$

1.3.5　MOSFET 的亚阈区特性

使 MOSFET 的衬底表面处于本征状态的栅源电压称为本征电压 V_i。当栅源电压介于本征电压和阈值电压之间时，衬底表面处于弱反型状态，表面电子浓度介于本征载流子浓度和衬底平衡多子浓度之间，这时半导体表面已经反型，只是电子浓度很小，所以当外加 V_{DS} 后，MOSFET 也能导电，但电流很小，这种电流称为亚阈漏极电流，或次开启电流，记为 I_{Dsub}。表面处于弱反型状态的情况就称为亚阈区。

当 V_{GS} 不变时，I_{Dsub} 随 V_{DS} 的增加而增加，但当 V_{DS} 大于（kT/q）的若干倍时，I_{Dsub} 变得与 V_{DS} 无关，即 I_{Dsub} 对 V_{DS} 而言会发生饱和，这类似于 PN 结的反向伏安特性。当 V_{DS} 不变时，I_{Dsub} 与 V_{GS} 呈指数关系，类似于 PN 结的正向伏安特性。

将亚阈区转移特性的半对数斜率的倒数称为亚阈区栅源电压摆幅，记为 S。S 是反映 MOSFET 亚阈区特性的一个重要参数。S 的意义是，在亚阈区，使 I_{Dsub} 扩大 e 倍所需要的 V_{GS} 的增量，它代表亚阈区中 V_{GS} 对 I_{Dsub} 的控制能力。理论分析可得到

$$S \equiv \frac{dV_{GS}}{d(\ln I_{Dsub})} = \frac{kTn}{q} = \frac{kT}{q}\left(1 + \frac{C_D}{C_{OX}}\right) \tag{1.3-15}$$

式中，C_D 和 C_{OX} 分别为沟道下的单位面积耗尽层电容和单位面积栅氧化层电容。当温度 T 一定时，衬底杂质浓度 N_A 越高，则 C_D 越大，n 越大，S 就越大；当有衬底偏压 V_{BS} 时，$|V_{BS}|$ 越小，则 C_D 越大，S 越大；栅氧化层厚度 T_{OX} 越厚，则 C_{OX} 越小，n 越大，S 越大。S 的增加意味着 V_{GS} 对 I_{Dsub} 的控制能力减弱，会影响到数字电路的关态噪声容限，以及模拟电路的功耗、增益、信号失真及噪声特性等。

1.3.6　MOSFET 的开关特性

MOSFET 作为开关应用时，通常工作在非饱和区和截止区。前者为开态，后者为关态。以图 1.3-8 中的感性负载的开关电路为例进行分析。假定负载的感抗足够大，而钳位二极管没有反向恢复时间，则在 MOSFET 导通和关断过程中负载电流恒定。

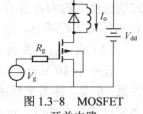

图 1.3-8　MOSFET 开关电路

1. 导通过程

导通过程的电流、电压波形如图 1.3-9 所示。

- 阶段 1（$t_0 \sim t_1$）：阶跃信号电压加在栅极电阻 R_g 上，且该驱动电压大于 MOSFET 的阈电压 V_T。此时栅压主要向 C_{gs} 充电。到时刻 t_1 时，$V_{gs}=V_{th}$，MOSFET 导通，开始出现沟道电流。这一阶段中

$$V_{gs}(t) = V_g\left[1 - e^{-t/\tau_1}\right] \qquad (1.3\text{-}16)$$

$$\tau_1 = R_g(C_{gs} + C_{gd}) \qquad (1.3\text{-}17)$$

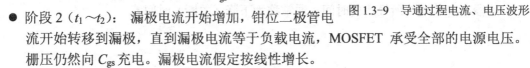

这一段时间称为开启延迟时间 t_{don}。C_{gs} 和 C_{gd} 分别为 MOSFET 的栅源电容和栅漏电容将 $V_{gs}=V_T$ 代入式（1.3-16），可得

$$t_{don} = t_1 - t_0 = R_g\left[C_{gs} + C_{gd}\right]\ln\frac{V_{gs}}{V_{gs} - V_T} \qquad (1.3\text{-}18)$$

图 1.3-9 导通过程电流、电压波形

- 阶段 2（$t_1 \sim t_2$）：漏极电流开始增加，钳位二极管电流开始转移到漏极，直到漏极电流等于负载电流，MOSFET 承受全部的电源电压。栅压仍然向 C_{gs} 充电。漏极电流假定按线性增长。

$$I_d(t) = g_m(V_{gs} - V_T) \qquad (1.3\text{-}19)$$

$$t_2 - t_1 = R_g(C_{gs} + C_{gd})\ln\left[\frac{g_m V_g}{g_m(V_{gs} - V_T) - I_o}\right] \qquad (1.3\text{-}20)$$

- 阶段 3（$t_2 \sim t_3$）：从 t_2 开始，漏极电压开始下降，V_{gs} 为常数 V_{gp}。栅电压主要向 C_{gd} 充电，漏极电流达到稳定的负载电流 I_o。

$$V_{gp} = V_T + \frac{I_o}{g_m} \qquad (1.3\text{-}21)$$

$$I_g = \frac{V_g - V_{gp}}{R_g} \qquad (1.3\text{-}22)$$

t_3 时刻，V_{ds} 下降到 MOSFET 的正向导通压降 V_F，假设 C_{gd} 充电电流线性变化，则有

$$V_{ds}(t) = V_{dd} - \frac{I_g}{C_{gd}}(t_3 - t_2) \qquad (1.3\text{-}23)$$

$$t_3 - t_2 = \frac{(V_{dd} - V_F)C_{gd}}{I_g} \qquad (1.3\text{-}24)$$

- 阶段 4（t_3 以后）：MOSFET 进入线性区，栅极电压继续增加，对电容 C_{gs} 和 C_{gd} 充电，直到 V_{gs} 等于驱动电压。

阶段 2 和阶段 3 所经历的时间，通常被称为上升（开启）时间 t_r。

2. 关断过程

关断过程的电流、电压波形如图 1.3-10 所示。

- 阶段 1（$t_0 \sim t_1$）：栅极电压突然降为零，V_{gs} 开始下降。

$$V_{gs}(t) = V_g e^{-t/\tau_1} \qquad (1.3\text{-}25)$$

直到栅压降到平台电压 V_{gp} 之前，漏极电流和 V_{ds} 都没有任何变化。这一段时间称为关断延迟时间 t_{doff}。

$$t_{doff} = t_1 - t_0 = R_g\left[C_{gs} + C_{gd}(V_{ds})\right]\ln\frac{V_g}{V_{gp}} \qquad (1.3\text{-}26)$$

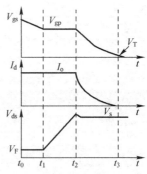

- 阶段 2（$t_1 \sim t_2$）：漏极电流和栅极电压仍然保持不变，

图 1.3-10 关断过程电流、电压波形

V_{ds} 开始上升。在 t_2 时刻，V_{ds} 达到电源电压。可计算出

$$t_2 - t_1 = (V_{dd} - V_F)C_{gd} / I_g \tag{1.3-27}$$

$$I_g = \frac{V_{gp}}{R_g} = \frac{V_{th} + I_o / g_m}{R_g} \tag{1.3-28}$$

- 阶段 3 ($t_2 \sim t_3$)：考虑回路中的杂散电感影响，则漏极电压可能会出现一个过冲，V_{ds} 将超过电源电压 V_{dd}，因此钳位二极管导通，栅极电压按指数规律下降。在 t_3 时刻，栅极电压降到阈电压，电流降到零。可以计算出

$$t_3 - t_2 = R_g(C_{gs} + C_{gd})\ln\left[\frac{I_o}{g_m V_T} + 1\right] \tag{1.3-29}$$

- 阶段 4 (t_3 以后)：栅极电压继续按指数规律下降到零，MOSFET 完全关断。

阶段 2 和阶段 3 所经历的时间，通常称为下降（关断）时间 t_f。

第 2 章　微电子器件仿真实验

2.1　器件仿真的基础知识

在外加电场作用下，微电子器件内部载流子的运动形成了电流，也形成了微电子器件独特的电学特性。同时，半导体三组基本方程（泊松方程、输运方程和连续性方程）描述了微电子器件内部的载流子在外加电场作用下的运动规律，通过求解外加偏压下器件的基本方程就可以分析所有微电子器件的电学特性。

运用三组半导体基本方程分析半导体器件时有两条基本途径。第一条途径是求解基本方程组的解析解，所得的解析模型可以清楚地给出器件中各个参数之间的相互作用及各个参数与器件性能之间的内在联系。但是，求解解析解是一个非常困难的过程，对求解者的数学和物理基础的要求极高。第二条途径是利用 TCAD（Technology Computer Aided Design）软件求解半导体器件基本方程的数值解，这就是通常所说的半导体器件的数值模拟。当半导体器件的电极上外加偏压时，TCAD 软件对基本方程进行求解，计算出器件内部的载流子浓度、电流、电势、电场等参数的分布，仿真者可以通过这些物理参数的分布图像来分析器件的工作原理。因此，器件仿真的方法简单形象，被广泛应用于微电子器件的设计分析过程。本章将通过 TCAD 软件的学习来掌握微电子器件特性的仿真方法。

2.1.1　仿真软件简介

TCAD 软件包含两个主要的分支：工艺仿真和器件仿真。本书只介绍器件仿真相关的内容。

目前，TCAD 软件有 Tsuprem4/Medici、Silvaco、ISE 和 Sentaurus 四款软件。

Tsuprem4/Medici 是 Avanti 公司的二维工艺和器件仿真集成软件包，现已被 Synopsys 公司收购。其中，Tsuprem4 是工艺仿真软件，Medici 是器件仿真软件。在实践中，可以将 Tsuprem4 工艺仿真的结果导入 Medici 中，从而进行较为精确的仿真。虽然 Tsuprem4 /Medici 的功能和操作都不及其他三款 TCAD 软件，但是该软件的程序语言简单明了，使其成为初学者入门的经典 TCAD 软件。

Silvaco 公司的 Silvaco TCAD 功能强大，操作简便，例子库丰富，是初学 TCAD 用户比较好的选择。

ISE TCAD 工艺及器件仿真工具是瑞士 ISE（Integrated Systems Engineering）公司开发的 DFM（Design For Manufacturing）软件，是一种建立在物理基础上的数值仿真工具。它既可以进行工艺流程仿真、器件描述，也可以进行器件仿真、电路性能仿真以及电缺陷仿真等。目前，其已被 Synopsys 公司收购，并升级为 Sentaurus TCAD。

Synopsys 公司整合了 Avanti 公司的 Medici、Taurus Device 及 ISE 公司的 DESSIS 器件物理特性仿真工具，充实并修正了诸多器件物理模型，而推出的器件物理特性分析工具 Sentaurus Device。Sentaurus Device 面向最新的纳米级集成工艺流程和器件结构，基于小尺寸器件物理效应，可实现超大规模集成器件的物理特性仿真分析。

本书选择了简单易学的 Medici 软件作为微电子器件仿真的入门软件，再选择功能强大的 Sentaurus 软件作为升级软件，通过这两款 TCAD 软件的学习可以掌握微电子器件仿真的基本方法，从而具备微电子器件分析和设计的基本能力。另外，本书的器件仿真只针对二维器件结构，不考虑三维器件结构。

使用 TCAD 软件进行微电子器件仿真的流程如图 2.1-1 所示，分为器件结构、数值求解和特性输出三个主要部分。在仿真过程中，首先需要通过网格、电极、区域和杂质分布等部分的设计来构建器件结构，然后在设定好物理模型和算法的基础上进行数值求解，最后可以通过器件特性参数的输出来分析器件的工作原理和电学特性。

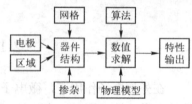

图 2.1-1　器件仿真流程

下面将以一个具体的 PN 结二极管结构为例，简要介绍如何通过程序语句来实现 Medici 和 Sentaurus 两种 TCAD 软件的器件仿真。

2.1.2　Medici 仿真软件的使用

1. 器件结构定义

微电子器件仿真是针对某一种具体的器件结构进行的，因此在进行仿真之前，必须首先确定器件的结构和参数。图 2.1-2 所示为一个 PN 结二极管结构。该结构按照材料的性质分成了两个区域，一个是由二氧化硅构成的浅槽隔离 STI 区域，另一个是构成 PN 结的硅材料区域。在硅材料区域内，轻掺杂的 P 区（p_sub 区）和重掺杂的 N 区

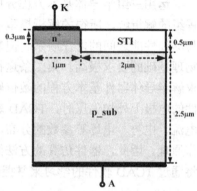

图 2.1-2　PN 结二极管器件结构

（n$^+$区）形成了 PN 结结构。同时，器件的底部制作了阳极电极 A，在硅表面的顶部制作了阴极电极 K。

下面根据这个 PN 结二极管的结构来介绍如何通过器件仿真软件的脚本描述语言来实现器件仿真功能。在 Medici 软件中，依次进行网格、区域、电极和掺杂的定义，就可以完成器件结构的定义。

（1）网格定义

器件的二维结构通过横向和纵向网格线来定义，在网格线的交汇处形成了三角形网格。器件仿真中，软件通过求解每一个网格点或网格线上对应的三组半导体器件基本方程来实现对整体器件的仿真。因此，器件的网格线越密集，器件仿真的结构越精细，仿真结果的精度越高。但是，网格点过多会造成软件运算时间过长。因此，优化的网格定义是非常重要的，它既要保证仿真的精度，又要提高仿真的效率。一般来说，在材料的界面、PN 结的结面和电流密集的地方网格线需要定义紧密一些，而对于衬底或者无源区的部分网格定义可以稀疏一些。

网格定义涉及 Medici 软件中的三个命令语句的基本格式与用法如下。

● MESH 语句

MESH 语句用于启动网格生成或读取先前生成的网格。

语句格式为：MESH　网格参数。

常用的网格参数为：

RECTANGU | CYLINDRI：生成矩形网格或圆柱形网格。

IN.FILE=<c> [PROFILE] [ASCII.IN | TSUPREM4 |TIF]：输入网格文件，且能被读取的网格格式有 ASCII 代码格式、工艺仿真输出结构文件和 TIP 格式文件。

OUT.FILE=<c>：输出网格文件。

● X.MESH 语句

X.MESH 语句用于定义 x 方向上网格线。

语句格式为：X.MESH 网格参数。

常用的网格参数为：

LOCATION=<n> | ({WIDTH=<n> | X.MAX=<n>} [X.MIN=<n>])：确定网格定义的位置或区域。

NODE=<n> | N.SPACES=<n>：设置在网格定义的位置区间内 x 方向上的格点数或网格空间的数量。

[{SPACING=<n> | H2=<n>}] [H1=<n>] [H3=<n>]：x 方向上网格空间变化的定义。

● Y. MESH 语句

Y.MESH 语句指定 y 方向上网格线，语句中参数的定义与 X.MESH 一样。

语句格式为：Y.MESH 网格参数。

常用的网格参数为：

LOCATION=<n> | ({DEPTH=<n> | Y.MAX=<n>} [Y.MIN=<n>])

NODE=<n> | N.SPACES=<n>

[{SPACING=<n> | H2=<n>}] [H1=<n>] [H3=<n>]

图 2.1-2 所示的 PN 结二极管结构通过 Medici 程序进行网格定义构建出如图 2.1-3 所示的器件初始网格，其仿真程序为：

```
MESH OUT.F=DIODEMESH
X.MESH X.MIN=0 X.MAX=3 SPACING =0.1
Y.MESH Y.MIN=0 Y.MAX=3 H1=0.05 H2=0.5
```

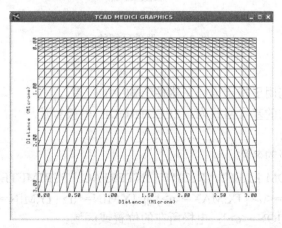

图 2.1-3 软件生成的器件初始网格

（2）区域定义

REGION 语句定义材料在矩形网格中的位置。器件结构中的每个网格元素必须定义为某种材料。允许指定具有相同名称的多个区域，但相同名称的区域上指定的材料相同。

REGION 语句的基本格式为：REGION 区域参数。

常用的区域参数为：

NAME=<c>：区域的名称。

SILICON | GAAS | POLYSILI | GERMANIU | SIC | SEMICOND| SIGE | ALGAAS |
A-SILICO | DIAMOND | HGCDTE | INAS | INGAAS || INP | S.OXIDE | ZNSE | ZNTE |
ALINAS | GAASP | INGAP | INASP：半导体材料的类型。

OXIDE | NITRIDE | SAPPHIRE | OXYNITRI | INSULATO：定义绝缘材料的类型。

[{X.MIN=<n> | IX.MIN=<n>}] [{X.MAX=<n> | IX.MAX=<n>}][{Y.MIN=<n> | IY.MIN=
<n>}] [{Y.MAX=<n> | IY.MAX=<n>}]：材料的区域位置。

VOID：指定一个区域或区域的一部分（由 X.MIN，X.MAX，Y.MIN 和 Y.MAX 指定）
是无效的，即从该区域中删除了网格点和网格。

图 2.1-2 所示的 PN 结二极管结构通过 Medici 程序进行区域定义，构建出如图 2.1-4 所
示的器件区域，其仿真程序为：

```
REGION NAME=1 SILICON
REGION NAME=2 OXIDE X.MIN=1 X.MAX=3 Y.MIN=0 Y.MAX=0.5
```

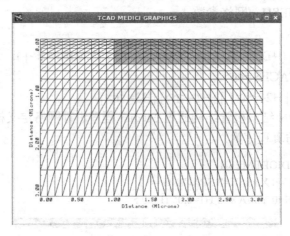

图 2.1-4 器件区域的定义

（3）电极定义

ELECTRODE 语句用于指定电极在器件结构中的位置。

ELECTRODE 语句的基本格式为：ELECTRODE 电极参数。

常用的电极参数为：

NAME=<c>：电极的名称。

([{TOP | BOTTOM | LEFT | RIGHT | INTERFAC | PERIMETE}][{X.MIN=<n> | IX.
MIN=<n>}] [{X.MAX=<n> | IX.MAX=<n>}][{Y.MIN=<n> | IY.MIN=<n>}] [{Y.MAX=<n> |
IY.MAX=<n>}])| [REGION=<c>]：电极所在的位置或区域。

THERMAL：电极为热电极。

图 2.1-2 所示的 PN 结二极管结构通过 Medici 程序进行电极定义，构建出如图 2.1-5 所
示的器件电极，其仿真程序为：

```
ELECTRODE NAME= Cathode X.MIN=0 X.MAX=1 Y.MIN=0 Y.MAX=0
ELECTRODE NAME=Anode BOTTOM
```

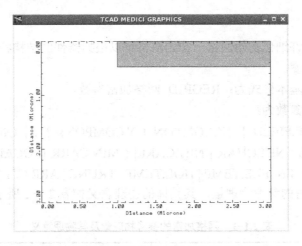

图 2.1-5　器件电极的定义（图中虚线表示电极）

（4）掺杂定义

PROFILE 语句定义器件结构的杂质分布。

PROFILE/DOPING 语句的基本格式为：PROFILE　掺杂参数。

常用的掺杂参数为：

[N-TYPE] [P-TYPE]：掺杂的类型。

[REGION=<c>][X.MIN=<n>] [{WIDTH=<n> | X.MAX=<n>}][Y.MIN=<n>] [{DEPTH=<n> | Y.MAX=<n>}]：掺杂的位置和区域。

UNIFORM N.PEAK=<n>：掺杂为均匀掺杂。

{X.CHAR=<n> | XY.RATIO=<n>} [X.ERFC]{ ({N.PEAK=<n> | DOSE=<n>} {Y.CHAR=<n> | Y.JUNCTI=<n>}) }：掺杂分布为高斯分布或余误差分布。

IN.FILE=<c> | OUT.FILE=<c>：掺杂输入或输出文件。

图 2.1-2 所示的 PN 结二极管结构通过 Medici 程序进行电极定义，构建出如图 2.1-6 所示的器件掺杂，其仿真程序为：

```
PROFILE P-TYPE UNIF N.PEAK=1E15 REGION=1
PROFILE N-TYPE N.PEAK=1E21 Y.JUNC=0.3 X.MIN=0 X.MAX=1 REGION=1
```

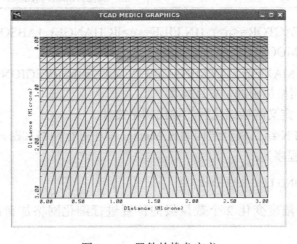

图 2.1-6　器件的掺杂定义

（5）网格加密

REGRID 语句允许细化初始网格。初始网格可以根据器件的结构特点和工作特点进行细化，以保证仿真的精度。

REGRID 语句的基本格式为：REGRID 网格加密参数。

常用的网格加密参数为：

POTENTIA | (E.FIELD [{X.COMPON | Y.COMPON}]) | QFN | QFP| DOPING | ELECTRON | HOLES | NET.CHAR | NET.CARR (MIN.CARR [LOCALDOP]) | II.GENER | BB.GENER | PHOTOGEN| ELE.TEMP | HOL.TEMP | TRUNC | ARRAY1 | ARRAY2 | ARRAY3| LAT.TEMP：用于加密的参考物理量，其具体的物理意义如表 2.1-1 所示。

表 2.1-1　网格加密的参考物理量及其物理意义

物理量	物理意义
POTENTIA	电势
E.FIELD [{X.COMPON	Y.COMPON}	电场（x 方向分量/y 方向分量）
QFN	电子的准费米势
QFP	空穴的准费米势
DOPING	掺杂浓度
ELECTRON	电子浓度
HOLES	空穴浓度
NET.CHAR	净电荷浓度
NET.CARR	净载流子浓度
MIN.CARR	少数载流子浓度
II.GENER	由碰撞电离引起的产生率
BB.GENER	由带间隧穿引起的产生率
PHOTOGEN	光生载流子浓度
ELE.TEMP	电子温度
HOL.TEMP	空穴温度
TRUNC	泊松方程的截断误差
ARRAY1	ARRAY2	ARRAY3	用户计算的 ARRAY1	ARRAY2	ARRAY3 中存储的数据

(RATIO=<n> | FACTOR=<n>) [IN.FILE=<c>][CHANGE] [ABSOLUTE] [LOGARITH] [MAX.LEVE=<n>] [SMOOTH.K=<n>]：网格加密的控制参数。

[X.MIN=<n>] [X.MAX=<n>] [Y.MIN=<n>] [Y.MAX=<n>][REGION=<c>] [IGNORE=<c>] [COS.ANGL=<n>]：网格加密的位置或区域。

OUT.FILE=<c>：定义网格细化后的输出网格文件。

图 2.1-2 所示的 PN 结二极管结构通过 Medici 程序进行网格加密，根据如图 2.1-6 所示的器件掺杂，其仿真程序为：

    REGRID DOPING LOG RATIO=2

该语句是在掺杂浓度变化 2 个数量级的位置进行细化网格加密的，加密后的网格如图 2.1-7 所示。

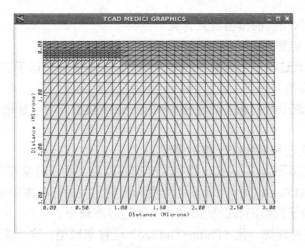

图 2.1-7　根据掺杂浓度进行加密后的网格

REGRID POT RATIO=0.2

该语句是在电势分布变化 0.2V 的位置进行细化网格加密的，加密后的网格如图 2.1-8 所示。

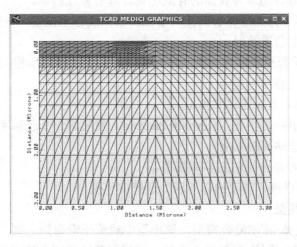

图 2.1-8　根据电势分布进行加密后的网格

2．物理模型定义

TCAD 软件中物理模型是指定义器件在仿真过程中出现的物理现象，也就是定义数值求解过程中需要应用的物理公式。在进行器件仿真的数值求解时，考虑到求解过程中的物理过程，软件会添加物理模型相对应的物理公式。因此，模型是 TCAD 软件求解准确度的重要部分，要与仿真指标相结合进行选取。一般来说，物理模型若太简单，器件仿真结果的准确度就会存在问题；若太复杂，软件求解过程就会复杂，占用内存大，速度慢且会带来收敛性等问题。

MODELS 语句的基本格式为：MODELS 物理模型参数。

不同的物理模型对应于不同的物理过程，仿真过程中需要根据器件的工作机理去分析选择，通常选用的物理模型参数与载流子分布、载流子迁移率、产生复合和碰撞电离等方面相关。下面将给出这些常用到的模型及其含义。

（1）迁移率参数模型

迁移率模型是仿真过程中用到最多的物理模型，其主要分为以下三类。

① 低场迁移率模型

CCSMOB：与载流子散射相关的迁移率模型。这个模型同时包含依赖浓度和温度的迁移率模型。

GMCMOB：广义迁移率曲线迁移率模型。

ANALLYTIC：根据解析表达式计算的浓度和温度相关的迁移率模型。

ARORA：根据 ARORA 的作用计算的浓度和温度相关的迁移率模型。

CONMOB：载流子迁移率和杂质浓度相关的迁移率模型。

PHUMOB：菲利普斯统一化（Philips Unified）迁移率模型。这个模型对双极型器件至关重要。但是，为了能正确模拟少子输运，需要使用适当大小的 BGN 参数。

② 表面散射（横向场）迁移率模型

LSMMOB：伦巴第（Lombardi）表面迁移率模型。

PRPMOB：垂直电场分量的迁移率模型。

SRFMOB：在半导体绝缘体表面的有效电场计算有效迁移率。

SRFMOB2：沿半导体绝缘体表面使用增强的表面迁移率模型，该模型考虑了声子散射、表面粗糙度散射和带电杂质散射。

TFLDMOB：基于得克萨斯大学奥斯汀分校所做工作的横向场相关迁移率模型。

UNIMOB：通用迁移率模型。

③ 高场（平行场）效应迁移率模型

HPMOB：由哈勒特-帕卡德（Hewlett-Packard）发展的一个迁移率模型，同时考虑了横向场和平行场分量对迁移率的影响。

FLDMOB：平行电场分量的迁移率模型。

TMPMOB：基于载流子温度的有效场的迁移率模型。

（2）载流子复合模型

SRH：肖特基-里德-霍尔复合模型，该模型中载流子寿命为定值。

CONSRH：肖特基-里德-霍尔复合模型，该模型载流子寿命依赖于载流子浓度。

R.TUNNEL：添加陷阱辅助效应和带带隧穿效应到 SRH 模型中。

AUGER：俄歇复合模型。

（3）载流子分布模型

BOLTZMAN：波尔兹曼载流子统计分布。默认为使用。

FERMIDIR：费米-狄拉克载流子统计分布。

（4）能带相关模型

BGN：禁带宽度变窄模型。

IMPACT.I：计算碰撞电离（电场相关）时载流子的产生率，也就是电离积分。理论上，其值为 1 时认为发生雪崩击穿。

INCOMPLE：不完全电离相关模型。

II.TEMP：碰撞电离（载流子温度相关）相关模型。

BTBT：隧穿引起载流子增加相关模型。

图 2.1-2 所示的 PN 结二极管结构在器件数值求解过程中添加的物理模型语句如下：

MODEL CONMOB FLDMOB SRFMOB CONSRH AUGER IMPACT.I

该仿真过程考虑到的物理过程有：与杂质浓度、平行电场分量、在半导体绝缘体表面的有效电场相关的载流子迁移率，与载流子浓度相关的载流子寿命，俄歇复合，碰撞电离。

3. 算法定义

在添加了适合的物理模型后，需要选择适合的算法去求解相应的电学方程。不同的算法具有不同的准确度和收敛性，一般默认使用牛顿算法，其具有较高的准确度和较好的收敛性，能计算绝大多数器件的电学特性。

在 Medici 中，算法的定义涉及 SYMBOLIC 和 METHOD 两个命令语句。

（1）SYMBOLIC

SYMBOLIC 命令语句用于选择模拟时的求解方法。

SYMBOLIC 命令语句的格式为：SYMBOLIC 算法参数。

常用的算法参数为：

NEWTON | GUMMEL：选择牛顿或古默尔算法。

CARRIERS=<N> [{ELECTRON | HOLES}]：确定载流子数量和种类。

ELE.TEMP [COUP.ELE]：仿真中求解泊松方程、连续方程和电子温度方程且其求值结果完全耦合。

HOL.TEMP [COUP.HOL]：仿真中求解泊松方程、连续方程和空穴温度方程且其求值结果完全耦合。

LAT.TEMP [COUP.LAT]：仿真中求解泊松方程、连续方程和晶格温度方程且其求值结果完全耦合。

EB.POST：仿真中求解能量平衡方程。

[MIN.DEGR] [ILUCGS] | [BICGS]) [STRIP] [VIRTUAL] [PRINT]：代数方程的求法。

（2）METHOD

METHOD 命令语句是对特殊的求解方法使用特殊的求解技巧。

METHOD 命令语句格式为：METHOD 求解参数。

常用的求解参数为：

[ITLIMIT=<n>] [XNORM] [RHSNORM] [XRNORM [NODE.ERR=<n>] [ASMB.OLD] [CX.TOLER=<n>][PR.TOLER=<n>][CR.TOLER=<n>] [LIMIT] [PRINT] [FIX.QF] [ITER.TTY] [PX.TOLER=<n>]：设置基本求解参数。

{DVLIMIT=<n> | (DAMPED [DELTA=<n>] [DAMPLOOP=<n>] [DFACTOR=<n>]) } [ICCG [LU1CRIT=<n>] [LU2CRIT=<n>] [MAXINNER=<n>]] [SINGLEP [ACCELERA [AC-CSTART=<n>] [ACCSTOP=<n>] [ACCSTEP=<n>]]])：设定 GUMMEL 算法的求解参数。

[AUTONR [NRCRITER=<n>] [ERR.RAT=<n>]][CONT.PIV][CONT.RHS] [ITRHS=<n>] [{CONT.ITL | STOP.ITL}][CONT.STK] [STACK=<n>][ACONTINU=<n>][TAUTO] [2NDORDER] [TOL.TIME=<n>] [L2NORM] [DT.MIN=<n>] [EXTRAPOL] [CARR.MIN=<n>] [CARR.FAC=<n>] [N.DVLIM=<n>] [N.DVMAX] [N.DAMP]：设定 NEWTON 算法的求解参数。

图 2.1-2 所示的 PN 结二极管结构在器件数值求解过程所添加的算法语句如下：

SYMBOLIC CARRIER=2 NEWTON

该语句指定载流子种类为两种，且使用牛顿算法。

METHOD AUTONR LIMIT=20 STACK=20

该语句指定在使用牛顿算法求解时求解参数为 AUTONR，迭代次数为 20，每次迭代计算次数为 20。

4. 求解定义

求解定义是指在器件结构已构建完成且物理模型和算法添加完成后，通过施加偏置进行求解，其类似于在测试实验中对实验器件加电压来进行测试。所以，对于求解定义，最重要的就是外加电源的设置。Medici 可以在求解过程中添加直流、瞬态和高频小信号等偏置条件来得到所需要的器件特性参数。其中，关于求解的 Medici 命令语句为 SOLVE，这个命令语句的基本格式为：SOLVE 求解参数。

SOLVE 语句中的求解参数根据不同的求解方法有不同的定义，具体的定义方法如下。

（1）步长法求解

步长法求解的 SOLVE 语句的常用求解参数为：

ELECTROD=<c>：施加偏置的电极。

VSTEP=<n> | ISTEP=<n>：每一步所加的电压或电流偏置的步长。

NSTEPS=<n>：偏置所加的步数。

二极管在正向特性求解过程中所添加的算法语句如下：

SOLVE V(Anode)=0 ELECTR=Anode VSTEP=0.02 NSTEP=100

该语句定义施加偏置的电极为 ANODE 电极，初始电压为 0V，施加电压步长为 0.02V，步数为 100 步。

（2）CONTINUE 法求解

CONTINUE 求解法适用于出现击穿或回滞现象的偏置条件，只需给出初始步长和边界值，软件会根据每次所解的值不断调整步长以得到最终仿真的曲线。

CONTINUE 法求解的语句格式如下：

SOLVE CONTINUE ELECTROD=<c> C.VSTEP=<n> [C.AUTO [C.TOLER=<n>]]
[C.VMIN=<n>] [C.VMAX=<n>] [C.IMIN=<n>] [C.IMAX=<n>][C.DVMAX=<n>]

其中参数的含义如下。

C.VSTEP=<n>：设置初始步长。

C.AUTO：指定使用连续方法自动设置偏置步长，默认为使用。

C.TOLER=<n>：CONTINUE 法的本地截断误差容限。较小的值将导致程序使用更多的偏置步长并产生更精细的曲线，但会浪费 CPU 时间。此参数不会影响计算点的准确性，只会影响它们之间的间距。默认值为 0.05。

[C.VMIN=<n>] [C.VMAX=<n>] [C.IMIN=<n>] [C.IMAX=<n>]：设置电压和电流的边界值，即自动增大的电压电流不会超出此值。默认值分别为-5V、5V、-1.0e-4A/μm、1.0e-4A/μm。

C.DVMAX=<n>：在 CONTINUE 法期间允许的最大增大步长。如果步长超出此限制，则立即减少这次偏置步长，然后程序再次尝试。这可以避免程序浪费时间尝试解决不太可能收敛的偏差点。默认值为 50。

二极管在器件数值求解过程中采用 CONTINUE 求解法的语句如下：

```
SOLVE CONTINUE V(ANODE)=0 ELECTR=ANODE
+C.VSTEP=1E–6 C.IMAX=1E–2 C.VMAX=100
```

该语句设置偏置电极为 ANODE 电极，偏置电压的初始电压为 0V，初始步长为 1e–6V，最大电流为 1e–2A，最大电压为 100V。

（3）瞬态法求解

瞬态求解法适用于求解外加电压随时间变化的偏置条件，其求解语句的格式如下：

```
SOLVE ELECTROD=<c> (TSTEP=<n> {TSTOP=<n>|NSTEPS=<n>} [TMULT=<n>] [{RAMPTIME=
<n>|ENDRAMP=<n>}] [DT.MAX=<n>])
```

其中参数的含义如下：

TSTEP=<n>：时间参数的步长，若采用自动步长则仅代表初始步长。

TSTOP=<n>：仿真时间的截止点。

NSTEPS=<n>：时间参数的步数。

TMULT=<n>：不使用自动时间步长选择时，用于在瞬态仿真过程中更改连续时间步长大小的乘数。默认值为 1。

RAMPTIME=<n>：一个时间间隔，在该时间间隔上电压随时间线性变化。如果此线性变化的时间为 t，则结束时间为 t+RAMPTIME。默认值为 0。

ENDRAMP=<n>：电压线性变化的结束时间，如果变化发生在 t 时刻，则结束时间为 ENDRAMP。默认值为 0。

DT.MAX=<n>：偏置最大时间步长，默认值为 0.25。

二极管在瞬态求解过程所添加的程序语句如下：

```
SOLVE V(Anode)=2 TSTEP=1e–12 TSTOP=100e–9 RAMPTIME=10e–9
```

该语句设置在时间步长为 1ps 的条件下，在 10ns 的时间内将阳极电压加到 2V。

（4）交流小信号法求解

每当指定参数 AC.ANALY 时，在每个直流求解之后都会执行 AC 正弦小信号分析。交流小信号求解法的程序语句格式：

```
SOLVE [AC.ANALY FREQUENC=<n> [FSTEP=<n> NFSTEP=<n> [MULT.FRE] ][VSS=<n>] [TER-
MINAL=<c>][S.OMEGA=<n>][MAX.INNE=<n>][TOLERANC=<n>][HI.FREQ][S.PARAM [R.SPARA=<n>] ]]
```

其中主要参数的含义如下：

AC.ANALY：在求解直流偏置后进行交流小信号分析。

FREQUENC=<n>：小信号频率。

FSTEP=<n>：在多个频率上执行 AC 小信号分析时，频率的增量。如果未指定 MULT.FRE，则通过将 FSTEP 添加到先前的频率值来获得每次分析的频率。如果指定了 MULT.FRE，则通过将先前的频率值乘以 FSTEP 来获得每次分析的频率。

NFSTEP=<n>：进行 AC 小信号分析的附加频率数。默认值为 0。

MULT.FRE：指定 FSTEP 是增加频率的乘数。默认为不使用。

VSS=<n>：指定施加的交流小信号的幅值大小。默认值为 0.1V。

TERMINAL=<c>：设置施加交流小信号的电极。可以指定一个以上的电极，但每种情况都是单独解决的。要指定多个电极，请用逗号分隔它们，并将它们括在括号内（例如，"（drain，gate，source）"）。

二极管在交流小信号求解过程中所添加的求解语句如下：

```
SOLVE V(Anode)=0 ELECTR=Anode VSTEP=0.1 NSTEP=10
+AC.ANAL TERM=ANODE FREQ=1e6
```

该语句求解在 ANODE 电极上偏置 0～1V 的直流电压，且在直流偏置上叠加频率为 1MHz 交流小信号的条件下，器件的交流小信号特性。

（5）电路混合法求解

采用 Medici 软件进行器件和电路的混合仿真，需要先建立可以用于电路仿真的器件的网格文件，然后再构建具体电路进行混合仿真。下面是采用电路混合法求解二极管开关特性的具体例子。

① 输出用于电路混合仿真的网格文件

```
MESH
X.MESH WIDTH=7.0 H1=0.5
Y.MESH DEPTH=0.2 H1=0.1
Y.MESH DEPTH=0.2 H1=0.1
Y.MESH DEPTH=1.6 H1=0.1 H2=1

REGION NAME=SILICON SILICON
REGION NAME=OXIDE OXIDE X.MAX=2 Y.MAX=0.4
REGION NAME=OXIDE OXIDE X.MIN=3 X.MAX=4 Y.MAX=0.4
REGION NAME=OXIDE OXIDE X.MIN=5 X.MAX=7 Y.MIN=0 Y.MAX=0.4

ELECTR NAME=Anode X.MIN=4.2 X.MAX=4.8 Y.MAX=0.0
ELECTR NAME=Cathode X.MIN=2.2 X.MAX=2.8 Y.MAX=0.0

PROFILE N-TYPE N.PEAK=5e17 Y.MIN=0 Y.MAX=2.0 Y.CHAR=0.16 XY.RAT=0.75
PROFILE N-TYPE N.PEAK=1e21 X.MIN=2 X.MAX=3 Y.MIN=0 Y.MAX=0.2
+Y.CHAR=0.16 XY.RAT=0.75
PROFILE P-TYPE N.PEAK=1e21 X.MIN=4 X.MAX=5 Y.MIN=0 Y.MAX=0.2
+Y.CHAR=0.16 XY.RAT=0.75
MODELS CONMOB SRFMOB2 FLDMOB AUGER CONSRH
SYMB CARRIERS=0
METHOD ICCG DAMPED
SOLVE
SAVE MESH OUT.FILE=diodemesh W.MODELS
```

该程序最后的 SAVE 命令语句用于保存和输出在电路混合仿真中使用的二极管器件网格文件。

② 电路混合仿真

使用 PN 结二极管器件结构的电路混合仿真的电路图如图 2.1-9 所示：

电路混合仿真的程序如下：

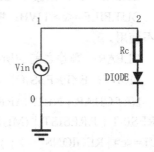

```
START CIRCUIT
Vin 1 0 PULSE 5 0 0 10p 10p 2n 5n
Rc 1 2 1k
PDIODE 2=Anode 0=Cathode FILE=diodemesh
NODESET V(1)=0 V(2)=0
FINISH CIRCUIT
MODELS CONMOB SRFMOB2 FLDMOB AUGER CONSRH
SYMB CARRIERS=0
METHOD ICCG DAMPED
SOLVE INIT
MODELS CONMOB SRFMOB2 FLDMOB AUGER CONSRH
SYMBOL NEWTON CARR=2
METHOD ICCG DAMPED
SOLVE TSTEP=0.5E-12 TSTOP=5e-9
SAVE MESH OUT.FILE=MDE13MS W.MODELS
```

图 2.1-9　电路混合仿真的电路图

程序中，第 1 行"START CIRCUIT"表示开始电路混合仿真，第 2 行是在电路节点 1 和地之间设置电压脉冲信号，第 3 行是在电路节点 1 和 2 之间设置串联 1kΩ电阻，第 4 行是输入 PN 结二极管的网格结构并将其阳极与节点 2 相连，阴极接地，第 5 行是将电路中所有节点的电压的初始值设置为 0V，第 6 行"FINISH CIRCUIT"表示电路设置完成。电路设置完成后，程序采用瞬态求解法对该电路进行瞬态特性的仿真。

5. 特性输出定义

Medici 软件的器件结构、数值求解和特性输出是独立的三部分，这三部分命令语句不必同时出现在一个程序文件中，器件结构和数值求解部分都可以单独输出数据文件并被调用。Medici 在运行含有数值求解定义部分的程序后，软件会自动输出一个 .out 格式的文件，该文件含有每个网格点的数据，例如电压、电流、时间或电容等电学参数。

特性输出就是把在求解过程中得到的数据按照一定的方式画出需要的图形或曲线。所以，特性输出定义可以调用已有的器件结构和数值求解的数据，按照期望的方式排列出合适的结果。最常用到的有直流稳态仿真的 I-V 曲线，瞬态仿真的 V-T 曲线、交流小信号仿真的 C-V 曲线以及电流、电压和电场等在器件结构中的分布情况。

其中，涉及特性输出定义的 Medici 命令语句为 EXTRACT、PRINT 和 PLOT，其中 PLOT 又分为 PLOT.1D、PLOT.2D 和 PLOT.3D 三种，分别适用于一维曲线输出、二维图形输出和三维器件数据输出。

Medici 特性输出定义的命令语句的用法和基本格式如下。

（1）EXTRACT 语句

EXTRACT 命令语句可以从数值结果中提取特定数据，且对数据利用公式进行计算。

EXTRACT 命令语句格式为：EXTRACT　提取参数。

常用的提取参数为：

EXPRESSION=<c>：设定数据的数字字符表达式，该表达式可以是指定的变量或是输出数据内的变量。

NAME=<c>：数据名称，用于储存由 EXPRESSION 计算的数值。

UNITS=<c>：数据单位，用于数据绘图。

OUT.FILE=<c> TWB：将 EXPRESSION 结果数值以 TWB 格式储存到指定文件中。默认为不使用。

CLEAR：删除之前的所有 EXTRACT 语句。默认为不使用。

PRINT：EXPRESSION 求解的数值和普通输出数值输出在同一个文件内。

NET.CHAR | NET.CARR | ELECTRON | HOLE | RECOMBIN | IONIZATI | RESISTAN | N.RESIST | P.RESIST | (METAL.CH CONTACT=<c>)| ({N.CURREN | P.CURREN} {CONTACT=<c> | REGIONS=<c>}) | II.GENER | SHEET.RE X.POINT=<n>：提取的物理量。

[X.MIN=<n>] [X.MAX=<n>] [Y.MIN=<n>] [Y.MAX=<n>]：提取物理量的范围。

OUT.FILE=<c>：将提取物理量的数值储存到输出文件中。

MOS.PARA：提取和 MOS 器件相关的各种参数。如有 I-V 文件，则会提取阈值电压和亚阈区摆幅等参数。如有器件网格文件，则会提取沟道长度等参数。

IN.FILE=<c>：输入数据文件。

[DRAIN=<c>] [GATE=<c>] [I.DRAIN=<n>]：指定目标文件中的栅极、源极和漏极的名称，用于找到目标。

例如，提取语句

EXTRACT IN.F=TVS NAME=C UNITS=F EXPRESSION = "@C(GATE,GATE)"

用于提取器件 GATE 电极的电容参数，数值取自文件 TVS，参数命名为 C，单位为 F。

（2）PRINT 语句

PRINT 语句用于输出器件特定区域内的一系列节点的指定量。

PRINT 命令语句的格式为：PRINT 打印控制参数。

主要的打印控制参数如下：

[X.MIN=<n>] [X.MAX=<n>] [Y.MIN=<n>] [Y.MAX=<n>] [IX.MIN=<n>] [IY.MIN=<n>] [IX.MAX=<n>][IY.MAX=<n>]：器件的特定区域，将输出此区域内网格点的指定物理量。

POINTS：输出的网格点信息。这包括网格点坐标、杂质浓度、界面电荷、材料类型目录等。

ELEMENTS：输出目录中的网格点元素信息，包括网格点编号和材料编号等。

GEOMETRY：输出目录中的网格点元素的空间信息，包括该网格点面积和电学系数等。

SOLUTION：要输出网格点的输出信息，如电势、载流子浓度或费米势等。

[CURRENT [{X.COMPON | Y.COMPON}]] [E.FIELD][NET.CHAR] [RECOMBIN] [II.GENER] [II.EJG] [CONC.DEP][BB.GENER] [BB.EG] [TEMPERAT] [BAND.STR]：该点要输出的物理量。

（3）PLOT 语句

● PLOT.1D 语句

PLOT.1D 语句用于输出根据数值求解文件或调用文件中的数据绘制的曲线，或是指定器件结构某一条特定线段上的物理量绘制的曲线

PLOT.1D 命令语句的格式为：PLOT.1D 一维绘图参数。

主要的一维绘图参数如下：

POTENTIA | QFN | QFP | VALENC.B | CONDUC.B | VACUUM | E.FIELD | ARRAY1 | ARRAY2 | ARRAY3 | TRAPS | TRAP.OCC | DOPING | ELECTRON | HOLES | NIE | NET.CHAR | NET.CARR| J.CONDUC | J.ELECTR | J.HOLE | J.DISPLA | J.TOTAL | RECOMBIN | N.RECOMB | P.RECOMB | II.GENER | BB.GENER | (PHOTOGEN [WAVE.NUM=<n>]) | ELE.TEMP | HOL.TEMP | ELE.VEL | HOL.VEL | J.EFIELD | G.GAMN | G.GAMP | G.GAMT | G.IN | G.IP | G.IT | N.MOBILI | P.MOBILI | SIGMA：输出的物理量。

[X.COMPON] [Y.COMPON]：物理量为 X(Y)方向分量。

X.START=<n> Y.START=<n> X.END=<n> Y.END=<n>：特定线段，分别指 X 轴的起始值、Y 轴的起始值、X 轴的终点值、Y 轴的终点值。

X.AXIS=<c> Y.AXIS=<c>：设定特性曲线图 X 轴和 Y 轴的参数。

ORDER：数据的排序，指定使用^ORDER 时，数据将会按照它们被求解的时间顺序进行排序绘图。

IN.FILE=<c>：数据来源文件。

[X.MIN=<n>] [X.MAX=<n>]：坐标图的横坐标范围，横坐标不在这个范围内的数据将被舍弃。

[LEFT=<n>] [RIGHT=<n>] [BOTTOM=<n>] [TOP=<n>]：数据曲线图的边界，左右分别代表 X 轴的数据边界，上下则代表 Y 轴的数据边界。

UNCHANGE：使此语句的曲线与上一条语句绘制在同一张图中，且边界值等冲突的控制条件都以原始曲线为准。

[Y.LOGARI] [X.LOGARI]：Y(X)轴使用对数坐标。

INTEGRAL：画出纵坐标的积分。

[ABSOLUTE] [NEGATIVE]：绘制纵坐标的绝对值（负值）。

CLEAR：在绘图前清除绘图区域。

[AXES] [LABELS] [MARKS] [TITLE=<c>]：绘图时使用横坐标、纵坐标，轴标签，轴距和标题。

SYMBOL=<n>：数据点的符号形状，共有 15 种，由数字 1～15 确定。

POINTS：在图形的数据点上绘制了以正方形为中心的逻辑规范。该参数与指定 SYMBOL＝1 的作用相同。

C.SIZE=<n>：居中符号的大小。默认值为 0.25cm。

LINE.TYP=<n>：曲线的线形，当为 1 时是实线，当大于 1 时是虚线，值越大，虚线的线段间的距离越大。默认值为 1。

COLOR=<n>：曲线的颜色，每个数字代表的颜色取决于显示图形的设备。默认值为 1。

PAUSE：指定程序执行在与此语句关联的所有图形输出完成后暂停。用户必须回车才能继续执行。

PRINT：将图形的数据点输出到标准输出文件。

OUT.FILE=<c>：格式化文件的标识符，用于存储绘制的数据点的值。默认为不使用。

示例 1：

```
PLOT.1D in.file=LCTVS Y.AXIS=I(Anode) X.AXIS=V(Anode) ^ORDER
+ COLOR=2 SYMB=1 POINTS TITLE="I-V"
```

该语句用于输出 $I\text{-}V$ 曲线，数值取自文件 LCTVS，纵坐标为阳极电流，横坐标为阳极电压，按照数据求解的时间排序绘图，指定曲线颜色为 2，曲线标题为 "$I\text{-}V$"。

示例 2：

> PLOT.1D DOPING X.START=2.5 X.END=2.5 Y.START=0 Y.END=30 Y.LOG
> +POINTS BOT=1e14 TOP=1e20 COLOR=2 TITLE="DOPING SPREAD"

该语句用于输出 $x=2.5\mu m$ 时器件纵向截取的掺杂浓度曲线，且纵坐标采用对数坐标，指定坐标边界值，指定曲线颜色为 2，曲线标题为 "DOPING SPREAD"。

● PLOT.2D 语句

PLOT.2D 语句为器件特性的二维图形显示，并绘制器件边界、冶金结和耗尽区边缘等。

PLOT.2D 语句的格式为：PLOT.2D　二维绘图参数。

常用的二维绘图参数有：

BOUNDARY：要绘制设备的边界，包括所有器件区域和电极的边界。

REGION：绘制相同材料区域之间的边界。如果指定了 BOUNDARY，则默认为使用。

JUNCTION：绘制冶金结面的位置。

DEPLETIO：绘制耗尽区边缘的位置。

LUMPED：在指定了集总电阻或电容的每个触点上绘制了集总电阻和电容的示意图。

CON.RESI：在定义了接触电阻的每个触点上绘制接触电阻的示意图。

GRID：绘制显示每个网格元素边界的模拟网格。

FILL：材料区域内填充颜色，可以在 FILL 语句中指定用于填充各个材料区域的颜色。

SCALE：图的大小在 X 或 Y 方向上按指定大小减小，以便在 X 和 Y 方向上使用相同的比例因子。此参数有助于以适当的宽高比显示设备。

[X.MIN=<n>] [X.MAX=<n>] [Y.MIN=<n>] [Y.MAX=<n>]：显示图形四个边缘在坐标轴上的位置。默认值为器件结构的边界值。

CLEAR：在开始绘图之前清除图形显示区域。默认为使用。

LABELS：沿图的左侧和底部绘制轴和距离标签。默认为使用。

TITLE=<c>：输出图形的标题。默认使用最近的 TITLE 语句中的字符串。

示例：

> PLOT.2D GRID SCALE FILL TITLE="STRUCTURE 01"

该语句将输出器件网格截面图，该图包含网格和掺杂信息，图按比例绘制，且命名为 "STRUCTURE 01"。

● PLOT.3D

PLOT.3D 语句用于三维物理量图的图形显示。

PLOT.3D 语句的格式为：PLOT.3D　三维绘图参数。

主要三维绘图参数如下：

POTENTIA | QFN | QFP | VALENC.B | CONDUC.B | VACUUM | E.FIELD | DOPING | ELECTRON | HOLES | NIE | NET.CHAR | NET.CARR | J.CONDUC | J.ELECTR | J.HOLE | J.DISPLA | J.TOTAL | RECOMBIN | N.RECOMB | P.RECOMB | II.GENER | BB.GENER | PHOTOGEN | ELE.TEMP | HOL.TEMP | ELE.VEL | HOL.VEL | J.EFIELD | G.GAMN | G.GAMP | G.GAMT | G.IN | G.IP | G.IT | ARRAY1 | ARRAY2 | ARRAY3 | TRAPS | TRAP.OCC | N.MOBILI

| P.MOBILI | SIGMA | LAT.TEMP | X.MOLE：输出的物理量。

[X.COMPON] [Y.COMPON] [Z.MIN=<n>] [Z.MAX=<n>] [ABSOLUTE] [LOGARITH]：输出物理量的控制参数。

[X.MIN=<n>] [X.MAX=<n>] [Y.MIN=<n>] [Y.MAX=<n>]：画图的区域。

示例：

      PLOT.3D E.FIELD X.COMPON

该语句用于画出整个器件 X 方向电场的三维分布图。

2.1.3　Sentaurus 仿真软件的使用

图 2.1-10 所示为典型的 Sentaurus 软件仿真流程。首先，软件使用 Sentaurus Structure Editor（SSE）构建半导体器件的网格，产生包含网格、区域、掺杂和接触等信息的网格文件，文件的后缀名为.tdr。然后，在 Sentaurus Device（SD）中引用该网格文件，并模拟器件的电学特性，输出仿真结果。

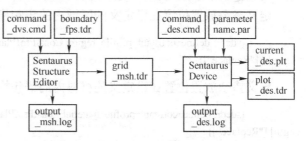

图 2.1-10　Sentaurus 软件仿真流程

1．器件结构定义

Sentaurus Structure Editor 可以用作二维（2D）或三维（3D）结构编辑器，以及 3D 流程仿真器来创建仿真器件。

在 Sentaurus Structure Editor 中，可以使用图形用户界面（GUI）交互生成或编辑结构。掺杂轮廓和网格划分策略也可以交互定义。Sentaurus Structure Editor 具有用于配置和调用 Synopsys 网格划分引擎的界面。另外，它为网格划分引擎生成必要的输入文件（tdr 边界文件和网格划分命令文件），这些文件为设备结构生成 tdr 网格和数据文件。

Sentaurus Structure Editor 还可以使用脚本以批量处理模式生成器件。脚本基于 Scheme 脚本语言。在文本编辑器中，可以根据需要编辑命令，然后将其粘贴到命令窗口中以执行。本文将以脚本运行的方式来介绍 Sentaurus Structure Editor 的使用方法。

Sentaurus Structure Editor 定义器件结构分为定义区域和掺杂、定义接触、定义网格细化和定义生成输出文件 4 个部分。

（1）定义区域和掺杂

在 Sentaurus Structure Editor 中，采用脚本文件定义掺杂有 3 个步骤：

第 1 步，定义掺杂的位置，这个位置可以是一个区域、一种材料或一条线；

第 2 步，定义掺杂的类型和具体参数，可以是均匀掺杂、高斯分布掺杂或余误差分布掺杂；

第 3 步，将第 2 步定义好的掺杂放置在第 1 步所定义的掺杂位置上。

定义区域和掺杂的命令语句格式和主要参数如下。

① 均匀掺杂的定义

● 定义掺杂的区域

均匀掺杂的位置可以是某区域内或某种材料内。其中，区域定义语句分为矩形区域定义和矩形优化/评估窗口定义两种。

矩形区域定义语句的格式为：

(sdegeo: create-rectangle position position material-name region-name)

矩形优化/评估窗口定义语句格式为：

(sdedr: define-refeval-window RefEval-name "Rectangle" position position)

● 定义掺杂的具体内容

均匀掺杂定义语句格式为：

(sdedr: define-constant-profile ConstProfDef-name species concentration)

● 定义掺杂的放置位置

均匀掺杂的放置可以在某区域内，或某种材料内，或某优化/评估窗口上。

定义掺杂放置位置在已定义的区域内的语句格式为：

(sdedr: define-constant-profile-region ConstProfPlace-name ConstProfDef-name region-name [decay-length] ["Replace"])

定义掺杂放置位置在已定义的材料内的语句格式为：

(sdedr: define-constant-profile-material ConstProfPlace-name ConstProfDef-name material-name [decay-ength] ["Replace"])

定义掺杂放置位置在已定义的优化/评估窗口内的语句格式为：

(sdedr: define-constant-profile-placement ConstProfPlace-name ConstProfDef-name RefEval-name [decay-length] ["Replace"])

② 高斯/余误差分布掺杂的定义

● 定义掺杂的位置

高斯/余误差分布掺杂可以放置在一条基线或一个线段优化/评估窗口。

基线定义语句：

(sdedr: define-refeval-window RefEval-name "Line"|"Rectangle"|"Cuboid" position position)

线段优化/评估窗口定义语句格式为：

(sdedr: define-refeval-window RefEval-name "Line" position position)

● 定义掺杂的具体内容

高斯分布掺杂定义语句：

(sdedr: define-gaussian-profile definition-name species "PeakPos" peak-position
{"PeakVal" peak-concentration | "Dose" dose}
{"ValueAtDepth" concentration-at-depth "Depth" depth |
"Length" diffusion-length | "StdDev" standard-deviation}
"Gauss"|"Erf" "Factor" factor)

余误差分布掺杂定义语句：

(sdedr: define-err-profile definition-name species
"SymPos" inflection-point
{"MaxVal" max-concentration | "Dose" dose}

```
{"ValueAtDepth" concentration-at-depth "Depth" depth |
"Length" diffusion-length | "StdDev" standard-deviation}
"Gauss"|"Erf" "Factor" factor)
```

- 定义掺杂的放置位置

掺杂放置语句：

```
(sdedr: define-analytical-profile-placement placement-name definition-name RefEval-name
{"Both" | "Positive" | "Negative"}
{"Replace" | "NoReplace"}
{"Eval" | "NoEval"}
[RefEval-name decay-length "evalwin" | region-name decay-length "region" |material-name decay-
ength "material"])
```

③ 定义新旧区域的运算模式

在大多数应用中，器件由多个区域组成。在创建具有多个区域的器件时，后来添加的区域可能与现有区域相交。如果发生这种情况，则使用预定义的方案来解决区域的重叠。

合并模式：新旧区域合并，它们之间的所有边界线都消失了。生成的合并区域采用了最后绘制的结构的区域名称和材料。相应的命令语句格式为：

```
(sdegeo: set-default-boolean "AB")
```

新代旧模式：新结构按绘制方式创建，旧结构进行改编。删除旧结构中与新结构重叠的部分，并用新结构的边界替换其边界。保持两个单独的区域。相应的命令语句格式为：

```
(sdegeo: set-default-boolean "ABA")
```

旧代新模式：创建了新结构，但对其进行了修改，以使旧结构保持不变。 删除与旧结构重叠的新结构部分，并用旧结构的边界替换其边界。保持两个单独的区域。相应的命令语句格式为：

```
(sdegeo: set-default-boolean "BAB")
```

新区域覆盖旧区域模式：新结构按绘制方式创建，旧结构进行改编。与新结构重叠的旧结构部分将被删除。但是，旧结构的边界不会消失。结果为三个区域：原始区域、新区域和重叠区域，其中重叠区域的名称为 region_1region_2，即原始区域名称和新区域名称的串联。相应的命令语句格式为：

```
(sdegeo: set-default-boolean "ABiA")
```

老区域覆盖新区域模式：创建了新结构，但对其进行了修改，以使旧结构保持不变。新结构中与旧结构重叠的部分将被删除。但是，新结构的边界不会消失。结果为三个区域：原始区域、新区域和重叠区域，其中重叠区域被命名为 region1region2，即原始区域名称和新区域名称的串联。相应的命令语句的格式为：

```
(sdegeo: set-default-boolean "ABiB")
```

④ 区域倒角的定义

在器件结构中，有些矩形区域的角不能是直角，否则会对器件的特性参数造成影响，例如器件的反向击穿电压。在这种情况下，就需要根据实际的工艺情况，将这些矩形的直角进行倒角处理，使矩形的直角处变圆滑。

倒直角的语句格式为：

```
(sdegeo: fillet  2d vertex  list radius)
```

定义图 2.1-2 所示 PN 结二极管结构的区域和掺杂的脚本语句如下：

```
(sdegeo: create-rectangle (position 0 0 0) (position 3 3 0) "Silicon" "R.Substrate")
(sdedr: define-constant-profile "Const.Substrate" "BoronActiveConcentration" 1e16)
(sdedr: define-constant-profile-region "PlaceCD.Substrate" "Const.Substrate" "R.Substrate")
(sdedr: define-refinement-window "BaseLine. Nplus" "Line" (position 0 0 0) (position 1 0 0))
(sdedr: define-gaussian-profile "Impl.Nplusprof" "ArsenicActiveConcentration" "PeakPos" 0 "PeakVal"
1e20 "ValueAtDepth" 1e16 "Depth" 0.3 "Gauss" "Factor" 0.6)
(sdedr: define-analytical-profile-placement "Impl.Nplus" "Impl.Nplusprof" "BaseLine. Nplus" "Positive"
"NoReplace" "Eval")
(sdegeo: set-default-boolean "ABA")
(sdegeo: create-rectangle (position 1 0 0) (position 3 0.5 0) "Oxide" "STI1")
(sdegeo: fillet-2d (find-vertex-id (position 1 0.5 0)) 0.05)
```

上面的脚本语句中，第 1~3 命令语句定义了 PN 结二极管的均匀掺杂的衬底，第 4~6 命令语句定义了高斯分布掺杂的 N+区，第 7 命令语句定义该结构的区域采用新代旧的模式，第 8 命令语句定义了浅槽隔离的二氧化硅区域，第 9 命令语句对浅槽隔离区域进行倒角。

（2）定义接触

接触是器件仿真工具（Sentaurus Device）用来施加电、热或其他边界条件的界面区域。接触可以是二维器件的边。

定义接触范围 3 个步骤：

① 定义和激活一个接触

用于定义和激活接触的语句格式为：

```
(sdegeo:define-contact-set contact-name edge-thickness (color:rgb r g b) pattern)
```

使用三个值定义接触边缘的颜色，每个值的范围为 0 到 1。这些值给出三种基本颜色的相对强度：红色、绿色和蓝色。 例如：

```
red=(color:rgb 1 0 0)
green=(color:rgb 0 1 0)
blue=(color:rgb 0 0 1)
yellow=(color:rgb 1 1 0)
cyan=(color:rgb 0 1 1)
purple=(color:rgb 1 0 1)
gray=(color:rgb 0.5 0.5 0.5)
```

② 引用当前激活的接触

用于引用当前激活的接触的语句格式为：

```
(sdegeo:get-current-contact-set)
```

③ 指定一条边或一个面为接触

用于指定一条边或一个面为接触的语句格式为：

```
(sdegeo:define-2d-contact edge|edge-list contact-name)
(sdegeo:define-3d-contact face|face-list contact-name)
```

上面的接触定义语句只能将整个边缘分配给一个接触。如果接触仅覆盖某条边的一部分，则必须拆分该条边的边缘。在二维器件中，完成此任务的便捷方法是添加顶点。

添加顶点的语句格式为：

```
(sdegeo:insert-vertex position)
```

图 2.1-2 所示 PN 结二极管的接触定义脚本语句为：

```
(sdegeo:insert-vertex (position 1.0 0.0 0.0)
(sdegeo:define-contact-set "cathode" 4.0 (color:rgb 1.0 0.0 0.0) "##")
(sdegeo:set-current-contact-set "Cathode")
(sdegeo:define-2d-contact (find-edge-id (position 0.5 0 0)) (sdegeo:get-current-contact-set))
```

上面的脚本语句中，第 1 命令语句定义在器件结构的表面添加了一个顶点，第 2～4 命令语句定义了器件的阴极。

（3）网格细化定义

网格细化可以通过 3 种方式进行定义：区域定义、材料定义和优化/评估窗口定义。

网格细化的步骤如下。

① 定义初始网格

定义初始网格的语句格式：

```
(sdedr:define-refinement-size RefDef-name dxmax dymax [dzmax] dxmin dymin [dzmin])
```

② 添加自适应细化功能

根据掺杂浓度用于添加网格细化功能的相应命令语句格式：

```
(sdedr:define-refinement-function RefDef-name dopant-name    "MaxTransDiff"|"MaxGradient" value)
```

该语句基于掺杂浓度的数值差异或梯度添加掺杂优化，更改"value"以控制自动细化的灵敏度。

```
(sdedr:define-refinement-function "RefDef-name" "MaxLenInt" material-1 material-2 first-step ratio)
```

该语句在选定的界面上添加网格细化，通过在"value"定义第一个请求的网格间距，并在"ratio"定义第二个和第一个的网格间距之比。

③ 将细化定义指定到优化/评估窗口、区域或材料

将细化定义指定到优化/评估窗口或区域、区域或材料的相应命令语句格式：

```
(sdedr:define-refinement-placement RefPlace-name RefDef-name RefEval-name)
(sdedr:define-refinement-region RefPlace-name RefDef-name region-name)
(sdedr:define-refinement-material RefPlace-name RefDef-name material-name)
```

图 2.1-2 所示 PN 结二极管的网格细化定义语句：

```
(sdedr:define-refinement-window "RefEvalWin.all" "Rectangle" (position 0.0 0.0 0) (position 3.0 3.0 0))
(sdedr:define-refinement-size "RefDef.all" 0.05 0.05 0.05 0.1)
(sdedr:define-refinement-function "RefDef.all" "DopingConcentration" "MaxTransDiff" 1)
(sdedr:define-refinement-placement "RefPlace.all" "RefDef.all" "RefEvalWin.all")
```

其中，第 1 命令语句定义了网格细化的区域，第 2 命令语句定义了器件的初始网格，第 3 命令语句定义了器件根据掺杂浓度来加密网格，第 4 命令语句定义了网格细化的区域。

（4）生成输出文件，并调用网格

输出文件的语句格式：

(sde: build-mesh mesher options file-basename)

其中，mesher 有 3 个选项 {"mesh" | "noffset" | "snmesh"}。snmesh 用于 Sentaurus Mesh，noffset 用于 Noffset3D，而 mesh 用于旧式网格划分工具 Mesh。

图 2.1-2 所示二极管的输出文件定义语句：

(sde:build-mesh "snmesh" "diode_msh")

综合上述各部分结构程序语句，可以通过一个脚本程序的运行，构建出图 2.1-2 所示的 PN 结二极管结构。其中，图 2.1-11 和图 2.1-12 分别示出该 PN 结二极管的仿真结构示意图和网格结构示意图。

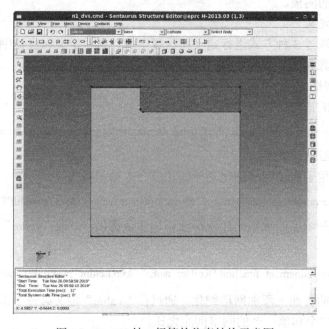

图 2.1-11　PN 结二极管的仿真结构示意图

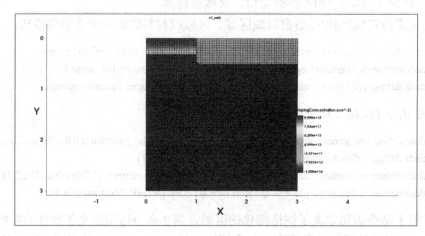

图 2.1-12　PN 结二极管的网格结构示意图

2. 器件仿真

Sentaurus Device 可以对一个半导体器件或由多个半导体器件构成的一个电路进行数值仿真。 Sentaurus Device 命令文件可大致分为八个部分（见图 2.1-13）。其中，仿真器件由"File""Electrode"和"Thermod"3 个命令语句定义，求解方法由"Physics""Math"

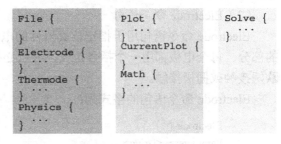

图 2.1-13　Sentaurus Device 器件仿真命令语句模块

和"Solve"3 个命令语句定义，特性输出由"Plot"和"Currentplot"2 个命令语句构成。对于混合模式电路和器件仿真，还需要增加"Device"和"System"2 个命令语句。

下面对命令语句进行简要介绍。

（1）File 命令语句

仿真文件的名称使用 File 命令语句指定。每个命令使用预定义的文件扩展名。因此，文件名不带扩展名。

File 命令语句的格式：

```
File {
Parameter = <string>
...
}
```

File 命令语句的主要参数：

ACExtract：进行交流小信号和噪声分析。

Compressed：进行文件压缩。

Current：文件输出器件的电流、电压、电荷、温度和时间。

Doping：文件输出器件的掺杂数据，且与输入的网格文件匹配。

Grid：输入器件的几何形状和网格信息。

Load：输入已有的仿真结果。

Output：输出文件的文件名。

Parameters：输入器件参数。

Plot：输出空间分布的仿真结果。

Save：输出用于 Load 语句检索的仿真结果。

在大多数情况下，只能使用"Grid"和"Doping"命令指定仿真器件。如果模拟取决于先前的仿真结果，则"Load"命令将加载先前计算的解决方案。器件仿真的输出可以通过"Save"和"Plot"保存，以供重复使用。从保存文件中读取文件后，保存文件仅包含重新启动仿真所需的数据。

File 命令语句示例：

```
File {
Grid = "diode_msh.tdr"
Plot = "n1_des.tdr"
Current = "n1_des.plt"
Output = "n1_des.log"
}
```

（2）Electrode 命令语句

Electrode 命令语句用于指定仿真器件的电边界条件。每个器件只能有一个电极定义相关的部分。每个电极都用一个括号定义，并且必须包括名称和默认电压。默认情况下，接触为欧姆接触或栅极接触。

Electrode 命令语句的格式为：

```
Electrode {
Parameter = <string>
...
}
```

Electrode 命令语句的主要参数为：

AreaFactor：指定流入或流出电极的电流的倍数，默认值为 1。

Barrier = <float>：定义为电极中的金属费米能级与半导体中的本征费米能级之差，例如，金属是 N+掺杂的多晶硅，而半导体是硅时，Barrier＝-0.55。

Charge = <float>：用电荷边界条件和初始电荷值定义浮空电极。

Current = <float>：定义一个具有初始值的电流边界条件。

Voltage=<float>：定义一个具有电压初始值的电压边界条件。

Resist=<float>：定义一个与电极串联的电阻；

Schottky：将电极定义为肖特基接触。

Electrode 命令语句的示例：

```
Electrode {
{Name="Anode" Voltage=0.0}
{Name="Cathode" Voltage=0.0}
}
```

（3）Thermode 命令语句

Thermode 部分定义了器件的热接触。Thermode 部分的定义方式与 Electrode 部分相同。每个热电极都在大括号之间的一个区域中定义，并且必须包含名称和默认温度。

Thermode 命令语句的示例：

```
Thermode {{Name = "Bottom" Temperature = 300}}
```

（4）Physics 命令语句

与 Medici 软件类似，Sentaurus 软件的物理模型定义也是为器件添加用于仿真的物理模型。Sentaurus 物理模型定义既可以针对全局指定物理模型，也可以在每个区域、材料、界面或电极处添加。在针对整体器件有效的模型添加时，即使语句的定义范围仅指定某部分区域，Sentaurus Device 也会自动忽略它们。而针对某些特定区域生效的模型则要指明它们的位置。

物理模型的添加主要有两方面作用：一是用于模型的选择，如迁移率模型和复合模型的选择；二是对于整体器件参数的修改设置，如器件的大小、温度等。

Physics 命令语句根据定义位置的不同，分为整体、区域/材料、界面和电极定义 4 种。

① 整体物理模型定义

整体物理模型命令语句的格式：

```
Physics {<physics-body>
        ...
        }
```

Physics 命令语句的主要参数为：

Temperature=<float>：指定器件的温度。

EffectiveIntrinsicDensity：添加能带模型。

Mobility：添加迁移率模型。

Recombination：添加产生复合模型。

Sentaurus 拥有丰富的物理模型可以使用，下面将给出一些常用的物理模型：

● 迁移率模型

在 Sentaurus 中，对于迁移率模型，分别有 Mobility、eMobility 和 hMobility 三种选择，即代表载流子迁移率、电子迁移率和空穴迁移率。具体的迁移率模型如下。

■ 声子散射

ConstantMobility：在最简单的情况下，对于器件迁移率仅考虑声子散射的情况，即迁移率仅仅与晶格温度相关。在未指定杂质分布相关和 PHUMOB 时使用。默认为不使用。

■ 杂质分布

DopingDependence：表示杂质分布相关的迁移率模型。

Arora：Arora 杂质分布迁移率模型，是砷化镓材料的默认模型。

Masetti：Masetti 杂质分布迁移率模型，是硅材料的默认模型。

■ 表面散射

Enormal：表示表面散射相关的迁移率模型。

Coulomb2D：二维电离杂质迁移率降低模型。

IALMob：反型层迁移率模型。

Lombardi：增强型 Lombardi 迁移率模型。

Lombardi_highk：随 high-k 系数降低的增强型 Lombardi 迁移率模型。

NegInterfaceCharge：负电荷界面迁移率降低模型。

PosInterfaceCharge：正电荷界面迁移率降低模型。

UniBo：博洛尼亚大学表面迁移率模型。

■ 高场效应

HighFieldSaturation：表示高场相关的迁移率模型。

PFMob：Poole－Frenkel 迁移率模型。

TransferredElectronEffect：转移电子模型。

CaugheyThomas：卡纳利模型。

CarrierTempDrive：流体系数默认的温度驱动模型。

CarrierTempDriveBasic：基本的温度驱动模型。

CarrierTempDriveME：Meinerzhagen－Engl 温度驱动模型。

CarrierTempDrivePolynomial：利用无理多项式的能量依赖迁移率模型。

CarrierTempDriveSpline：利用样条插值的能量依赖迁移率模型。

● 产生复合模型

Auger：俄歇复合模型。

Avalanche：碰撞电离模型。

Band2Band：带带隧穿模型。

CDL：耦合缺陷模型。

SRH：肖特基-里德-霍尔产生复合模型。

SurfaceSRH：表面的肖特基-里德-霍尔产生复合模型。

TrapAssistedAuger：陷阱辅助的俄歇复合模型。

● 载流子分布模型

MultiValley：多谷统计模型。

Fermi：费米统计模型。

● 其他模型

BandGapNarrowing：能带变窄模型。

Charge：电荷模型。

AreaFactor：器件面积因子。

BarrierTunneling：不完全隧穿效应模型。

IncompleteIonization：不完全电离模型。

Temperature：器件温度值。

添加整体物理模型的 Physics 命令语句示例：

```
Physics {Temperature=300
        EffectiveIntrinsicDensity (BandGapNarrowing (BennettWilson))
        Mobility (DopingDependence
                CarrierCarrierScattering (ConwellWeisskopf)
                HighFieldSaturation
                Enormal)
        Recombination (SRH (DopingDependence)
                Auger
                TrapAssistedAuger
                Avalanche (vanOverstraeten Eparallel)
                Band2Band)
        }
```

② 特定区域和特定材料的物理模型添加

将指定物理模型添加到指定材料的命令语句格式：

```
Physics (material="material") {<physics-body>}
```

将指定物理模型添加到指定区域的命令语句格式：

```
Physics (region="region-name") {<physics-body>}
```

③ 接触界面的物理模型添加

指定添加材料接触面处的界面物理模型的命令语句格式：

```
Physics (MaterialInterface="material-name1/material-name2") {<physics-body>}
```

指定添加区域接触面处的界面物理模型的格式：

```
Physics (RegionInterface="region-name1/region-name2") {<physics-body>}
```

添加接触界面物理模型的 Physics 命令语句示例：

```
Physics (MaterialInterface="Silicon/Oxide") {Charge (Conc=4.5e10)}
```

④ 电极处的物理模型添加

指定添加电极处物理模型的命令语句格式：

```
Physics (Electrode=" electrode -name1") {<physics-body>}
```

添加电极处物理模型的 Physics 命令语句示例：

```
Physics (Electrode="Gate") {Schottky}
```

（5）Plot 命令语句

与 Medici 软件利用代码语言进行特性输出不同，Sentaurus 的特性输出是通过软件界面操作完成的。即从仿真结果的数据库中选择相应的参数进行画图等操作来输出特性。所以在脚本语句部分，Sentaurus 只需要给出要输出的参数列表就可以了。这个功能由 Plot 语句来完成，下面将先给出 Plot 命令语句的格式用法。

Plot 命令语句的格式：Plot{<parameter-list>}

Plot 命令语句常用的参数如下：

eDensity/hDensity：电子密度、空穴密度。

TotalCurrent/Vector eCurrent/Vector hCurrent/Vector：全部电流/电流矢量、电子电流/电流矢量、空穴电流/电流矢量。

eMobility/hMobility：电子迁移率、空穴迁移率。

eVelocity/hVelocity：电子速度、空穴速度。

eQuasiFermi/hQuasiFermi：电子准费米能级势、空穴准费米能级势。

eTemperature/hTemperature：电子温度、空穴温度。

ElectricField/Vector /Potential /SpaceCharge：电场、电场矢量、电势、空间电荷。

Doping/DonorConcentration/AcceptorConcentration：掺杂浓度、施主杂质浓度、受主杂质浓度。

SRH/Auger：SRH 复合率、Auger 复合率。

AvalancheGeneration/eAvalancheGeneration/hAvalancheGeneration：雪崩产生率、电子雪崩产生率、空穴雪崩产生率。

eGradQuasiFermi/Vector hGradQuasiFermi/Vector：电子准费米势梯度/矢量、空穴准费米势梯度/矢量。

eEparallel/hEparallel/eENormal/hENormal：电子平行场、空穴平行场、电子常态场、空穴常态场。

BandGap：禁带宽度。

ConductionBand/ValenceBand：导带、价带。

eQuantumPotential/hQuantumPotential：电子量子势、空穴量子势。

eBarrierTunneling/hBarrierTunneling/BarrierTunneling：电子势垒隧道、空穴势垒隧道、势垒隧道。

Plot 命令语句示例：

```
Plot {eDensity hDensity eCurrent hCurrent
      Potential SpaceCharge ElectricField
```

eMobility hMobility eVelocity hVelocity
Doping DonorConcentration AcceptorConcentration
    }

当设定完要输出的参数后，可以通过软件的界面操作来输出器件的特性。特性输出主要分为两种，一种是设置坐标参数的一维输出曲线图，另一种是通过器件截面观察电场、电流密度等物理量变化的二维截面图。

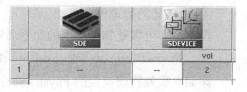

图 2.1-14　脚本文件运行成功后的仿真界面

首先，当脚本文件运行后，如图 2.1-14 所示的 SDEVICE 图标下标有"2"的方框底色变为黄色，表明脚本文件运行成功。

然后，用鼠标右键单击 2 处，选择 Visualize/Sentuarus Visual（select File），出现如图 2.1-15 所示的 visualizing 菜单，选择 n2_des.plt，单击 OK。

在弹出的界面左侧出现选择输出变量的参数菜单列表，如图 2.1-16 所示。在参数菜单列表中，单击 Anode，选择 OutVoltage；单击 To X-Axis 即选择横坐标为电压；再单击 TotalCurrent，选择 To Left Y-Axis 即电流为纵坐标，得到如图 2.1-17 所示的 PN 结二极管正向导通曲线。

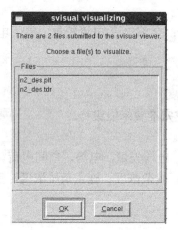

图 2.1-15　visualizing 菜单

图 2.1-16　参数列表菜单

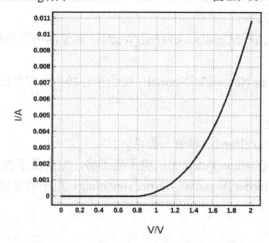

图 2.1-17　PN 结二极管正向导通曲线

需要查看 PN 结二极管外加电压为 2V 时的二维电流密度分布图，具体操作步骤如下。

鼠标右键单击 SDEVICE 图标下的黄色方框，选择 Visualize/Sentuarus Visual（select File），出现图 2.1-15 所示 visualizing 菜单，选择 n2_des.tdr。然后，在弹出的界面中的左侧出现如图 2.1-18 所示的绘图物理量列表，选择 Abs（TotalCurrentDensity-V），即可看到 PN 结二极管在外加电压为 2V 时的电流密度分布图，如图 2.1-19 所示。

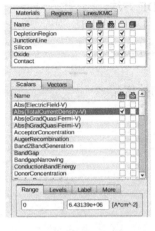
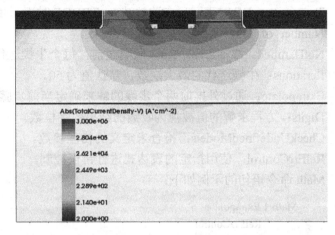

图 2.1-18　绘图物理量列表　　　　　　　　图 2.1-19　电流密度分布图

（6）CurrentPlot 命令语句

此命令语句的作用是将指定节点的求解数据保存到指定的_des.plt 文件中。

CurrentPlot 命令语句的格式：CurrentPlot{<parameter-list>}

CurrentPlot 命令语句的示例如下：

```
CurrentPlot {
Potential (82, 530, 1009)
eTemperature (82, 530, 1009)
}
```

该语句指定保存 82、530 和 1009 三个节点的静电势和电子温度。

（7）Math 命令语句

在进行器件模拟仿真求解时，对于大多数问题，牛顿迭代和全导数的方法拥有最好的收敛性，这也是各类软件最常使用的算法。和 Medici 不同，Sentaurus Device 并不需要选择算法去求解，而是自动选择合适的算法对器件问题进行求解，所以在代码上只需要给出求解所需要的条件参数。

Math 是 Sentaurus Device 求解条件的命令语句。Math 部分适用于为 Solve 部分设置默认值。而 Math 模块的参数设置分为两类：一类是无论针对任何器件结构类型都要设置的参数；一类是针对本次仿真的器件需要指定的特定参数。

Math 语句的格式：Math {keywords}。

常用的参数如下。

ACMethod = blocked：使用块分解求解方法，适用于交流耦合求解。

ACSubMethod：块分解求解方法的线性求解方法。

BreakAtIonIntegral：当器件的碰撞电离率积分大于 1 时，准静态的仿真结束。

BreakCriteria{}：当达到{}内的条件时程序结束运行。

Cylindrical= (<float>)：使用 2D 网格模拟 3D 圆柱器件。假定该器件围绕给定的垂直轴旋转对称。<float>必须小于或等于器件的最小的横向坐标，默认值为 0。

Method：使用块分解求解法。

SubMethod：使用块分解求解法的线性求解法。

Transient：=BE 时表示后向欧拉法。=TRBDF 时表示 TRBDF 方法。

Number_of_Threads：线性求解的线程数。

NotDamped：激活 Bank-Rose 阻尼之前，每个牛顿迭代的迭代次数。

Iterations：牛顿迭代的最大次数，默认值为 50。

Extrapolate：通过外推前两个步骤的解来确定当前步骤的初始值。

Digits：方程求解的值被视为收敛的结果数字位数。

CheckUndefinedModels：检查未定义的物理参数。

RelErrControl：使用指定的表达式进行错误控制。

Math 命令语句的示例如下：

```
Math { Extrapolate
       RelErrControl
       Iterations=20
       NotDamped=50
       BreakCriteria {Current (Contact="Drain" Absval=3e-4)}
     }
```

（8）Solve 命令语句

Sentaurus Device 的求解同样是利用命令语句 Solve 完成的。Sentaurus Device 的求解过程同样可以分为准静态、Continuation、瞬态、交流小信号和混合电路模拟仿真。

① 准静态 Quasistationary 求解

准静态求解可以在每次求解前修改器件的边界条件或参数值来改变模拟仿真的条件。其是在修改边界条件或参数值和重新解析器件之间进行迭代来得到数据的。也就是说，准静态命令包含了每次迭代前重新解析器件参数的命令。

准静态求解命令语句的格式：Quasistationary (<parameter-list>) {<solve-command>}

准静态 Quasistationary 求解命令语句的常用参数如下。

Increment：上一个步长求解成功时步长的乘数。默认值为 2。

InitialStep：初始步长。

MaxStep：最大步长。即自动调整的步长不能超出此值。

MinStep：最小步长，当自动调整的步长小于此值时认为不收敛，即模拟失败。

Decrement：上一步失败时步长的除数，默认值为 2。

DoZero：求解 $t=0$ 时的方程。

Extraction：提取取决于电压的曲线列表。

Goal：添加激励的目标。

PlotFarField：输出可见场信息。

ReadExtrapolation：如果之前的外推信息兼容且可用，即尝试使用。

StoreExtrapolation：将外推信息内部存储在准静态末尾，以便以后的准静态可用，或者可以将其写入保存或绘图文件。

准静态 Quasistationary 求解命令语句的示例：

```
Quasistationary (InitialStep=1e-3    Increment=2
                 MaxStep=0.05   MinStep=1e-12
                 Goal {Name="Anode" Voltage=10})
```

该语句实现阳极电极上的电压从 0V 增加到 10V 的准静态求解。

② Continuation 法求解

Continuation 命令可以跟踪复杂的器件特性，如闩锁效应或击穿效应。对于会出现这些效应的仿真通常需要改变偏置条件来跟踪会突然变化的多值曲线。该方法基于动态负载线技术，沿跟踪曲线调整边界条件以确保收敛。外部负载电阻连接到跟踪曲线的器件电极，器件通过负载电阻间接进行偏置。边界条件包括施加到未连接至器件的负载电阻另一端的外部电压。通过监视曲线的斜率，调整负载线使其与曲线的局部切线正交来确定最佳边界条件（外部电压）。边界条件由算法自动生成，无须事先了解曲线特征。

Continuation 法求解语句格式：Continuation (<Control Parameters>)。

Continuation 法求解语句常用参数如下。

Decrement：求解失败时的步长的除数，默认值为 1.5。

DecrementAngle：当值开始减小时的角度，默认值为 5。

Digits：相对误差的位数，默认值为 5。

Error：绝对误差的范围，默认值为 0.05。

Iadapt：自适应算法的电流值的下限。

Increment：当上一步求解成功时当前步长的乘数，默认值为 2。

IncrementAngle：当值开始增加时的角度，默认值为 2.5°。

InitialVstep：初始电压的阶跃值。

MaxCurrent：电流上限。

MaxIfactor：相对于上一个点的最大电流倍增因子。

MaxIstep：允许的最大电流步长。

MaxLogIfactor：相对于上一个点的最大电流倍增因子。

MaxStep：内部弧长变量允许的最大步长。

MaxVoltage：电压上限。

MaxVstep：最大电压步长。

MinCurrent：最小电流值。

MinStep：内部弧长变量允许的最小步长。

MinVoltage：最小电压值。

MinVoltageStep：最小电压步长。

Name：电极的名称。

Normalized：在局部 I-V 坐标缩放的计算角度。

Rfixed：电阻为固定值，默认值为 0.001。

Continuation 法求解语句示例：

```
Continuation (Name="Collector" InitialVstep=-0.001
```

```
MaxVoltage=0 MaxCurrent=0
MinVoltage=-10 MinCurrent=-1e-3
Iadapt=-1e-13)
```

③ 瞬态求解

瞬态命令用于执行瞬态时间求解。该命令必须从已经求解的器件开始。通过在增加时间和重新解析器件之间进行迭代来继续仿真。每次迭代时用于求解器件的命令由"Transient"命令给出。

瞬态求解命令语句格式：Transient (<parameter-list>)。

瞬态求解命令语句常用参数如下。

Cyclic：进行循环分析。

FinalTime：求解最终时间。

InitialStep：初始步长，默认值为 0.1。

InitialTime：初始时间，默认值为 0。

MaxStep：最大步长。

MinStep：最小步长。

瞬态求解命令语句示例如下：

```
Transient (InitialTime=0        FinalTime= 50e-9
           InitialStep=1e-15    Increment=1.5
           MaxStep=1e-1         MinStep=1e-18)
```

④ 交流求解

交流求解命令语句 ACCoupled 是对 Coupled 命令的扩展，它允许对一组额外的数据进行分析，即允许小信号 AC 分析。

交流求解命令语句格式：ACCoupled (<parameter-list>)。

常用的参数如下。

ACCompute：将 AC 分析或噪音分析限制在选择的准静态仿真里。

ACExtract：将 AC 分析结果名覆盖文件中的指定结果。

ACMethod：使用块分解求解方法。

ACSubMethod：选择块分解方法的线性求解法。

ACPlot：绘制 AC 分析中的相应信号。

Decade：频率之间的对数间隔。

StartFrequency：选择开始频率。

EndFrequency：选择结束频率。

Exclude：从电路中提取出要进行 AC 分析的部分。

Extraction：提取与频率相关的曲线列表。

Linear：在频率之间使用线性间隔。

Node：进行 AC 分析的节点。

NumberOfPoints：进行 AC 分析的频率数。

交流求解命令语句示例如下：

```
ACCoupled (StartFrequency=1e3 EndFrequency=1e6
```

```
NumberOfPoints=4 Decade
Iterations=0
Node (left right)
Exclude (drive to_ground)
ACMethod=Blocked ACSubMethod ("1d")=ParDiSo
```

⑤ 混合电路求解

在进行混合电路仿真时，还需要添加两个语句，"System"语句和"Device"语句。

命令文件中的"Device"部分定义了要模拟的系统中使用的不同器件类型。每种器件类型都必须具有在关键字"Device"之后的标识符名称。每个器件部分包括"Electrode""Thermode""File""Plot""Physics"和"Math"部分。

System 语句是独立于 Solve 模块之外的，其作用是直接向 UNIX 发起命令，构建一个外围电路并连接到器件的电极上。这个电路被定义为 SPICE 网表。

采用图 2.1-9 所示的混合电路求解 PN 结二极管开关特性的示例：

```
Device diode {File {Grid= "n@node|sde@_msh.tdr"
                    Plot= "@tdrdat@"
                    Current="@plot@"}
             Electrode {{Name="Anode" Voltage=0}
                       {Name="Cathode" Voltage= 0}}
             Physics {AreaFactor=100
                     Mobility (DopingDependence
                              HighFieldSaturation
                              Enormal
                              PhuMob)
                     Recombination (SRH Auger Avalanche)}
             Plot {eDensity hDensity
                  TotalCurrent/Vector
                  eMobility hMobility
                  eVelocity hVelocity
                  eQuasiFermi hQuasiFermi
                  ElectricField/Vector
                  Potential SpaceCharge
                  Doping DonorConcentration AcceptorConcentration}}
System {Vsource_pset Vin (1 gnd)
       {pwl = (0          0
              10e-9 0
              10e-9 10
              20e-9 10
              20e-9 -8
              50e-9 -8)}
       Resistor_pset Rc (1 2) {resistance=13}
       diode DIODE (Anode=2 Cathode=gnd)
       Set (gnd=0)}
Math {Extrapolate
```

```
        RelErrControl
        Digits=6
        Notdamped=50
        Iterations=30
        Transient=BE
        Number_of_Threads = 6}
Solve {Coupled (Iterations= 100) {DIODE.Poisson}
    Coupled (Iterations= 100)
            {DIODE.Poisson DIODE.electron DIODE.hole Circuit}
    Transient (InitialTime=0        FinalTime= 50e-9
            InitialStep=1e-15  Increment=1.5
            MaxStep=1e-1              MinStep=1e-18)
    {Coupled {DIODE.Poisson DIODE.Electron DIODE.Hole Circuit}}}
```

其中，System 语句和 Coupled 语句是对多种求解模式通用的。System 用于构建一个外围电路配合仿真求解，Coupled 用于设定耦合求解的对象和参数。上面的示例中，在 System 语句中，定义了电路节点 1 和公共地之间的脉冲电源 Vin，电路节点 1 和节点 2 之间的电阻 Rc，电路节点 2 和公共地分别连接 Device 语句引用的 PN 结二极管的阳极和阴极。

2.2 PN 结二极管的仿真

2.2.1 实验目的

PN 结二极管是微电子器件的最基本结构，也是集成电路中重要的基础器件之一。二极管的电学特性与其结构参数密切相关，本实验通过二极管的器件仿真来进行二极管的设计，以满足器件的性能要求。通过实验需要达到的目标和要求如下：

（1）掌握二极管的结构特点及参数要求；

（2）掌握二极管各种特性参数的仿真方法；

（3）了解结构参数对二极管器件特性的影响。

建议学时：6 学时。

2.2.2 实验原理

通过构建 PN 结二极管仿真结构，并在 PN 结二极管的电极上施加偏压，观察其直流电流电压特性，并提取出相应的电学参数，例如正向导通电压、反向饱和电流和反向击穿电压等。同时，通过二维仿真的电流分布、电场分布、电势分布等图像，了解二极管工作时的具体图像，使 PN 结二极管的工作机理得到进一步的验证。

PN 结二极管电容有势垒电容和扩散电容两种。势垒电容是 PN 结二极管势垒区的电离杂质电荷随外加电压的变化，在正向和反向偏压下均存在。扩散电容是 PN 结二极管中性区内非平衡载流子随外加偏压的变化，其仅存在于正向偏压下。通过仿真不同偏压下二极管的电容大小，掌握电容随外加电压的变化趋势。

二极管在关断时存在一个反向恢复过程，通过仿真二极管开关过程中电压电流随时间的变化，掌握二极管的开关特性。

2.2.3 实验方法

在本实验中，分别使用 Medici 软件和 Sentaurus 软件对横向 PN 结二极管结构和特性进行仿真。

1. Medici 软件仿真

在实验中，一个横向 PN 结二极管制作在 N 阱（NW）内，并通过重掺杂的 N 型（NSD）和 P 型区域（PSD）与金属电极连接，其结构如图 2.2-1 所示。

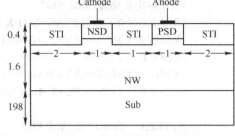

图 2.2-1　横向 PN 结二极管结构（单位：μm）

（1）二极管结构仿真

在 Medici 软件中建立二极管的仿真结构，具体过程如下。

首先，建立输入文本，在 Linux 桌面单击鼠标右键，选择创建文档，单击空文档，如图 2.2-2 所示。

输入文件名"01"之后，即可在文本框内输入程序代码，图 2.2-3 所示为代码文档输入界面。

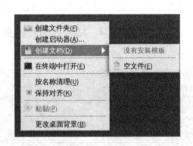

图 2.2-2　新建文档

图 2.2-3　代码文档输入界面

其中的横向 PN 结二极管结构的程序代码如下：

```
TITLE TMA MEDICI EXAMPL
MESH OUT.FILE=DIODEMESH            //建立网格，并将该网格信息输出到 DIODEMESH 文件
X.MESH WIDTH=7.0 H1=0.1            //生成 x 方向网格，设置宽度和间距
Y.MESH DEPTH=0.2 H1=0.1           //生成 y 方向网格，设置深度和间距
Y.MESH DEPTH=0.2 H1=0.1
Y.MESH DEPTH=1.6 H1=0.1 H2=0.2
Y.MESH DEPTH=198 H1=0.2 H2=10

REGION NAME=SILICON SILICON                     //定义所有区域材料为硅
REGION NAME=OXIDE OXIDE X.MAX=2 Y.MAX=0.4               //定义 STI 区域
REGION NAME=OXIDE OXIDE X.MIN=3 X.MAX=4 Y.MAX=0.4
REGION NAME=OXIDE OXIDE X.MIN=5 X.MAX=7 Y.MIN=0 Y.MAX=0.4
```

```
ELECTR NAME=Anode X.MIN=4.2 X.MAX=4.8 Y.MAX=0.0          //设置电极位置
ELECTR NAME=Cathode X.MIN=2.2 X.MAX=2.8 Y.MAX=0.0

PROFILE N-TYPE N.PEAK=4e17 Y.MIN=0 Y.MAX=2.0            //对指定区域进行掺杂
+Y.CHAR=0.16 XY.RAT=0.75
PROFILE N-TYPE N.PEAK=1e21 X.MIN=2 X.MAX=3
+Y.MIN=0 Y.MAX=0.2 Y.CHAR=0.01 XY.RAT=0.5
PROFILE P-TYPE N.PEAK=1e21 X.MIN=4 X.MAX=5
+Y.MIN=0 Y.MAX=0.2 Y.CHAR=0.01 XY.RAT=0.5
PROFILE P-TYPE N.PEAK=1e14 Y.MIN=2.0 Y.MAX=200 UNIFORM

PLOT.2D    GRID   SCALE FILL          //画出二极管的网格结构图，并指定结构图区域
+TITLE="STRUCTURE 01" Y.MAX=5
PLOT.2D    SCALE FILL                 //画出二极管的无网格结构图，并指定结构图区域
+TITLE="STRUCTURE 02" Y.MAX=5
```

代码输入完成后，对程序文档 01 进行保存，然后在终端窗口输入程序运行的命令语句，该命令语句的格式为

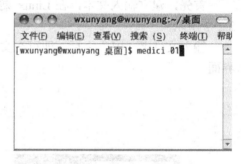

图 2.2-4　Medici 运行界面

medici　程序文档名

此时 Medici 的运行界面如图 2.2-4 所示，回车即可对指定程序文档进行仿真。

运行成功后，Medici 会自动弹出如图 2.2-5 所示的输出图形。

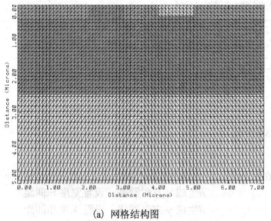

(a) 网格结构图

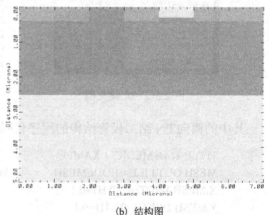

(b) 结构图

图 2.2-5　横向 PN 结二极管

二极管的结构确定之后，通过引用上面生成的网格输出文件 DIODEMESH，即可进行器件的电学特性的仿真。

（2）二极管正向特性仿真

二极管正向特性的仿真程序如下：

```
MESH IN.FILE=DIODEMESH          //引用网格文件 DIODEMESH 作为电学仿真的器件结构
MODELS CONMOB CONSRH FLDMOB SRFMOB AUGER              //选择物理模型
```

```
SYMBOL CARRIER=0 GUMMEL                                      //设置算法
METHOD ICCG DAMPED                                          //设置求解方法
SOLVE INITIAL                                               //求初始解
MODELS CONMOB CONSRH FLDMOB SRFMOB AUGER
SYMBOL CARRIER=2 NEWTON
METHOD AUTONR ITLIMIT=20 STACK=50
SOLVE V(ANODE)=0 ELECTR=Anode          //采用直流稳态方法求解二极管的正向 I-V 特性
+ VSTEP=0.1 NSTEP=20
PLOT.1D X.AXIS=V(Anode) Y.AXIS=I(Anode)                      //绘制出正向 I-V 特性
+COLOR=2 POINTS TITLE="I-V" ^ORDER
PLOT.2D FILL BOUND DEPL JUNC Y.MAX=10                        //绘制电流轮廓线
CONTOUR FLOWLINE
```

程序运行后，即可得到如图 2.2-6 所示的横向 PN 结二极管的正向 $I-V$ 特性曲线和如图 2.2-7 所示的当 V（Anode）=2V 时的电流分布图。

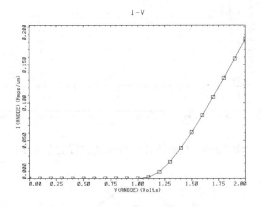

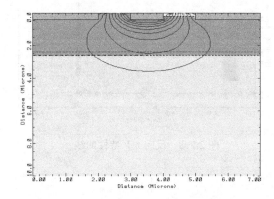

图 2.2-6　正向 $I-V$ 特性曲线　　　　图 2.2-7　当 V(Anode)=2V 时电流分布图

（3）二极管反向特性仿真

横向 PN 结二极管的反向特性仿真程序如下：

```
MESH IN.FILE=DIODEMESH
MODELS CONMOB CONSRH FLDMOB AUGER
SYMBOL CARRIER=0 GUMMEL
METHOD ICCG DAMPED
SOLVE INITIAL
MODELS CONMOB CONSRH FLDMOB AUGER IMPACT.I
SYMBOL CARRIER=2 NEWTON
METHOD AUTONR ITLIMIT=20 STACK=20
OPTION SAVE.SOL SOL.F=S1    //指定两个最新的解自动保存在文件中，文件名为 S1 和 S2
SOLVE V(Cathode)=0 ELECTR=Cathode    //采用 CONTINUE 方法仿真器件的反向击穿特性
+CONTINUE C.VMAX=11 C.IMAX=1e6 C.VSTEP=0.001
PLOT.1D Y.AXIS=I(Cathode) X.AXIS=V(Cathode) ^ORDER
+SYMB=2 BOT=-1e7 RIGHT=11
```

程序运行结束后得到如图 2.2-8 所示的横向 PN 结二极管的反向 $I-V$ 特性曲线。

为了对发生击穿时器件工作原理进行分析，采用三维绘图的方式显示器件的电场、电流和碰撞电离率等物理量的分布，可编写一个绘图文件来进行画图分析，具体程序如下：

```
MESH IN.F=DIODEMESH
LOAD IN.F=S1
PLOT.1D E.FIE X.STA=4.5 X.END=4.5 Y.STA=0 Y.END=5 TOP=6e5 BOT=-1e5
PLOT.3D E.FIE Y.MAX=5
PLOT.3D II.G Y.MAX=5
```

程序运行结束后得到，当阳极电流为 1e−6A/μm 时，在器件 X=4.5μm 的位置的电场分布（见图 2.2-9）、整个器件的电场分布图（见图 2.2-10）和电离率分布图（见图 2.2-11）。并且，从图中可以看出，雪崩击穿发生在 PN 结的结面附近。

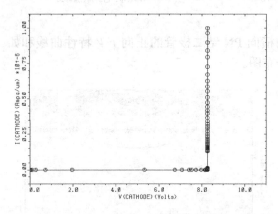

图 2.2-8　反向 *I*−*V* 特性曲线

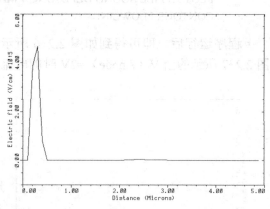

图 2.2-9　在器件 X=4.5μm 的位置的电场分布

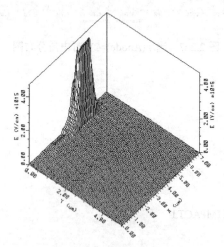

图 2.2-10　当阳极电流为
1e−6A/μm 时的电场分布图

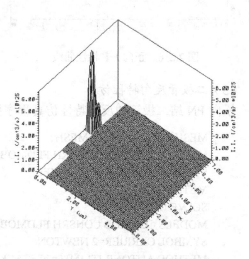

图 2.2-11　当阳极电流为
1e−6A/μm 时的电离率分布图

（4）二极管电容特性仿真

二极管电容特性的仿真程序如下：

```
MESH IN.FILE=DIODEMESH
MODELS CONMOB CONSRH FLDMOB SRFMOB AUGER
SYMBOL CARRIER=0 GUMMEL
METHOD ICCG DAMPED
```

```
SOLVE INITIAL
MODELS CONMOB CONSRH FLDMOB SRFMOB AUGER IMPACT.I
SYMBOL CARRIER=2 NEWTON
METHOD AUTONR ITLIMIT=20 STACK=20
SOLVE      V(Anode)=0    ELECTR=Anode    VSTEP=-1      NSTEP=5
LOG OUT.F=CV_CURVE
SOLVE ELECTR=Anode VSTEP=0.1 NSTEP=60 AC.ANAL        //定义 AC 仿真
+TERM=Anode FREQ=1E6
PLOT.1D IN.F=CV_CURVE Y.AXIS="C(Anode,Anode)"        //绘制出一维的二极管 C-V 图
+X.AXIS=V(Anode) ^order POINTS LOG TITLE="C-V"
```

程序运行后,即可得到横向 PN 结二极管的 C-V 特性曲线(见图 2.2-12)。

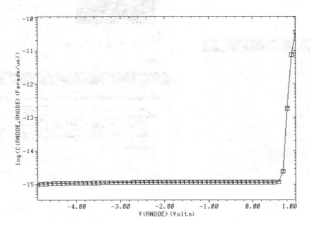

图 2.2-12　横向 PN 结二极管的 C-V 特性曲线

2. Sentaurus 软件仿真

在实验中,采用如图 2.2-1 所示的横向 PN 结二极管结构进行仿真,具体的仿真过程
如下。

(1)二极管结构仿真

首先,在 Linux 桌面单击鼠标右键,打开终端(Open in Terminal),在如图 2.2-13 所示
命令行界面输入"swb",按回车键,启动 Sentaurus 软件。

然后,如图 2.2-14 所示,用鼠标右键单击弹出页面左侧"Projects"窗口内的"sentaurus"
文件夹,在弹出的选项框中选择"Folder"→"New Folder",新建一个文件夹,并命名为
Simulation。

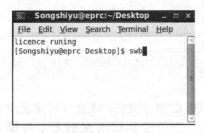

图 2.2-13　命令行界面

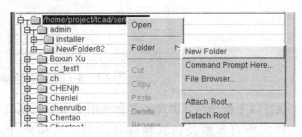

图 2.2-14　建立工程文件夹

接着，用鼠标左键单击如图 2.2-15 所示的工具栏左侧的"Create a new project"建立新的工程，再用左键单击"Save current project"保存工程文件，弹出选择保存地址的选项框，将工程保存在上面创建的目录中，命名为 diode，单击 OK，如图 2.2-16 所示。

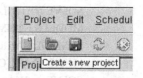

图 2.2-15　创建工程选项

新建工程完成后，工程内部没有任何数据，显示 No Tools 图标，如图 2.2-17 所示。用鼠标右键单击该图标，选择"Add"，出现"Add Tool"选项框，左键单击"Tools"，弹出"Select DB Tool"选项框，双击"SDE"，再单击 OK，即可创建 Sentaurus Structure Editor 结构编译器，即 SDE 工具。

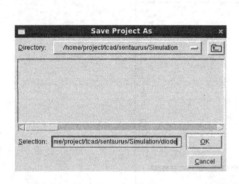

图 2.2-16　保存工程菜单

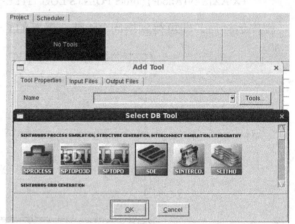

图 2.2-17　SDE 创建菜单

建立新的 SDE 工具后，用鼠标右键单击"SDE"，选择"Edit Input"→"Commands…"，如图 2.2-18 所示。

图 2.2-18　创建 Commands 菜单

执行以上操作后，仿真工具会调用文本编辑器打开 SDE 的命令文件，该文件可定义所仿真器件的所有参数及仿真精度等信息。将横向 PN 结二极管的结构仿真脚本文件输入 Commands 文本框中并保存。其中，横向 PN 结二极管的仿真脚本文件的代码如下：

```
(define posNWL 0)                                          //定义结构变量及其运算
(define posNL (+ posNWL 2))
(define posNR (+ posNL 1))
(define posPL   (+ posNR 1))
(define posPR (+ posPL 1))
(define posNWR (+ posPR 2))
(define posDevR posNWR)
(define posDevL posNWL)
(define tSTI 0.4)                                          //定义浅槽隔离的深度
(define specNWell "PhosphorusActiveConcentration")        //定义 N 阱为磷掺杂
(define specPSD    "BoronActiveConcentration")            //定义 P 型重掺杂区为硼掺杂
(define specNSD    "ArsenicActiveConcentration")          //定义 N 型重掺杂区为砷掺杂

(define XjWell           2)                                //定义 N 阱结深
(define XjNSD      0.2)                                    //定义 N 型重掺杂区结深
(define XjPSD            0.2)                              //定义 P 型重掺杂区结深
(define dopingNWell 5e17)                                  //定义 N 阱掺杂浓度
(define dopingPSD 1e21)                                    //定义 P 型重掺杂区掺杂浓度
(define dopingNSD 1e21)                                    //定义 N 型重掺杂区掺杂浓度

; Selecting default Boolean expression
(sdegeo:set-default-boolean "ABA")                        //定义新旧区域的运算模式

; Creating sub                                            //定义衬底的掺杂
(sdegeo: create-rectangle (position posDevL 0 0.0) (position posDevR 100 0.0) "Silicon" "R.Substrate")
(sdedr: define-constant-profile "Const.Substrate" "BoronActiveConcentration" 1e+15)
(sdedr: define-constant-profile-region "PlaceCD.Substrate" "Const.Substrate" "R.Substrate")
; Creating NWell                                          //定义 NWELL 的掺杂
(sdegeo: create-rectangle (position posDevL 0 0.0) (position posDevR 2 0.0) "Silicon" "R.NWell")
(sdedr: define-constant-profile "Const.NWell" specNWell dopingNWell)
(sdedr: define-constant-profile-region "Placement.NWell" "Const.NWell" "R.NWell")
; Creating NSD                                            //定义 N 重掺杂区的掺杂
(sdegeo: create-rectangle (position posNL 0 0.0) (position posNR 0.2 0.0) "Silicon" "R.NSD")
(sdedr: define-constant-profile "Doping.NSD" specNSD dopingNSD)
(sdedr: define-constant-profile-region "Placement.NSD" "Doping.NSD" "R.NSD")
; Creating PSD                                            //定义 P 重掺杂区的掺杂
(sdegeo: create-rectangle (position posPL 0 0.0) (position posPR 0.2 0.0) "Silicon" "R.PSD")
(sdedr: define-constant-profile "Doping.PSD" specPSD dopingPSD)
(sdedr: define-constant-profile-region "Placement.PSD" "Doping.PSD" "R.PSD")
; Creating STI                                            //定义 STI 隔离区
(sdegeo: create-rectangle
  (position posDevL 0 0) (position posNL tSTI 0)
  "Oxide"
  "STI1"
)
(sdegeo: create-rectangle
  (position posNR 0 0) (position posPL tSTI 0)
  "Oxide"
  "STI2"
)
(sdegeo: create-rectangle
  (position posPR 0 0) (position posDevR tSTI 0)
```

```
    "Oxide"
    "STI3"
)
(sdegeo: fillet-2d
(find-vertex-id (position posNL tSTI 0)) 0.1)
(sdegeo:fillet-2d                                              //STI 区底角倒角圆化
(find-vertex-id (position posNR tSTI 0)) 0.1)
(sdegeo: fillet-2d
(find-vertex-id (position posPL tSTI 0)) 0.1)
(sdegeo: fillet-2d
(find-vertex-id (position posPR tSTI 0)) 0.1)

;#rough meshing                                               //定义衬底的网格
(sdedr: define-refeval-window "Window.all"
"Rectangle"
(position posDevL 0 0) (position posDevR 100 0)
)
(sdedr: define-refinement-size "Ref.all"
 0.4 1
 0.4 1
)
(sdedr: define-refinement-function "Ref.all" "DopingConcentration"
"MaxTransDiff" 0.5
)
(sdedr:define-refinement-placement "RefPlace.all"
"Ref.all" "Window.all"
(sdedr:define-refeval-window "Window.suf"                     //定义 N 阱网格
"Rectangle" (position posDevL 0 0) (position posDevR 2 0)
)
(sdedr: define-refinement-size "Ref.suf"
 0.15 0.1
 0.1 0.1
 )
(sdedr: define-refinement-placement "RefPlace.suf"
"Ref.suf" "Window.suf"
)
;#S/D                                                         //定义 N 型重掺杂区和 P 型重掺杂区的网格
(sdedr: define-refinement-window "Window.N"
"Rectangle"
(position posNL 0 0) (position posNR (* XjNSD 1.2) 0)
)
(sdedr: define-refinement-window "Window.P"
"Rectangle"
(position posPL 0 0) (position posPR (* XjPSD 1.2) 0)
)
(sdedr: define-refinement-size "Ref.SD"
 0.1 0.05
 0.1 0.05
)
(sdedr: define-refinement-placement "RefPlace.N"
"Ref.SD" "Window.N"
```

```
)
(sdedr: define-refinement-placement "RefPlace.P"
"Ref.SD" "Window.P"
)

;####          contact          ####                                    //定义接触
(sdegeo: define-contact-set "Anode" 4.0 (color: rgb 0.0 1.0 0.0) "##")
(sdegeo: define-contact-set "Cathode" 4.0 (color: rgb 1.0 1.0 0.0) "##")
(sdegeo: define-contact-set "Substrate" 4.0 (color: rgb 1.0 1.0 1.0) "##")

(sdegeo: insert-vertex (position (+ posNL 0.1) 0 0))
(sdegeo: insert-vertex (position (- posNR 0.1) 0 0))
(sdegeo: insert-vertex (position (+ posPL 0.1) 0 0))
(sdegeo: insert-vertex (position (- posPR 0.1) 0 0))

(sdegeo: define-2d-contact (find-edge-id (position (/ (+ posNL posNR) 2) 0 0)) "Cathode")
(sdegeo: define-2d-contact (find-edge-id (position (/ (+ posPL posPR) 2) 0 0)) "Anode")
(sdegeo: define-2d-contact (find-edge-id (position 1 100 0.0)) "Substrate")
(sde:build-mesh "snmesh" "" "n@node@_msh")                              //定义网格信息的输出文件
```

完成脚本程序输入之后，如图 2.2-19 所示，单击 SDE 正下方的空白方框处，单击鼠标右键选择 Run。

然后，屏幕自动弹出如 2.2-20 所示的提示框，单击 No，Sentaurus 软件开始运行。

当运行完成，用鼠标右键单击如图 2.2-21 所示的黑色方框处，选择 Visualize→Sentaurus Visual（select File）。

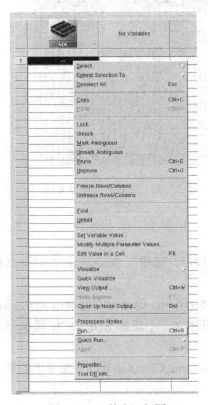

图 2.2-19　单击运行图

图 2.2-20　自动弹出的提示框

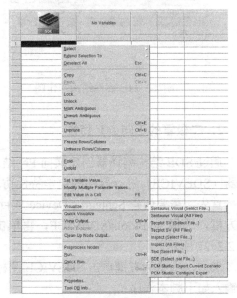

图 2.2-21　单击画图程序

再用鼠标单击 Sentuarus Visual（select File），在弹出的器件结构菜单中（见图 2.2-22）选择 n1_msh.tdr，单击 OK。

此时，屏幕出现器件结构图如图 2.2-23 所示。

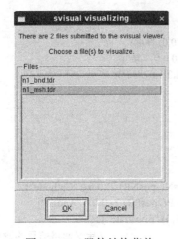

图 2.2-22　器件结构菜单

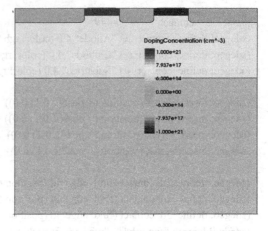

图 2.2-23　横向 PN 结二极管的结构图

单击图 2.2-24 中 Silicon 所对应的网格图标，出现如图 2.2-25 所示的仿真网格分布图。

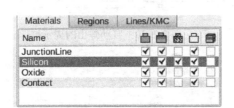

图 2.2-24　器件结构操作图

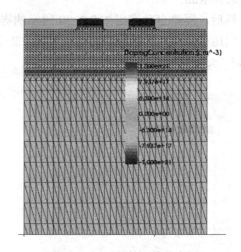

图 2.2-25　二极管网格分布图

2. 二极管的正向 I-V 特性

通过 SDE 结构编译器创建横向 PN 结二极管的结构后，可使用 Sentaurus Device 器件模拟器（SDEVICE）进行器件的电学特性仿真。

首先，需要创建 Sentaurus Device 项目。如图 2.2-26 所示，用鼠标右键单击 SDE 图标下的方框，选择 add/tools/SDEVICE，再单击 OK，即可建立一个新的 SDEVICE 模拟器，如图 2.2-27 所示。

然后，用鼠标右键单击 SDEVICE 图标，选择 Edit Input/Commands，并在弹出的文本框中输入如下脚本程序：

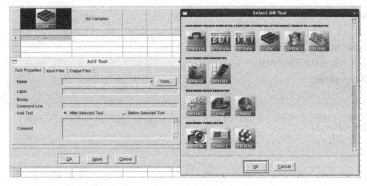

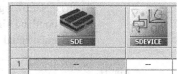

图 2.2-26　建立 SDEVICE 示意图　　　　　　　　图 2.2-27　新建的 SDEVICE 项目

```
File {
        Grid="n@node|sde@_msh.tdr"                    //输入上面 SDE 构建的二极管网格图形文件
        Plot="n@node@_des.tdr"                        //输出图形文件
        Current="n@node@_des.plt"                     //输出曲线文件
        }
Electrode{                                            //定义电极和初始电压
            {Name="Anode" Voltage=0.0}
            {Name="Cathode" Voltage=0.0}
            {Name="Substrate" Voltage=0.0}
        }
Physics {
            AreaFactor=1                              //设置器件宽度
            Recombination (                           //产生-复合物理模型的定义
                        SRH
                        Auger
                        Avalanche (ElectricField)
                    )
            Mobility (                                //定义迁移率模型
                    DopingDependence
                    HighFieldSaturation
                    )
        }
Plot{                                                 //指定保存在输出绘图文件（.tdr）中的变量
        *--Density and Currents, etc
        eDensity hDensity
        TotalCurrent/Vector
        eMobility hMobility
        eVelocity hVelocity
        eQuasiFermi hQuasiFermi
        *--Temperature
        Temperature * hTemperature eTemperature
        TotalHeat eJouleHeat hJouleHeat
        *--Fields and charges
        ElectricField/Vector Potential SpaceCharge
        *--Doping Profiles
        Doping DonorConcentration AcceptorConcentration
        *--Generation/Recombination
        SRH Auger Band2Band
```

```
            AvalancheGeneration
            *--Driving forces
            eGradQuasiFermi/Vector hGradQuasiFermi/Vector
            eEparallel hEparallel eENormal hENormal
            *--Band structure/Composition
            BandGap
            BandGapNarrowing
            ConductionBand ValenceBand
            cQuantumPotential
            }
    Math{                                                          //定义数学方法
        Iterations=100
        BreakAtIonInttegral
        }
    Solve {                          //采用准静态仿真，且最大电压用变量"vol"表示
            Coupled (Iterations=100) {Poisson}
            Coupled {Poisson Electron Hole}
            Quasistationary (
                        InitialStep=1e-3 Increment=2
                        MaxStep=0.05 MinStep=1e-5
                        Goal {Name="Anode" Voltage=@vol@}
                    )
            {Coupled {Poisson Electron Hole          }
        }
            }
```

完成程序输入之后，单击 SDEVICE 正下方的空白处，单击鼠标右键选择 Add，如图 2.2-28 所示。

屏幕出现如图 2.2-29 所示的仿真变量的对话框。

在 Parameter 处填写 vol，Default Value 处填写 2，单击 OK。通过该变量的定义，设定仿真中二极管所加的外加偏压最大值为 2V。然后，在如图 2.2-30 中所示的 2 处，单击鼠标右键并选择 Run，即可运行程序。运行成功之后，会出现黄色标志。

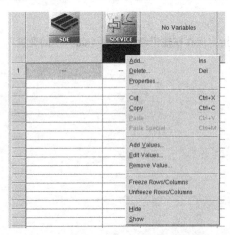

图 2.2-28 仿真变量窗口的选择

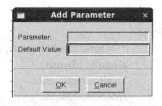

图 2.2-29 仿真变量的对话框

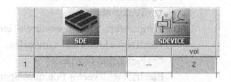

图 2.2-30 仿真运行成功

用鼠标右键单击 2 处，选择 Visualize→Sentuarus Visual（select File），出现绘图文件的选择对话框（见图 2.2-31），选择 n2_des.plt，并单击 OK。

在图 2.2-32 所显示的 Visual 菜单中，单击 Anode，选择 OutVoltage，添加到 To X-Axis；再单击 TotalCurrent，选择 To Left Y-Axis，绘制出如图 2.2-33 所示的横向 PN 结二极管正向 I-V 特性曲线。

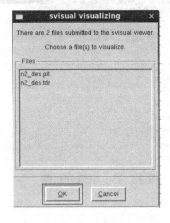

图 2.2-31　绘图文件选择对话框　　　　　　图 2.2-32　Visual 菜单

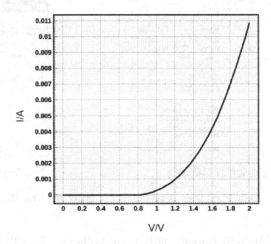

图 2.2-33　正向 I-V 特性曲线

为了分析器件正向偏置时的电流分布情况，绘制器件在外加电压为 2V 时的电流密度分布图，具体流程如下：

单击图 2.2-30 中所示的 2 处，并选择 Visualize/Sentuarus Visual（select File），即可出现 visualizing 菜单，选择 n2_des.tdr，并单击 OK，然后选择如图 2.2-34 所示器件绘图的控制面板中的 Abs(TotalCurrentDensity-V)选项，可绘制出器件在外加电压为 2V 时的电流密度分布图，如图 2.2-35 所示。

3．二极管的反向特性

横向 PN 结二极管反向击穿特性仿真流程与其正向特性的仿真流程相似。首先，用右键单击图 2.2-36 中"vol"所在位置，选择 Add Values。

然后，在出现的参数设定的菜单中将 Min.Value 改为-12，如图 2.2-37 所示。

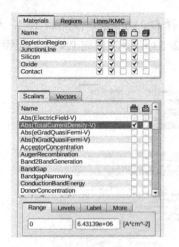

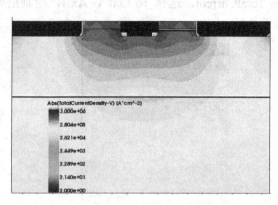

图 2.2-34 器件绘图的控制面板　　　　　　　图 2.2-35 电流分布图

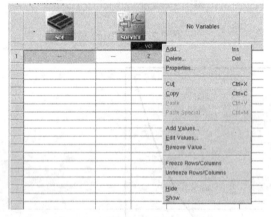

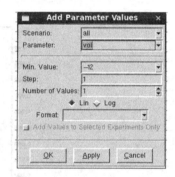

图 2.2-36 仿真变量窗口的选择　　　　　　　图 2.2-37 参数设定的菜单

程序运行成功之后，出现绘图文件选择对话框，如图 2.2-38 所示，选择 n4_des.plt，并单击 OK。

然后，在弹出的菜单中单击 Anode，选择 OuterVoltage，单击 To X-axis→TotalCurrent 选项，选择 To Left Y-axis，即可绘制出如图 2.2-39 所示横向 PN 结二极管的反向 I-V 特性曲线。

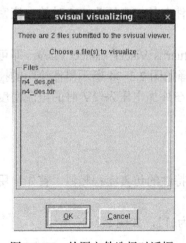

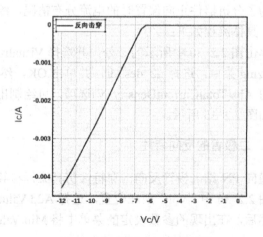

图 2.2-38 绘图文件选择对话框　　　　　　　图 2.2-39 反向 I-V 特性曲线

为了查看器件反向导通时的空穴密度分布、电子密度分布、电势分布以及电场分布，则需要打开 n4_des.tdr 文件，选择需要观察的物理量"DopingConcentration"，即可得到图 2.2-40 所示的横向 PN 结二极管的掺杂浓度分布图。

选择 Abs(ElectricFeild-V)选项，查看如图 2.2-41 所示的横向 PN 结二极管在反向偏压为 12V 时的电场分布图。从图中可以看出，最大电场在与阳极相连的 P 型重掺杂区和 N 阱形成的结面附近。

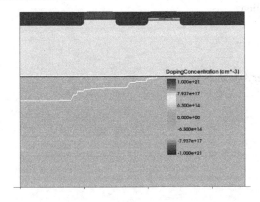

图 2.2-40　掺杂浓度分布图

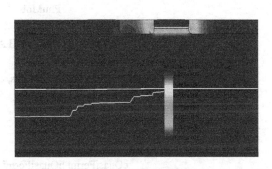

图 2.2-41　电场分布图

选择 ElectrostaticPotential 选项，可以查看图 2.2-42 所示横向 PN 结二极管在反向偏压为 12V 时的电势分布图。

选择 Abs（TotalCurrentDensity-V），可以查看图 2.2-43 所示的横向 PN 结二极管在反向偏压为 12V 时的电流分布图。

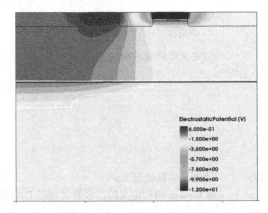

图 2.2-42　电势分布图

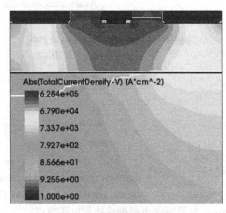

图 2.2-43　电流分布图

4. 二极管的瞬态开关特性

下面使用混合电路仿真方法进行二极管开关特性的仿真。其中，二极管的开关特性测试电路如图 2.2-44 所示。

首先，在 Commands 中输入下面的程序脚本：

```
Device diode {
        File {Grid= "n@node|sde@_msh.tdr"
```

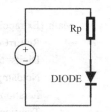

图 2.2-44　二极管的开关
特性测试电路

```
                    Plot= "@tdrdat@"
                    Current="@plot@"}
              Electrode {{Name="Anode" Voltage=0.0}
                    {Name="Cathode" Voltage= 0}}
              Physics {AreaFactor=100
                    Mobility (
                              DopingDependence
                              HighFieldSaturation
                              Enormal
                              PhuMob
                              )
                       Recombination (SRH Auger Avalanche)
                    }
              Plot {*—Density and Currents, etc
                    eDensity hDensity
                    TotalCurrent/Vector
                    eMobility hMobility
                    eVelocity hVelocity
                    eQuasiFermi hQuasiFermi
              *—Fields and charges
                    ElectricField/Vector Potential SpaceCharge
              *—Doping Profiles
                    Doping DonorConcentration AcceptorConcentration
              *—Generation/Recombination
                    SRH Auger Band2Band
                    AvalancheGeneration}
              }
        System {Vsource_pset Vs (in gnd)
                    {pwl = (0          0                        //定义阶跃脉冲电压
                    10e-9 0
                    10e-9 10
                    20e-9 10
                    20e-9 -8
                    50e-9 -8)
                    }
              Resistor_pset Rp (in dd) {resistance=13}        //定义串联电阻 Rp
              diode DIODE (Anode=dd Cathode=gnd )   //将 Device 语句定义的二极管用标签 DIODE
实例化，且其每个电极都连接到电路节点
              Set (gnd=0)
              }
        Math {Extrapolate
              RelErrControl
              Digits=6
              Notdamped=50
              Iterations=30
              Transient=BE
              Method=Blocked
              SubMethod=ParDiSo
```

```
                Number_of_Threads = 6}
        Solve {Coupled (Iterations= 100) {DIODE.Poisson}
            Coupled (Iterations= 100)
            {DIODE.Poisson DIODE.electron DIODE.hole Circuit}
            Transient (InitialTime=0 FinalTime= 50e-9                //采用瞬态仿真
                InitialStep=1e-15 Increment=1.5
                MaxStep=1e-1          MinStep=1e-18)
            {Coupled {DIODE.Poisson DIODE.Electron DIODE.Hole Circuit}}
        }
```

运行成功后，右键选择 Visualize/Sentuarus visual（select File），出现如图 2.2-45 所示的 Visualizing 菜单，选择 n8_des.plt，并单击 OK。

在弹出的菜单中选择 time，单击 To X-axis，然后选择 V(in)，单击 To Left Y-axis，即可出现如图 2.2-46 所示的输入电压和时间的曲线。从图中可看出，对二极管所加的脉冲电压波形是一个正向电压峰值为 10V，反向电压峰值为-8V 的阶跃脉冲信号。

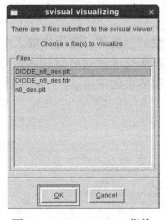

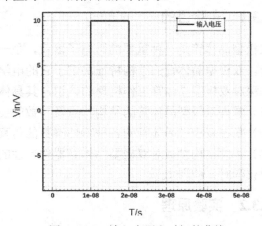

图 2.2-45　Visualizing 菜单　　　　　　　　图 2.2-46　输入电压和时间的曲线

选择 DIODE_n8_des.plt，在弹出的菜单中选择 time，单击 To X-axis，再选择 Anode，单击 OutVoltage→To Left Y-axis，即可出现如图 2.2-47 所示的输出电压和时间的曲线。

再次打开 DIODE_n8_des.plt，在弹出的菜单中选择 time，单击 To X-axis，选择 Anode →TotalCurrent，再单击 To Left Y-axis，即可出现如图 2.2-48 所示的输出电流和时间的曲线。

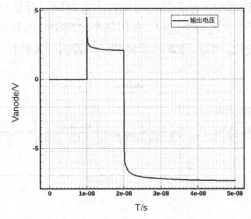

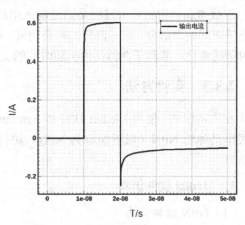

图 2.2-47　输出电压和时间的曲线　　　　　　图 2.2-48　输出电流和时间的曲线

通过上面图形的对比，可以看出二极管开启和关断过程中电流和电压随时间的变化情况。

2.2.4 思考题

1. PN 结二极管的击穿电压和器件仿真中设置的哪些结构参数有关？想要提高二极管的反向击穿电压应如何调整这些结构参数？

2. 在不考虑能否实现的情况下，当 PN 结二极管的 N 阱的掺杂浓度从 1e 15cm^{-3} 提高到 1c 20cm^{-3}，在仿真器件特性时，采用的物理模型需要调整吗？如果需要，该如何调整？

3. 改变高频小信号的频率，对 PN 结二极管的 C-V 特性有哪些影响？

4. 调整 PN 结二极管的正向偏置和反向偏置电压，提取出二极管的开启和关断时间，并找出其与偏置电压之间的关系。

2.3 双极型晶体管的仿真

2.3.1 实验目的

双极型晶体管是一种重要的微电子器件，是一种电流控制型器件，常用作放大电路中的放大管。双极型晶体管的结构特征决定了它的电学特性，本实验通过双极型晶体管的器件仿真来加深对双极型晶体管工作机理的认识，其具体的目标和要求如下：

（1）掌握双极型晶体管的结构特点及参数的要求；

（2）掌握双极型晶体管的各种特性参数的仿真方法；

（3）了解结构参数对双极型晶体管器件特性的影响。

建议学时：6 学时。

2.3.2 实验原理

双极型晶体管是电流控制型器件，可以采用共基/共射模式施加偏置来观察器件内部载流子的运动情况，模拟出输出特性曲线，并提取出相应的电流放大系数。

双极型晶体管的击穿电压根据不同的工作模式，分为 BV$_{CBO}$、BV$_{CEO}$ 和 BV$_{EBO}$。通过器件仿真，提取出这三种击穿电压，并通过电流分布、电场分布和碰撞电离率的分布，找出发生击穿的位置和三种击穿的不同特点。

双极型晶体管的开关过程是通过输入电流来控制的，分为延迟时间、上升时间、存储时间和下降时间四个部分。通过器件的瞬态仿真，模拟出上述四个过程，分析每个过程中电压和电流随时间的变化，载流子在器件内部随时间的运动变化，深入地掌握双极型晶体管的开关特性。

2.3.3 实验方法

在本实验中，使用 Medici 软件和 Sentaurus 软件对双极型晶体管 NPN（以下简称为 NPN）进行器件特性的仿真。

1. Medici 软件仿真

（1）NPN 结构仿真

本实验中，采用图 2.3-1 所示的 NPN 结构。

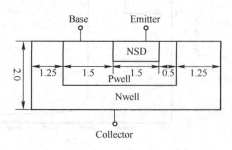

图 2.3-1　NPN 结构示意图（单位：µm）

NPN 结构仿真代码：

```
TITLE TMA MEDICI Example 2 - NPN Transistor Simulation

MESH                                                        //构建网格
X.MESH WIDTH=6.0 H1=0.250
Y.MESH DEPTH=0.5 H1=0.125
Y.MESH DEPTH=1.5 H1=0.125 H2=0.4

REGION NAME=Silicon SILICON                                 //定义区域材料

ELECTR NAME=Base X.MIN=1.25 X.MAX=2.00 TOP                  //定义电极
ELECTR NAME=Emitter X.MIN=2.75 X.MAX=4.25 TOP
ELECTR NAME=Collector BOTTOM

PROFILE   N-TYPE   N.PEAK=5e15   UNIFORM                     //定义掺杂
PROFILE P-TYPE N.PEAK=6e17 Y.MIN=.35 Y.CHAR=.16 X.MIN=1.25 WIDTH=3.5
 +XY.RAT=.75
PROFILE P-TYPE N.PEAK=4e18 Y.MIN=0 Y.CHAR=.16 X.MIN=1.25 WIDTH=3.5
 +XY.RAT=.75
PROFILE N-TYPE N.PEAK=7e19 Y.MIN=0 Y.CHAR=.17 X.MIN=2.75 WIDTH=1.5
 +XY.RAT=.75
PROFILE N-TYPE N.PEAK=1e19 Y.MIN=2 Y.CHAR=.27

PLOT.2D GRID TITLE="Example 2 - Inital Doping Regrid" SCALE FILL
REGRID DOPING LOG RATIO=3 SMOOTH=1                          //根据掺杂浓度细化网格
PLOT.2D GRID TITLE="Example 2 - 1st Doping Regrid" SCALE FILL
REGRID DOPING LOG RATIO=3 SMOOTH=1
PLOT.2D GRID TITLE="Example 2 - 2nd Doping Regrid" SCALE FILL
REGRID DOPING LOG RATIO=3    //优化发射极-基极接触处网格，并输出网格文件 MDEX2MS
+IN.FILE=MDEX2DS X.MIN=2.25 +X.MAX=4.75 Y.MAX=0.50
+SMOOTH=1 OUT.FILE=MDEX2MS
PLOT.2D GRID TITLE="Example 2 - 3rd Doping Regrid" SCALE FILL
PLOT.1D DOPING X.START=3 X.END=3            //画出在 x=3μm 处的纵向掺杂浓度分布
+Y.START=0 Y.END=30 Y.LOG POINTS
+BOT=1e14 TOP=1e20 COLOR=2 TITLE="DOPING SPREAD"
```

程序运行后，得到 NPN 的网格优化过程图形。图 2.3-2 是网格未优化的 NPN 结构图，图 2.3-3 是根据掺杂浓度优化后的网格图，图 2.3-4 是根据掺杂浓度二次优化后的网格图，图 2.3-5 是优化发射极-基极接触处后的网格图。

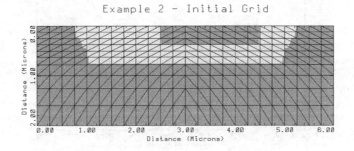

图 2.3-2　网格未优化的 NPN 结构图

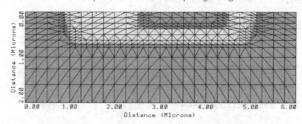

图 2.3-3　根据掺杂浓度优化后的网格图

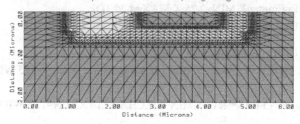

图 2.3-4　根据掺杂浓度二次优化后的网格图

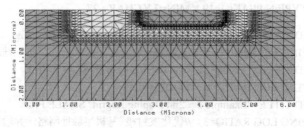

图 2.3-5　优化发射极-基极接触处后的网格图

　　上述的网格优化主要是通过掺杂浓度的分布来进行的，尤其是对 PN 结的结面处进行优化，同时衬底处网格比较稀疏，以尽量在保证仿真准确度的情况下保证仿真运行的速度。

　　同时，程序运行后可以查看 NPN 在 x=3μm 处的杂质浓度分布，如图 2.3-6 所示。

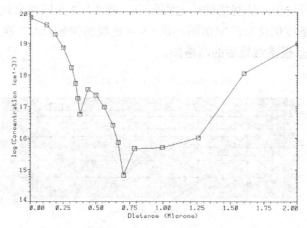

图 2.3-6　NPN 在 x=3μm 处的纵向掺杂浓度分布

通过该杂质浓度的分布，可以掌握 NPN 在发射区、基区和集电区的杂质分布情况。

（2）NPN 输出特性仿真

求解共射极接法 NPN 输出特性曲线的程序如下：

```
MESH IN.FILE=MDEX2MS
MODELS CONMOB CONSRH AUGER BGN
SYMB CARRIERS=0
METHOD ICCG DAMPED
SOLVE                            //对 NPN 结构求初始解，可以提高程序的收敛性
MODELS CONMOB CONSRH FLDMOB SRFMOB AUGER IMPACT.I
SYMB NEWTON CARRIERS=2
CONTACT NAME=Base CURRENT                //将基极的边界条件设定为电流边界
SOLVE
SOLVE I(Base)=1e-12                      //设置基极电流
SOLVE I(Base)=1e-11
SOLVE I(Base)=1e-10
SOLVE I(Base)=1e-9
SOLVE I(Base)=1e-8
SOLVE I(Base)=1e-7
SOLVE I(Base)=1e-6
LOG OUT.FILE=IV1                         //求解数据保存在文件 IV1 中
SOLVE V(Collector)=0 ELEC= Collector VSTEP=1 NSTEP=5
```

采用上面的方法，再将基极电流分别设置为 2e-6、3e-6 和 4e-6，并得到相应的输出文件 IV2、IV3 和 IV4。将上述的 4 个输出文件整合在一个画图程序中，可以绘制出 NPN 的输出特性曲线，具体的程序语句如下所示：

```
PLOT.1D in.file=IV1 Y.AXIS=I(Collector) X.AXIS=V(Collector)
+left=0 top=1e-4 points color=1 symb=1 title="11"
+top=1e-4 right=6
PLOT.1D in.file=IV2 y.axis=I(Collector) x.axis=V(Collector)
+color=2 symb=2 unchange
PLOT.1D in.file=IV3 y.axis=I(Collector) x.axis=V(Collector)
+color=3 symb=3 unchange
PLOT.1D in.file=IV4 y.axis=I(Collector) x.axis=V(Collector)
+color=4 symb=4 unchange
label label="Ib = 1e-6" color=1 symb=1 x=1 y=9e-5
label label="Ib = 2e-6" color=2 symb=2
label label="Ib = 3e-6" color=3 symb=3
label label="Ib = 4e-6" color=4 symb=4
```

运行该程序，即可得到 NPN 的输出特性曲线，如图 2.3-7 所示。

输出特性曲线也可以采用循环语句的方法来进行仿真，在一个程序中实现多个基极电流偏置下的输出特性曲线的仿真。

（3）NPN 击穿电压 BV_{CBO} 仿真

NPN 击穿电压 BV_{CBO} 是集电结反偏、发射极开路时 NPN 的击穿电压，即单个集电结的击穿电压，其仿真程序如下：

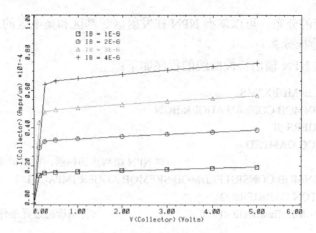

图 2.3-7　NPN 的输出特性曲线

```
MESH IN.FILE=MDEX2MS
MODELS CONMOB CONSRH FLDMOB SRFMOB AUGER
SYMBOL CARRIER=0 GUMMEL
METHOD ICCG DAMPED
SOLVE INITIAL
MODELS CONMOB CONSRH FLDMOB SRFMOB AUGER IMPACT.I
SYMBOL CARRIER=2 NEWTON
METHOD AUTONR ITLIMIT=20 STACK=50
CONTACT NAME=Emitter RESIST=1e30          //发射极通过大电阻接地来实现浮空
SOLVE V(Collector)=0 ELECTR=Collector CONTINUE C.VMAX=37
+C.IMAX=2E-4 C.VSTEP=0.1
PLOT.1D Y.AXIS=I(Collector) X.AXIS=V(Collector) ^ORDER
+color=2 POINTS TITLE="I-V"
plot.3d e.field
plot.3d ii.gener
```

　　程序运行后得到如图 2.3-8 所示的 NPN 在发射极浮空时 I-V 关系曲线。从图中可以定义，当集电极电流 I(Collector)为 1e-6A/μm 时 NPN 发生击穿，击穿电压 BV$_{CBO}$ 为 37V。图 2.3-9 是当 I(Collector)=1e-6A/μm 时 NPN 的电场分布图，图 2.3-10 是当 I(Collector)=1e-6A/μm 时 NPN 的碰撞电离率积分分布图。

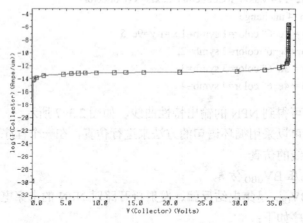

图 2.3-8　NPN 在发射极浮空时的 I(Collector)-V(Collector)关系曲线

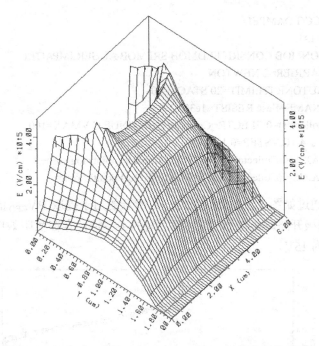

图 2.3-9　当 I(Collector)=1e-6A/μm 时 NPN 的电场分布图

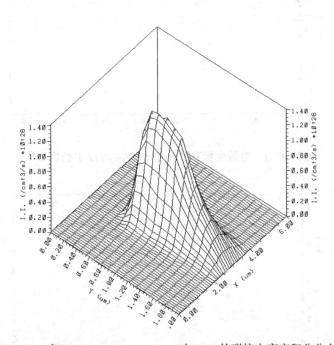

图 2.3-10　当 I(Collector)=1e-6A/μm 时 NPN 的碰撞电离率积分分布图

（4）NPN 击穿电压 BV_{CEO} 仿真

BV_{CEO} 是 NPN 的基极开路，集电极-发射极之间的击穿电压，其仿真程序如下：

```
MESH IN.FILE=MDEX2MS
MODELS CONMOB CONSRH FLDMOB SRFMOB AUGER
SYMBOL CARRIER=0 GUMMEL
```

```
METHOD ICCG DAMPED
SOLVE INITIAL
MODELS CONMOB CONSRH FLDMOB SRFMOB AUGER IMPACT.I
SYMBOL CARRIER=2 NEWTON
METHOD AUTONR ITLIMIT=20 STACK=50
CONTACT NAME=Base RESIST=1e30
SOLVE V(Collector)=0 ELECTR=Collector CONTINUE C.VMAX=100
+C.IMAX=1e-4 +C.VSTEP=0.1
PLOT.1D Y.AXIS=I(Collector) X.AXIS=V(Collector) points log ^order
PLOT.1D Y.AXIS=I(Collector) X.AXIS=V(Collector) points ^order
```

程序运行后，通过如图 2.3-11 和图 2.3-12 所示的用于提取 BV_{CEO} 的 I-V 特性曲线可以看出，该 NPN 在基极开路时集电极-发射极之间的击穿特性存在负阻效应，击穿电压 BV_{CEO} 为 36V，维持电压为 15V。

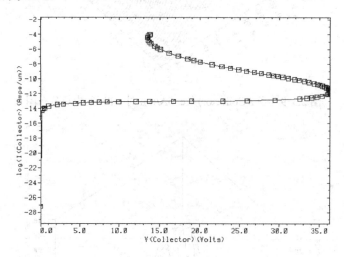

图 2.3-11　对数坐标下用于提取 BV_{CEO} 的 I-V 特性曲线

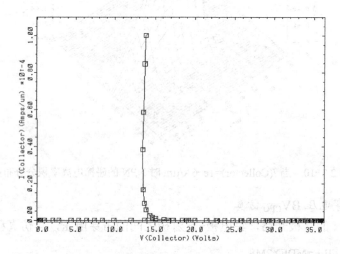

图 2.3-12　用于提取 BV_{CEO} 的 I-V 特性曲线

（5）NPN 击穿电压 BV$_{EBO}$ 仿真

BV$_{EBO}$ 是集电极开路时发射极与基极之间的击穿电压，即为单个发射结的击穿电压，其仿真程序如下：

```
MESH IN.FILE=MDEX2MS
MODELS CONMOB CONSRH FLDMOB SRFMOB AUGER
SYMBOL CARRIER=0 GUMMEL
METHOD ICCG DAMPED
SOLVE INITIAL
MODELS CONMOB CONSRH FLDMOB SRFMOB AUGER IMPACT.I
SYMBOL CARRIER=2 NEWTON
METHOD AUTONR ITLIMIT=20 STACK=50
CONTACT NAME=Collector RESIST=1e30
SOLVE ELEC=Emitter NSTEP=1 VSTEP=1
EXT ION
SOLVE ELEC=Emitter NSTEP=1 VSTEP=1
EXT ION
SOLVE ELEC=Emitter NSTEP=1 VSTEP=1
EXT ION
SOLVE ELEC=Emitter NSTEP=1 VSTEP=1
EXT ION
SOLVE ELEC=Emitter NSTEP=1 VSTEP=1
EXT ION
SOLVE ELEC=Emitter NSTEP=1 VSTEP=1
EXT ION
```

程序运行后，通过查看与运行的程序文件名相应的.out 文件，可得不同电压下的碰撞电离率积分结果，如图 2.3-13 和图 2.3-14 所示，可判断该 NPN 管的 BV$_{EBO}$ 为 6V。在发射极电压为 5V 时，器件的电离率积分小于 1；而发射极电压为 6V 时，器件的碰撞电离率积分大于 1，表明该 NPN 发生雪崩碰撞击穿。

```
V(Base)          =   0.00000000E+00 Volts
V(Emitter)       =   5.00000000E+00 Volts
V(Collector)     =   0.00000000E+00 Volts

Electrode      Electron    Peak Field    X Location    Y Location
  Name         Ionization   (V/cm)       (microns)     (microns)
-------------- ----------  -----------   ----------    ----------
Base           0.8267      7.7229E+05    2.581         7.4647E-02
Emitter        0.8267      7.7229E+05    2.581         7.4647E-02
Collector      2.1723E-10  8.6536E+04    4.125         0.5000

Electrode      Hole        Peak Field    X Location    Y Location
  Name         Ionization   (V/cm)       (microns)     (microns)
-------------- ----------  -----------   ----------    ----------
Base           0.7075      6.9960E+05    2.594         1.5760E-06
Emitter        0.7075      6.9960E+05    2.594         1.5760E-06
Collector      4.4572E-14  8.6536E+04    4.125         0.5000

X.MIN = -1.000E-06 microns, X.MAX =  6.000E+00 microns
Y.MIN = -1.000E-06 microns, Y.MAX =  2.000E+00 microns
```

图 2.3-13　当发射极电压为 5V 时的碰撞电离率积分

```
V(Base)            = 0.00000000E+00 Volts
V(Emitter)         = 6.00000000E+00 Volts
V(Collector)       = 0.00000000E+00 Volts


Electrode      Electron    Peak Field   X Location   Y Location
  Name        Ionization    (V/cm)      (microns)    (microns)
------------  ----------  -----------   ----------   ----------
Base            1.064      8.1114E+05     2.594       1.5786E-06
Emitter         1.064      8.1114E+05     2.594       1.5786E-06


Electrode       Hole       Peak Field   X Location   Y Location
  Name        Ionization    (V/cm)      (microns)    (microns)
------------  ----------  -----------   ----------   ----------
Base            1.086      8.1114E+05     2.594       1.5786E-06
Emitter         1.086      8.1114E+05     2.594       1.5786E-06


X.MIN = -1.000E-06 microns, X.MAX =  6.000E+00 microns
Y.MIN = -1.000E-06 microns, Y.MAX =  2.000E+00 microns
```

图 2.3-14　当发射极电压为 6V 时的碰撞电离率积分

（6）NPN 开关特性仿真

接下来仿真 NPN 的开关特性,其开关特性仿真电路如图 2.3-15 所示。

用于构建电路混合仿真的 NPN 的网格程序如下:

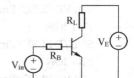

图 2.3-15　NPN 开关特性
仿真电路

```
MESH
X.MESH WIDTH=6.0 H1=0.250
Y.MESH DEPTH=0.5 H1=0.125
Y.MESH DEPTH=1.5 H1=0.125 H2=0.4
REGION NAME=Silicon SILICON
ELECTR NAME=Base X.MIN=1.25 X.MAX=2.00 TOP
ELECTR NAME=Emitter X.MIN=2.75 X.MAX=4.25 TOP
ELECTR NAME=Collector BOTTOM
PROFILE N-TYPE N.PEAK=5e15 UNIFORM OUT.FILE=MDEX2DS
PROFILE P-TYPE N.PEAK=6e17 Y.MIN=.35 Y.CHAR=.16 X.MIN=1.25
+WIDTH=3.5 XY.RAT=.75
PROFILE P-TYPE N.PEAK=4e18 Y.MIN=0 Y.CHAR=.16 X.MIN=1.25
+WIDTH=3.5 XY.RAT=.75
PROFILE N-TYPE N.PEAK=7e19 Y.MIN=0 Y.CHAR=.17 X.MIN=2.75
+WIDTH=1.5 XY.RAT=.75
PROFILE N-TYPE N.PEAK=1e19 Y.MIN=2 Y.CHAR=.27
MODELS CONMOB CONSRH FLDMOB SRFMOB AUGER
SYMBOL CARRIER=0 GUMMEL
METHOD ICCG DAMPED
SOLVE INITIA
SAVE MESH OUT.FILE=npnmesh W.MODELS
```

NPN 的网格构建完成后,进行电路混合仿真的程序如下:

```
START CIRCUIT
VE 2 0 0
RL 1 2 300k
RB 3 4 1e7
Vin1 3 5 pulse 0 10 0u 1u 1u 10u 30u
```

```
Vin2 5 0 pulse 0 –10 10u 1u 1u 10u 30u
PBJT 1=Collector 4=Base 0=Emitter file=npnmesh width=100
FINISH CIRCUIT

SYMBOL CARRIER=0 NEWTON
METHOD ICCG DAMPED
SOLVE
MODELS CONMOB CONSRH FLDMOB SRFMOB AUGER
SYMB NEWTON CARRIERS=2
METHOD TOL.TIME=0
SOLVE ELEMENT=VDD V.ELEMEN=0 VSTEP=1 NSTEP=10
LOG OUT.FILE=TTT
SOLVE V(PBJT.Emitter)=0 DT.MIN=5e–7 TSTOP=2E–5
PLOT.1D Y.AXIS=VC(3) X.AXIS=TIME points right=2.05e–5
PLOT.1D Y.AXIS=I(PBJT.Base) X.AXIS=TIME points    right=2.05e–5
PLOT.1D Y.AXIS=VC(1) X.AXIS=TIME points    right=2.05e–5 bot=–2
PLOT.1D Y.AXIS=I(PBJT.Collector) X.AXIS=TIME points
+right=2.05e–5 bot=–2e–6
```

程序运行后，可得到 NPN 在开关脉冲作用下的基极电压/电流和集电极电压/电流随时间的变化，如图 2.3-16 所示。

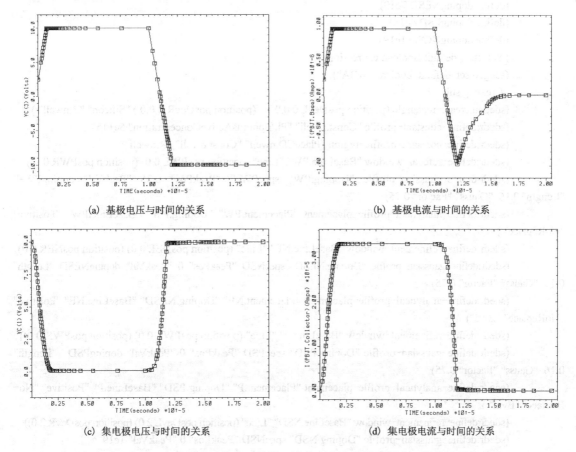

(a) 基极电压与时间的关系   (b) 基极电流与时间的关系

(c) 集电极电压与时间的关系   (d) 集电极电流与时间的关系

图 2.3-16 NPN 在开关脉冲作用下的输入端电压电流和输出端电压电流随时间变化

2. Sentaurus 软件仿真

（1）NPN 的结构仿真

NPN 的结构仿真如图 2.3-1 所示，仿真的具体步骤如下：

建立一个新的 SDE，并将程序输入 command 文件框中。程序脚本如下：

```
(define posDevL 0)
(define posNWL posDevL)
(define posPWL (+ posNWL 1.25))
(define posNEL (+ posPWL 1.5))
(define posNER (+ posNEL 1.5))
(define posPWR (+ posNER 0.5))
(define posNWR (+ posPWR 1.75))
(define posDevR posNWR )
(define specNWell "PhosphorusActiveConcentration")
(define specPWell "BoronActiveConcentration")
(define specPSD "BoronActiveConcentration")
(define specNSD "ArsenicActiveConcentration")
(define dopingNWell 5e15)
(define dopingPWell 6e17)
(define dopingNESD 7e19)
(define dopingPSD 4e18)
(define dopingNCSD 1e19)
; Selecting default Boolean expression
(sdegeo:set-default-boolean "ABA")
; Creating sub
(sdegeo:create-rectangle (position posDevL 0 0.0)    (position posDevR 2 0.0 ) "Silicon" "R.nwell" )
(sdedr:define-constant-profile "Const.nwell" "PhosphorusActiveConcentration" 5e+15)
(sdedr:define-constant-profile-region "PlaceCD.nwell" "Const.nwell" "R.nwell")
(sdedr:define-refeval-window "BaseLine.PW" "Line" (position posPWL 0 0) (position posPWR 0 0))
(sdedr:define-gaussian-profile  "Doping.PW"  specPWell  "PeakPos"  0.35  "PeakVal"  dopingPWell
"Length" 0.16  "Gauss" "Factor" 0.75)
    (sdedr:define-analytical-profile-placement "Placement.PW" "Doping.PW" "BaseLine.PW" "Positive"
"NoReplace" )
    (sdedr:define-refinement-window "BaseLine.NE" "Line" (position posNEL 0 0) (position posNER 0 0))
    (sdedr:define-gaussian-profile "Doping.NESD" specNSD "PeakPos" 0 "PeakVal" dopingNESD "Length"
0.17 "Gauss" "Factor" 0.75)
    (sdedr:define-analytical-profile-placement "Placement.NE" "Doping.NESD" "BaseLine.NE" "Positive"
"NoReplace" "Eval")
    (sdedr:define-refinement-window "BaseLine.P" "Line" (position posPWL 0 0) (position posPWR 0 0))
    (sdedr:define-gaussian-profile "Doping.PSD" specPSD "PeakPos" 0 "PeakVal" dopingPSD   "Length"
0.16 "Gauss" "Factor" 0.75)
    (sdedr:define-analytical-profile-placement "Placement.P" "Doping.PSD" "BaseLine.P" "Positive" "No-
Replace" "Eval" )
    (sdedr:define-refinement-window "BaseLine.NSD" "Line" (position posDevL 2 0) (position posDevR 2 0))
    (sdedr:define-gaussian-profile "Doping.NSD" specNSD "PeakPos" 0 "PeakVal" 1e19
"Length" 0.27 "Gauss" "Factor" 0.75)
```

```
(sdedr:define-analytical-profile-placement "Placement.NSD" "Doping.NSD" "BaseLine.NSD" "Negative"
"NoReplace" "Eval")
;#rough meshing
(sdedr:define-refeval-window "Window.suf"
"Rectangle" (position posNWL 0 0) (position posNWR 2 0))
(sdedr:define-refinement-size "Ref.suf"
 0.3 0.1
 0.3 0.1
 )
(sdedr:define-refinement-placement "RefPlace.suf"
"Ref.suf" "Window.suf")
(sdedr:define-refeval-window "Window.pw" "Rectangle" (position posPWL 0 0) (position posPWR 2 0))
(sdedr:define-refinement-size "Ref.pw"
 0.15 0.1
 0.1 0.1)
(sdedr:define-refinement-placement "RefPlace.pw" "Ref.pw" "Window.pw")
;####      Mesh        ####
;#     S/D
(sdedr:define-refinement-window "Window.NE"   "Rectangle"
(position 0 0 0) (position 5 0.8 0))
(sdedr:define-refinement-size "Ref.SD"
 0.1 0.05
 0.1 0.05)
(sdedr:define-refinement-placement "RefPlace.NE"
"Ref.SD" "Window.NE")
;####        contact        ####
(sdegeo:define-contact-set "Emitter"    4.0    (color:rgb 0.0 1.0 0.0 ) "##")
(sdegeo:define-contact-set "Base"    4.0    (color:rgb 1.0 1.0 0.0 ) "##")
(sdegeo:define-contact-set "Collector"   4.0    (color:rgb 1.0 1.0 1.0 ) "##")
(sdegeo:insert-vertex (position (+ posNEL 0.2) 0 0))
(sdegeo:insert-vertex (position (- posNER 0.2) 0 0))
(sdegeo:insert-vertex (position (+ posPWL 0.1) 0 0))
(sdegeo:insert-vertex (position (- posNEL 0.5) 0 0))
(sdegeo:insert-vertex (position (+ posNWL 0.1) 2 0))
(sdegeo:insert-vertex (position (- posNWR 0.1) 2 0))
(sdegeo:define-2d-contact (find-edge-id (position (/ (+ posNWL posNWR) 2) 2 0)) "Collector")
(sdegeo:define-2d-contact (find-edge-id (position (/ (+ posPWL posNEL) 2) 0 0)) "Base")
(sdegeo:define-2d-contact (find-edge-id (position (/ (+ posNEL posNER) 2) 0 0.0)) "Emitter")
(sde:build-mesh "snmesh" "" "n@node@_msh")
```

程序运行成功后，即可得到如图 2.3-17 和图 2.3-18 所示的 NPN 结构图和网格分布图。

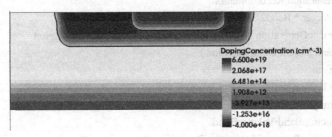

图 2.3-17　NPN 结构图

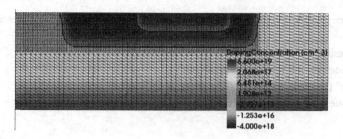

图 2.3-18　NPN 网格分布图

单击绘图菜单最右边的 cut X，然后单击结构图 x=4.5μm 位置处的某一点，并设置 y 轴为对数坐标，可以查看过此点且垂直于器件表面的竖线上的浓度分布，如图 2.3-19 所示。

（2）NPN 的击穿电压 BV_{CEO} 仿真

建立一个新的 SDE，采用混合电路仿真，在 Commands 窗口输入脚本程序：

```
Device BJT {
File {Grid=n@node|sde@_msh.tdr
        Current=n@node@_des.plt
        Plot=n@node@_des.tdr}
Electrode {{Name="Emitter" Voltage=0.0}
            {Name="Collector" Voltage=0.0}
            {Name="Base" Voltage=0.0 Resist=1e30}}
Physics {AreaFactor=1
          Mobility (DopingDependence
                   HighFieldSaturation)
          Recombination (SRH
                        Auger
                        Avalanche (ElectricField))
          }
Plot {*--Density and Currents, etc
       eDensity hDensity
       TotalCurrent/Vector eCurrent/Vector hCurrent/Vector
       eMobility hMobility
       eVelocity hVelocity
       eQuasiFermi hQuasiFermi
       *--Fields and charges
       ElectricField/Vector Potential SpaceCharge
       *--Doping Profiles
       Doping DonorConcentration AcceptorConcentration
       *--Generation/Recombination
       SRH Auger * Band2Band
       AvalancheGeneration eAvalancheGeneration hAvalancheGeneration
       *--Band structure/Composition
       BandGap
       BandGapNarrowing
       * Affinity
       ConductionBand ValenceBand
       * eQuantumPotential hQuantumPotential
```

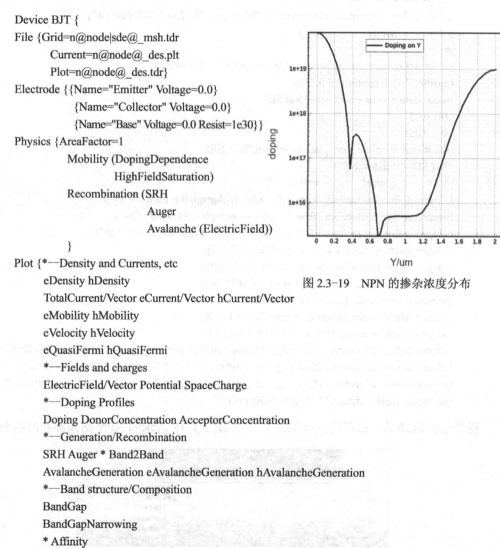

图 2.3-19　NPN 的掺杂浓度分布

```
        eQuantumPotential
    }
    }
File {Output=n@node@_des.log}
System {Isource_pset is (gnd dd) {dc=0}
        Resistor_pset r1 (dd gnd) {resistance=1e8}
        BJT bjt ("Collector"=dd "Emitter"=gnd)
Set (gnd=0)
    }
Math {Iterations=100
    BreakAtIonInttegral}
Solve {Coupled {bjt.Poisson bjt.Contact}
Coupled {bjt.Poisson bjt.Electron bjt.Hole bjt.Contact}
Coupled {Poisson Electron Hole Contact Circuit}
Quasistationary (InitialStep=1e-9        MaxStep=1e-1
            MinStep=1e-30        Increment= 2        Decrement = 2
            Goal {Parameter=is."dc" Value=5e-4})
{Coupled {Poisson Electron Hole Contact Circuit}}
        }
```

程序运行成功，即可得到如图 2.3-20 所示 NPN 的 BV_{CEO} 仿真 I-V 特性曲线。

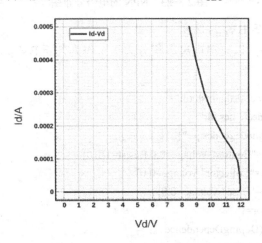

图 2.3-20 I-V 特性曲线

打开 visualizing 菜单，选择 bjt_n8_des.tdr→Abs(TotalCurrentDensity-V)，得到如图 2.3-21 所示 NPN 的电流分布图。

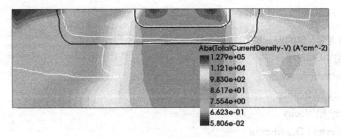

图 2.3-21 NPN 的电流分布图

再单击 Abs(ElectricFiled-V)，查看电场分布图，如图 2.3-22 所示。

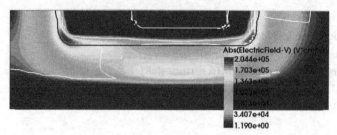

图 2.3-22　NPN 的电场分布图

单击 ElectrostaticPotential，查看如图 2.3-23 所示的 NPN 的电势分布图。

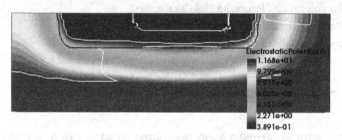

图 2.3-23　NPN 的电势分布图

（3）NPN 的击穿电压 BV$_{CBO}$ 仿真

根据雪崩击穿的定义，以碰撞电离率积分大于 1 作为判断 BV$_{CBO}$ 的条件，相应的脚本程序如下：

```
File {Grid="n@node|sde@_msh.tdr"
    Plot="n@node@_des.tdr"
    Current="n@node@_des.plt"}
Electrode {{Name="Emitter" Voltage=0.0 Resist=1E10}
        {Name="Collector" Voltage=0.0}
        {Name="Base" Voltage=0.0}}
Physics {AreaFactor=1
        Mobility (DopingDependence
                HighFieldSaturation)
        Recombination (SRH
                Auger
                Avalanche (ElectricField))
        }
Plot {
*--Density and Currents, etc
    eDensity hDensity
    TotalCurrent/Vector
    eMobility hMobility
    eVelocity hVelocity
    eQuasiFermi hQuasiFermi
*--Fields and charges
```

```
        ElectricField/Vector Potential SpaceCharge
    *--Doping Profiles
        Doping DonorConcentration AcceptorConcentration
    *--Generation/Recombination
        SRH Auger Band2Band
        AvalancheGeneration
            }
Math {
        Iterations=100
        BreakAtIonInttegral
        ComputeIonizationIntegrals(WriteAll)//计算碰撞电离积分作为击穿判断条件
        }
Solve {Coupled (Iterations=100) {Poisson}
        Coupled {Poisson Electron Hole        }
        Quasistationary (InitialStep=1e-3
                    MaxStep=5 MinStep=1e-5
                    Goal {Name="Collector" Voltage=50})
        {Coupled {Poisson Electron Hole}}
        }
```

程序运行成功，用左键双击黄色区域处，弹出如图 2.3-24 所示的输出文件窗口，可以判定当集电极电压为 29.88V 时，Ionization-Integrals（碰撞电离率）大于 1，此时集电结发生雪崩击穿，对应的集电极电压为 BV_{CBO}。

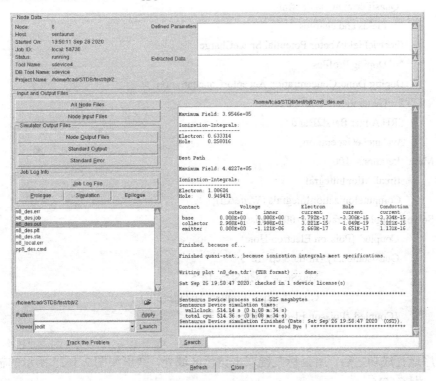

图 2.3-24　输出文件窗口

（4）NPN 击穿电压 BV$_{EBO}$ 仿真

在 Commands 框中输入脚本程序：

```
File {Grid="n@node|sde@_msh.tdr"
      Plot="n@node@_des.tdr"
      Current="n@node@_des.plt"}
Electrode {{Name="Emitter" Voltage=0.0}
           {Name="Collector" Voltage=0.0 Resist=1e10}
           {Name="Base" Voltage=0.0}    }
Physics {AreaFactor=1
         Mobility (DopingDependence
                   HighFieldSaturation)
         Recombination (SRH
                        Auger
                        Avalanche (ElectricField))
         }
Plot {*--Density and Currents, etc
      eDensity hDensity
      TotalCurrent/Vector
      eMobility hMobility
      eVelocity hVelocity
      eQuasiFermi hQuasiFermi
      *--Fields and charges
      ElectricField/Vector Potential SpaceCharge
      *--Doping Profiles
      Doping DonorConcentration AcceptorConcentration
      *--Generation/Recombination
      SRH Auger Band2Band
      AvalancheGeneration}
Math {Iterations=100
      BreakAtIonInttegral
      ComputeIonizationIntegrals (WriteAll)}
Solve {Coupled (Iterations=100) {Poisson}
       Coupled {Poisson Electron Hole}
       Quasistationary (InitialStep=1e-3
                        MaxStep=5 MinStep=1e-5
                        Goal {Name="Emitter" Voltage=50})
       {Coupled {Poisson Electron Hole}}
       }
```

当程序运行成功之后，用鼠标左键双击黄色区域处，弹出如图 2.3-25 所示的输出文件窗口，BV$_{EBO}$ 为 6.65V。

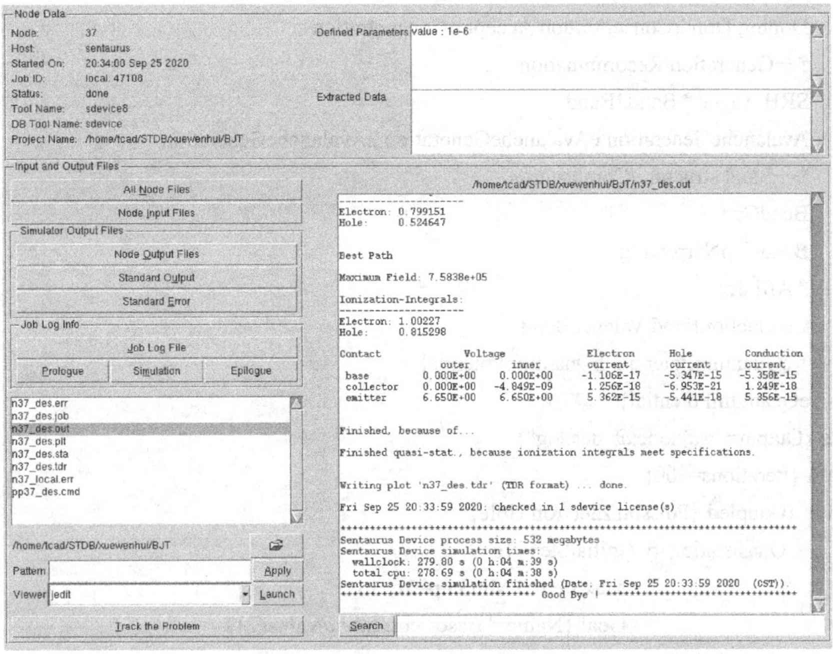

图 2.3-25　输出文件窗口

（5）NPN 的输出特性曲线

在 Commands 窗口输入下列程序：

```
File{Grid="n@node|sde@_msh.tdr"
    Current="n@node@_des.plt"
    Plot="n@node@_des.tdr"}
Electrode {{Name="Emitter" Voltage=0.0}
        {Name="Collector" Voltage=0.0}
        {Name="Base"       Voltage=0.1}}
Physics {AreaFactor=1
        Mobility (DopingDependence
                HighFieldSaturation)
        Recombination (SRH
                    Auger
                    Avalanche (ElectricField))
        }
Plot{*--Density and Currents, etc
    eDensity hDensity
    TotalCurrent/Vector eCurrent/Vector hCurrent/Vector
    eMobility hMobility
    eVelocity hVelocity
    eQuasiFermi hQuasiFermi
    *--Fields and charges
    ElectricField/Vector Potential SpaceCharge
    *--Doping Profiles
```

```
        Doping DonorConcentration AcceptorConcentration
        *--Generation/Recombination
        SRH Auger * Band2Band
        AvalancheGeneration eAvalancheGeneration hAvalancheGeneration
        *--Band structure/Composition
        BandGap
        BandGapNarrowing
        * Affinity
        ConductionBand ValenceBand
        * eQuantumPotential hQuantumPotential
        eQuantumPotential}
    File {Output="n@node@_des.log"}
    Math {Iterations=100}
    Solve {Coupled {Poisson Electron Hole}
        Quasistationary (InitialStep=1e-9
                MaxStep=5 MinStep=1e-18
                Goal {Name="Base" current=@value@})
        {Coupled {Poisson Electron Hole}}
        Quasistationary (InitialStep=1e-3
                MaxStep=5 MinStep=1e-6
                Goal {Name="Collector" Voltage=5})
        {Coupled {Poisson Electron Hole}}
        }
```

程序运行完成之后,单击 SDEVICE 正下方的空白处,鼠标右键选择 Add,出现如图 2.3-26 所示的参数添加对话框。

在 Parameter 处填写 value, Default Value 处填写 1e-6,单击 OK。重复上述操作,右键选择 Add value,然后在 Min.value 处修改为 2e-6,3e-6,4e-6,此时的参数添加对话框如图 2.3-27 所示。

单击 OK 之后,会出现如图 2.3-28 所示的多个变量值的参数仿真。

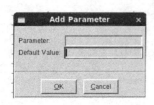

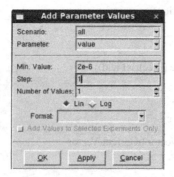

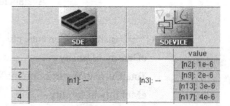

图 2.3-26　参数添加对话框　　图 2.3-27　参数添加对话框　　图 2.3-28　多个变量值的参数仿真

图中设置的参数前都有一个编号,例如 n2、n9、n13 和 n17,可以帮助快速找到对应的参数和文件。

程序运行完成后，按住 Ctrl 键，连续单击该 SDEVICE 下的四处黄色方框，然后右键选择 Visualize/Sentuarus Visual（select File），出现 visualizing 菜单，再使用 Crtl 键，可以连续选择 n2_des.plt、n9_des.plt、n13_des.plt、n17_des.plt，单击 OK。也可以在已经打开的 visualizing 中最左侧的上方选择打开 open 功能，找到对应参数的编号，双击添加，同样可以把多个参数的曲线整合到一张图中，如图 2.3-29 所示的绘图数据文件列表。

在弹出的菜单中，连续选择 n2_des.plt、n9des.plt、n13_des.plt、n17_des.plt 四个数据文件，然后选择电极 collector，选择 OutVoltage，添加到 To x-axis，再单击 TotalCurrent，添加到 To Left Y-axis，即得到如图 2.3-30 所示 NPN 管的输出特性曲线。

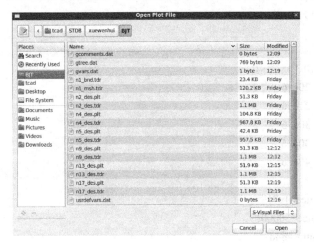

图 2.3-29　绘图数据文件列表

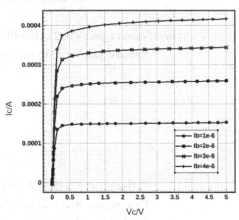

图 2.3-30　NPN 的输出特性曲线

（6）NPN 的开关特性

NPN 的开关特性采用图 2.3-15 所示的电路结构图进行仿真，相应的脚本程序如下：

```
Device BJT {
        File {Grid="n@node|sde@_msh.tdr"
            Plot=     "@tdrdat@"
            Current="@plot@"}
        Electrode {{Name="Emitter" Voltage=0.0}
                {Name="Collector" Voltage=0.0}
                {Name="Base" Voltage=0.0}}
        Physics {AreaFactor=100
                Mobility (DopingDependence
                    HighFieldSaturation
                    Enormal)
                Recombination (SRH Auger Avalanche)
                }
        Plot{*—Density and Currents, etc
            eDensity hDensity
            TotalCurrent/Vector
            eMobility hMobility
            eVelocity hVelocity
            eQuasiFermi hQuasiFermi
```

```
                          *--Temperature
                          Temperature * hTemperature eTemperature
                          TotalHeat eJouleHeat hJouleHeat
                          *--Fields and charges
                          ElectricField/Vector Potential SpaceCharge
                          *--Doping Profiles
                          Doping DonorConcentration AcceptorConcentration
                          *--Generation/Recombination
                          SRH Auger Band2Band
                          AvalancheGeneration}
                    }
           System{Vsource_pset VE (2 0){dc=0}
                  Vsource_pset Vin (3 0) {pwl = (0              0
                                          20e-6          0
                                          21e-6          5
                                          30e-6          5
                                          30e-6          -5
                                          40e-6          -5)
                                     }
                  Resistor_pset RB (3, 4) {resistance=1e7}
                  Resistor_pset RL (1, 2) {resistance=30000}
                  BJT bjt (base=3 collector=1 emitter=gnd)
                  Plot "n@node@_des.plt" (time ( ) in vb    n2 0)
                  Set (gnd=0)
                  }
         Math {Extrapolate
               RelErrControl
               Digits=4
               Notdamped=50
               Iterations=12
               NoCheckTransientError}
         Solve {Coupled {Poisson}
               NewCurrentPrefix = "ignore_"
               Coupled {Poisson}
               Quasistationary (InitialStep=0.1 MaxStep=0.1
                       Goal {Parameter=VE.dc Voltage=5})
               {Coupled {Poisson Electron Hole}}
               Transient (InitialTime=0 FinalTime= 40e-6
                       InitialStep=1e-7 Increment=1.3
                       MaxStep=1e-6          MinStep=1e-12)
               {Coupled {bjt.Poisson bjt.Electron bjt.Hole Circuit}}
               }
```

　　程序运行完成后，打开 Visualizing 菜单，绘制出如图 2.3-31 所示的 NPN 在开关脉冲作用下的输入端电压电流和输出端电压电流随时间变化的曲线。

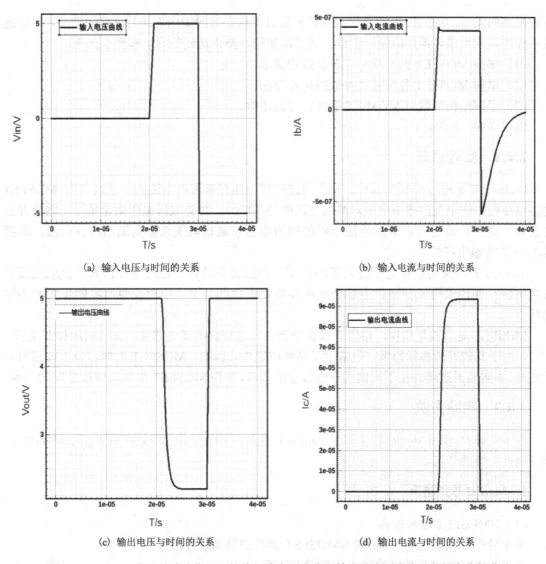

(a) 输入电压与时间的关系   (b) 输入电流与时间的关系

(c) 输出电压与时间的关系   (d) 输出电流与时间的关系

图 2.3-31　NPN 在开关脉冲作用下的输入端电压电流和输出端电压电流随时间变化的曲线

2.3.4　思考题

1．在仿真器件中，添加正确的物理模型是非常重要的。在双极型晶体管 NPN 或 PNP 的仿真中，应该加入哪些物理模型？这些模型考虑了器件工作中的什么样的物理过程？请详细分析。

2．如何通过仿真软件提取双极型晶体管的电流放大系数？

3．请通过器件结构参数的改变来提高双极型晶体管的电流放大系数。

2.4　MOSFET 的仿真

2.4.1　实验目的

MOSFET 是一种电压控制型单极器件，是集成电路中应用最广泛的器件之一。为了适应各种电路的需要，MOSFET 的电学参数需要通过结构参数的变化来满足电路的要求，可以通过器件仿真来完成该器件的设计工作。通过本实验，要求达到的目标和要求如下：

（1）掌握 MOSFET 的结构特点及参数的要求；

（2）掌握 MOSFET 各种特性参数的仿真方法；

（3）了解结构参数对 MOSFET 器件特性的影响。

建议学时：6 学时。

2.4.2　实验原理

MOSFET 是电压控制型器件，它是通过栅极电压控制漏极电流的。通过仿真 MOSFET 的转移特性曲线来观察栅极电压对漏极电流的控制能力，并提取阈电压来定量给出器件开启的条件。器件仿真还可以通过施加不同的栅极电压和漏极电压来得到输出特性曲线，掌握 MOSFET 的输出特性。

MOSFET 的反向击穿电压分为源漏击穿和栅源击穿两种。通过器件仿真，提取出反向击穿电压，并通过电流分布、电场分布和碰撞电离率的分布，找出发生击穿的位置和击穿的特点。

MOSFET 是单极型器件，相比于双极型器件具有较快的开关速度，常常被用作开关管。同时，由于其较好的高频特性，也常用于高频电路中。因此，MOSFET 的电容特性就显得非常重要。本实验通过器件在不同偏压下电容值的提取，掌握 MOSFET 电容与偏压之间的关系。

2.4.3　实验方法

在本实验中，使用 Medici 软件和 Sentaurus 软件对 N 沟道绝缘栅场效应晶体管（NMOSFET）进行器件特性的仿真。

1．Medici 软件仿真

（1）NMOSFET 结构仿真

本实验采用如图 2.4-1 所示的 NMOSFET 器件的结构进行仿真。

相应的 NMOSFET 的网格结构仿真程序如下：

```
TITLE TMA MEDICI Example 1 N-Channel MOSFET
MESH SMOOTH=1                                          //建立网格
X.MESH WIDTH=3.0 H1=0.125
Y.MESH N=1 L=-0.025
Y.MESH N=3 L=0.
Y.MESH DEPTH=1.0 H1=0.125
Y.MESH DEPTH=1.0 H1=0.250
ELIMIN COLUMNS Y.MIN=1.1                               //删除不重要的网格点
SPREAD LEFT WIDTH=.625 UP=1 LO=3 THICK=.1 ENC=2        //利用 SPREAD 语句形成鸟嘴
SPREAD RIGHT WIDTH=.625 UP=1 LO=3 THICK=.1 ENC=2
SPREAD LEFT WIDTH=100 UP=3 LO=4 Y.LO=0.125
REGION SILICON                                         //定义区域材料
REGION OXIDE IY.MAX=3
ELECTR NAME=Gate X.MIN=0.625 X.MAX=2.375 TOP           //定义电极位置
ELECTR NAME=Substrate BOTTOM
```

```
ELECTR NAME=Source X.MAX=0.5 IY.MAX=3
ELECTR NAME=Drain X.MIN=2.5 IY.MAX=3
PROFILE P-TYPE N.PEAK=3e15 UNIFORM OUT.FILE=MDEX1DS          //定义掺杂分布
PROFILE P-TYPE N.PEAK=2e16 Y.CHAR=.25
PROFILE N-TYPE N.PEAK=2e20 Y.JUNC=.34 X.MIN=0.0 WIDTH=0.5 XY.RAT=.75
PROFILE N-TYPE N.PEAK=2e20 Y.JUNC=.34 X.MIN=2.5 WIDTH=.5 XY.RAT=.75
INTERFAC QF=1e10                                            //定义界面电荷
PLOT.2D GRID TITLE="Example 1 - Initial Grid" FILL SCALE
REGRID DOPING LOG IGNORE=OXIDE RATIO=2 SMOOTH=1 IN.FILE=MDEX1DS
PLOT.2D GRID TITLE="Example 1 - Doping Regrid" FILL SCALE
CONTACT NAME=Gate N.POLY                                    //定义栅电极的材料为 N 型多晶硅
MODELS CONMOB FLDMOB SRFMOB2
COMMENT Symbolic factorization, solve, regrid on potential
SYMB CARRIERS=0
METHOD ICCG DAMPED
SOLVE
REGRID POTEN IGNORE=OXIDE RATIO=.2 MAX=1 SMOOTH=1
+ IN.FILE=MDEX1DS OUT.FILE=MDEX1MS
PLOT.2D GRID
+TITLE="Example 1 - Potential Regrid" FILL SCALE
SYMB CARRIERS=0
SOLVE OUT.FILE=MDEX1S
PLOT.1D DOPING X.START=.25 X.END=.25 Y.START=0            //输出 x=0.25 处杂质分布图
+Y.END=2 Y.LOG POINTS BOT=1e15 TOP=1e21 COLOR=2
+TITLE="Example 1 - Source Impurity Profile"
PLOT.1D DOPING X.START=1.5 X.END=1.5 Y.START=0            //输出 x=1.5 处杂质分布图
+Y.END=2 Y.LOG POINTS BOT=1e15 TOP=1e17 COLOR=2
+TITLE="Example 1 - Gate Impurity Profile"
PLOT.2D BOUND TITLE="Example 1 - Impurity Contours" FILL SCALE
CONTOUR DOPING LOG MIN=16 MAX=20 DEL=.5 COLOR=2           //输出杂质等浓度线结构图
CONTOUR DOPING LOG MIN=-16 MAX=-15 DEL=.5 COLOR=1 LINE=2
```

  程序运行后，可以得到器件的网格结构。其中，图 2.4-2 是基本的 NMOSFET 网格结构图，图 2.4-3 是根据源、漏处掺杂网格优化后的 NMOSFET 网格结构图，图 2.4-4 是沟道处网格优化后的 NMOSFET 网格结构图。

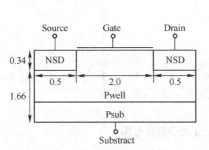

图 2.4-1 NMOSFET 仿真结构示意图（单位：μm）

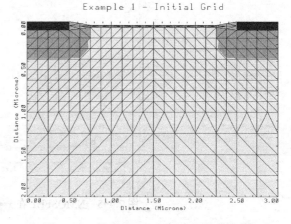

图 2.4-2 基本的 NMOSFET 网格结构图

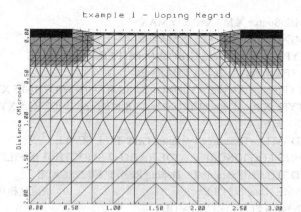

图 2.4-3　根据源、漏处掺杂网格优化后的 NMOSFET 网格结构图

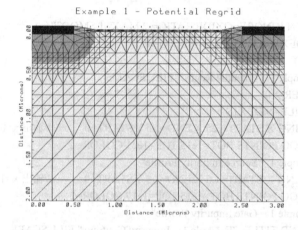

图 2.4-4　沟道处网格优化后的 NMOSFET 网格结构图

　　该程序还绘制出如图 2.4-5 和图 2.4-6 所示的 NMOSFET 分别在 $x=0.25\mu m$ 和 $x=1.5\mu m$ 处的掺杂分布图，以及图 2.4-7 所示的 NMOSFET 等浓度杂质分布线分布图。

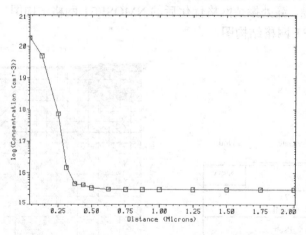

图 2.4-5　NMOSFET 在 $x=0.25\mu m$ 处掺杂分布图

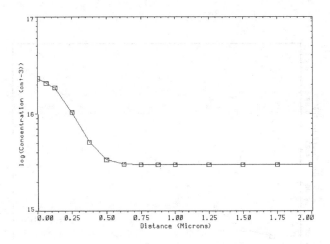

图 2.4-6　NMOSFET 在 $x=1.5\mu m$ 处掺杂分布图

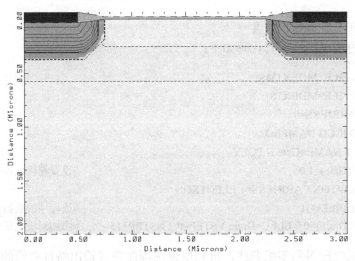

图 2.4-7　NMOSFET 等浓度杂质分布线分布图

（2）NMOSFET 转移特性仿真

NMOSFET 的转移特性的仿真代码如下：

```
MESH IN.FILE=MDEX1MS
LOAD IN.FILE=MDEX1S                              //读取结构数据和初始解数据
SYMB NEWTON CARRIERS=1 ELECTRONS
CONTACT NAME=Gate N.POLY
LOG OUT.FILE=MDEX1GI
SOLVE V(Drain)=0.1                               //添加漏极电压
SOLVE V(Gate)=0 ELEC=Gate VSTEP=0.2 NSTEP=10     //添加栅极电压变化
PLOT.1D Y.AXIS=I(Drain) X.AXIS=V(Gate) POINTS COLOR=2
LABEL LABEL="Vds = 0.1V" X=1.6 Y=0.7e-6
```

程序运行后可得到 NMOSFET 的转移特性曲线，如图 2.4-8 所示。

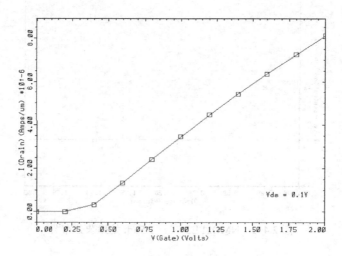

图 2.4-8　NMOSFET 转移特性曲线

（3）NMOSFET 输出特性仿真

NMOSFET 的输出特性仿真代码如下：

```
MESH IN.FILE=MDEX1MS
LOAD IN.FILE=MDEX1S
SYMB CARRIERS=0
METHOD ICCG DAMPED
CONTACT NAME=Gate N.POLY
SOLVE V(Gate)=1.0                              //设置栅极电压
SYMB NEWTON CARRIERS=1 ELECTRON
LOG OUT.FILE=G1                                //该程序的数据保存在 G1 文件中
SOLVE V(Drain)=0.0 ELEC=Drain VSTEP=0.2 NSTEP=15   //添加漏极电压变化
```

通过改变栅极电压得到多组曲线，再利用画图程序完成输出特性曲线的绘制。

```
PLOT.1D in.file=G1 Y.AXIS=I(Drain) X.AXIS=V(Drain) POINTS COLOR=1
+ symb=1 top=2.4e-4 TITLE="Example 1D - Drain Characteristics"
PLOT.1D in.file=G2 Y.AXIS=I(Drain) X.AXIS=V(Drain) POINTS COLOR=2
+ symb=2 unchange
PLOT.1D in.file=G3 Y.AXIS=I(Drain) X.AXIS=V(Drain) POINTS COLOR=3
+ symb=3 unchange
PLOT.1D in.file=G4 Y.AXIS=I(Drain) X.AXIS=V(Drain) POINTS COLOR=4
+ symb=4 unchange
LABEL LABEL="Vgs = 1.0v" COLOR=1 symb=1 X=0.2 Y=2.2e-4
LABEL LABEL="Vgs = 2.0v" COLOR=2 symb=2
LABEL LABEL="Vgs = 3.0v" COLOR=3 symb=3
LABEL LABEL="Vgs = 4.0v" COLOR=4 symb=4
```

程序运行后可得到 NMOSFET 输出特性曲线，如图 2.4-9 所示。

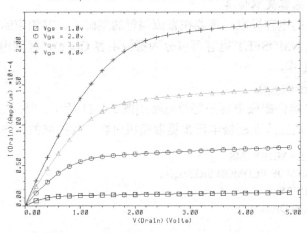

Example 1D - Drain Characteristics

图 2.4-9　NMOSFET 输出特性曲线

（4）NMOSFET 源漏击穿特性仿真

NMOSFET 源漏击穿电压是当 $V_g=0$ 时的漏极击穿电压，仿真程序如下：

```
MESH IN.FILE=MDEX1MS
SYMB CARRIERS=0
METHOD ICCG DAMPED
MODEL CONMOB FLDMOB CONSRH AUGER IMPACT.I
SOLVE V(GATE)=0
SYMB NEWTON CARRIERS=2
MODEL CONMOB FLDMOB CONSRH AUGER IMPACT.I
SOLVE V(DRAIN)=0.0 ELEC=DRAIN continu c.vstep=0.1 c.imax=1e-6
+c.vmax=100
PLOT.1D Y.AXIS=I(DRAIN) X.AXIS=V(DRAIN) POINTS SYMB=1
+bot=-1e-7 right=14 TITLE="EXAMPLE 1D - DRAIN"
```

程序运行后得到如图 2.4-10 所示的 NMOSFET 源漏击穿特性，可见该 NMOSFET 的漏源击穿电压为 13.8V。

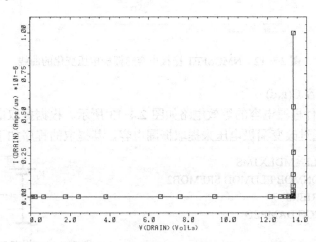

图 2.4-10　NMOSFET 源漏击穿特性

（5）NMOSFET 电容提取仿真

NMOSFET 器件的电容提取，需要在直流偏置的基础上，对相应的电极施加交流小信号进行分析即可。提取 NMOSFET 电容可以分为栅极电容 C(g,g)，栅漏电容 C(g,d)和栅源电容 C(g,s)三部分的提取工作。

① 提取栅极电容 C(g,g)

提取 NMOSFET 器件栅极电容的等效电路如图 2.4-11 所示。根据提取电路，可以将漏极和源极短路后接地，通过改变栅极电压来提取栅极电容。其提取的程序如下：

```
MESH IN.FILE= MDEX1MS
MODELS CONMOB FLDMOB SRFMOB2
SYMB CARRIERS=0
METHOD ICCG DAMPED
SOLVE
MODELS CONMOB FLDMOB SRFMOB2 AUGER IMPACT.I
SYMB NEWTON CARRIERS=2
CONTACT NAME=Gate N.POLY
SOLVE V(Gate)=-3
SOLVE V(Gate)=-3 ELEC=Gate VSTEP=0.1 NSTEP=60
+AC.ANAL TERM=Gate FREQ=1e6
PLOT.1D Y.AXIS="C(Gate,Gate)" X.AXIS=V(Gate) POINTS COLOR=2
```

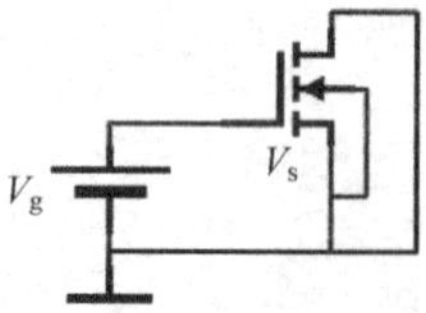

图2.4-11　提取 NMOSFET 栅极电容的等效电路

运行程序可得到如图 2.4-12 所示的 NMOSFET 栅极电容随栅极电压变化的曲线。

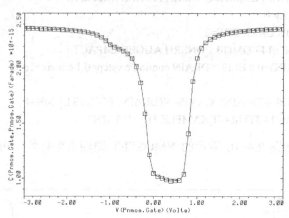

图2.4-12　NMOSFET 栅极电容随栅极电压变化的曲线

② 提取栅源电容 C(g,d)

提取 NMOS 器件栅漏电容的等效电路如图 2.4-13 所示。根据提取电路，可以将栅极和源极短路后接地，通过改变漏极电压来提取栅漏电容，其提取的程序如下：

```
MESH IN.FILE= MDEX1MS
MODELS CONMOB FLDMOB SRFMOB2
SYMB CARRIERS=0
METHOD ICCG DAMPED
SOLVE
SYMB NEWTON CARRIERS=2
```

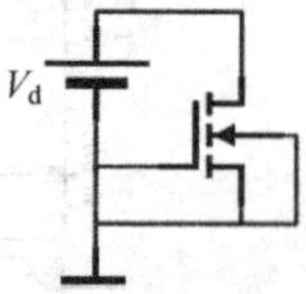

图2.4-13　提取 NMOSFET 栅漏电容的等效电路

```
SOLVE V(Drain)=-2 ELEC=Drain VSTEP=0.1 NSTEP=60
+AC.ANAL TERM=Drain FREQ=1E6
PLOT.1D Y.AXIS="C(Gate,Drain)" X.AXIS=V(Drain) POINTS COLOR=2
```

可得到如图 2.4-14 所示 NMOSFET 栅漏电容随漏极电压变化的曲线。

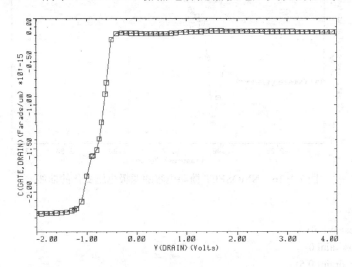

图 2.4-14　NMOSFET 栅漏电容随漏极电压变化的曲线

③ 提取栅源电容 C(g,s)

提取 NMOSFET 栅源电容的等效电路如图 2.4-15 所示。根据提取的等效电路，可以将栅极和漏极短路后，通过改变源极电压来提取栅源电容，其提取的程序如下：

```
MESH IN.FILE= MDEX1MS
MODELS CONMOB FLDMOB SRFMOB2
SYMB CARRIERS=0
METHOD ICCG DAMPED
SOLVE
SYMB NEWTON CARRIERS=2
SOLVE V(Source)=-3
LOG OUT.FILE=CGS
SOLVE ELEC=Source VSTEP=0.1 NSTEP=60
+AC.ANAL TERM= Source FREQ=1e6
PLOT.1D Y.AXIS="C(Gate, Source)" X.AXIS=V(Source) POINTS COLOR=2
```

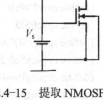

图 2.4-15　提取 NMOSFET 器件
栅源电容的等效电路

可得到如图 2.4-16 所示 NMOSFET 栅源电容随源极电压变化的曲线。

2．Sentaurus 软件仿真

（1）NMOSFET 结构仿真

采用图 2.4-1 所示的 NMOSFET 仿真结构示意图，建立一个新的 SDE，在 Commands 中输入如下脚本程序：

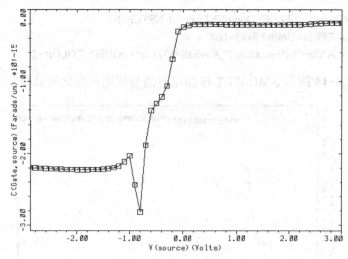

图 2.4-16 NMOSFET 栅源电容随源极电压变化的曲线

```
(sde:clear)
(define posPWL 0)
(define posdrainl 0)
(define posdrainr 0.5)
(define posgatel 0.625)
(define posgater 2.375)
(define possourcel 2.5)
(define possourcer 3)
(define posPWR 3)
(define tox 0.025)                                          //定义栅氧化层厚度
(define XjWell     2)
(define specPWell "BoronActiveConcentration")
(define specPSD   "BoronActiveConcentration")
(define specNSD"ArsenicActiveConcentration")
(define dopingSub 3e15)
(define dopingPwell 2e16)
(define dopingNSD 2e20)

(sdegeo:create-rectangle                                    //创建栅氧区域
(position 0.625 (- 0 tox) 0) (position 2.375 0 0)
    "Oxide"
    "GOX")

; Selecting default Boolean expression
(sdegeo:set-default-boolean "ABA")

; Creating sub
(sdegeo:create-rectangle (position 0 0 0.0 )    (position 3 2 0.0 )
  "Silicon" "R.sub" )
(sdedr:define-constant-profile "Const.sub" "BoronActiveConcentration"
  3e+15)
(sdedr:define-constant-profile-region "PlaceCD.sub" "Const.sub"
```

```
"R.sub")
(sdedr:define-refinement-window "BaseLine.Drain"
"Line" (position 0 0 0) (position 0.5 0 0))
(sdedr:define-gaussian-profile "Doping.Drain"
  specNSD
"PeakPos" 0 "PeakVal" dopingNSD
 "ValueAtDepth" 3e16 "Depth" 0.34
"Gauss" "Factor" 0.75)
(sdedr:define-analytical-profile-placement "Placement.Drain"
"Doping.Drain" "BaseLine.Drain" "Positive" "NoReplace" "Eval")
(sdedr:define-refinement-window "BaseLine.Source"
"Line" (position 2.5 0 0) (position 3 0 0))
(sdedr:define-gaussian-profile "Doping.Source"
  specNSD
"PeakPos" 0 "PeakVal" dopingNSD
 "ValueAtDepth" 2e16 "Depth" 0.34
"Gauss" "Factor" 0.75)
(sdedr:define-analytical-profile-placement "Placement.Source"
"Doping.Source" "BaseLine.Source" "Positive" "NoReplace" "Eval")
(sdedr:define-refinement-window "BaseLine.pwell"
"Line" (position 0 0 0) (position 3 0 0))
(sdedr:define-gaussian-profile "Doping.pwell"
  specPSD
"PeakPos" 0 "PeakVal" 2e16
"Length" 0.25
"Gauss" "Factor" 0.75)
(sdedr:define-analytical-profile-placement "Placement.pwell"
"Doping.pwell" "BaseLine.pwell" "Positive" "NoReplace" "Eval")
;#rough meshing
(sdedr:define-refeval-window "Window.suf"
"Rectangle" (position 0 1 0) (position 3 2 0))
(sdedr:define-refinement-size "Ref.suf"
  0.3 0.1
  0.3 0.1)
(sdedr:define-refinement-placement "RefPlace.suf"
"Ref.suf" "Window.suf")
(sdedr:define-refeval-window "Window.pw"
"Rectangle" (position 0 0 0) (position 3 1 0))
(sdedr:define-refinement-size "Ref.pw"
  0.05 0.05
  0.05 0.05)
(sdedr:define-refinement-placement "RefPlace.pw""Ref.pw" "Window.pw")
;####      contact      ####
(sdegeo:define-contact-set "Drain"      4.0
(color:rgb 1.0 0.0 0.0 ) "##" )
(sdegeo:define-contact-set "Source"     4.0
(color:rgb 0.0 1.0 0.0 ) "##" )
(sdegeo:define-contact-set "Gate"  4.0   (color:rgb 1.0 1.0 1.0 ) "##")
```

```
(sdegeo:define-contact-set "sub"    4.0    (color:rgb 1.0 1.0 0.0 ) "##")
(sdegeo:define-2d-contact (find-edge-id
(position (/ (+ posdrainl posdrainr) 2) 0 0.0)) "Drain")
(sdegeo:define-2d-contact (find-edge-id
(position (/ (+ possourcel possourcer) 2) 0 0.0)) "Source")
(sdegeo:define-2d-contact (find-edge-id (position 1 2 0)) "sub")
(sdegeo:define-2d-contact (find-edge-id
(position (/ (+ posgatel posgater) 2) (- 0 tox) 0)) "Gate")
(sde:build-mesh "snmesh" "" "n@node@_msh")
```

程序运行成功后，即可出现如图 2.4-17 所示 NMOSFET 结构图和图 2.4-18 所示网格分布图。

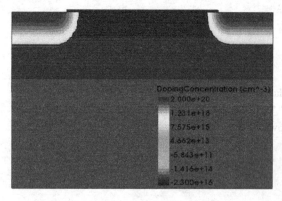

图 2.4-17　NMOSFET 结构图　　　　　　图 2.4-18　NMOSFET 网格分布图

单击绘图菜单最右边的 cut X，然后单击沟道区的任意一点，可以查看以此点为横坐标的竖直线的掺杂浓度分布，如图 2.4-19 所示。

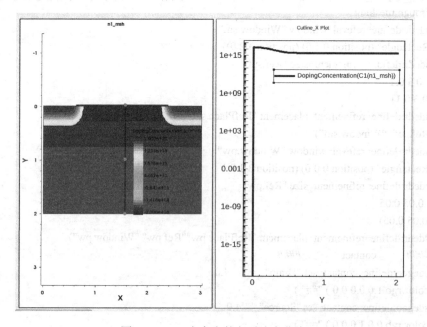

图 2.4-19　x 方向上的杂质浓度曲线

（2）NMOSFET 转移特性仿真

建立一个新的 SDEVICE，在 Commands 中输入如下的脚本程序：

```
File{Grid="n@node|sde@_msh.tdr"
    Current="n@node@_des.plt"
    Plot="n@node@_des.tdr"}
Electrode {{Name="Source" Voltage=0.0}
        {Name="Drain" Voltage=0.0}
        {Name="Gate" Voltage= 0.0 barrier=-0.55}      //通过势垒定义栅电极
                                                       材料为重掺杂 N 型多晶硅

        {Name="Sub" Voltage=0.0}}
Physics {AreaFactor=1
        Mobility(DopingDependence
                HighFieldSaturation)
        Recombination (SRH
                Auger
                Avalanche (ElectricField))
        }
Plot {*--Density and Currents, etc
    eDensity hDensity
    TotalCurrent/Vector eCurrent/Vector hCurrent/Vector
    eMobility hMobility
    eVelocity hVelocity
    eQuasiFermi hQuasiFermi
    *--Fields and charges
    ElectricField/Vector Potential SpaceCharge
    *--Doping Profiles
    Doping DonorConcentration AcceptorConcentration
    *--Generation/Recombination
    SRH Auger * Band2Band
    AvalancheGeneration eAvalancheGeneration hAvalancheGeneration}
File {Output="n@node@_des.log"}
Math {Iterations=100}
Solve {Coupled (Iterations=100) {Poisson}
    Coupled {Poisson Electron}
    Quasistationary (InitialStep=0.01 Increment=1.35
                Maxstep=0.2 MinStep=1e-12
                Goal {name="Drain" voltage=0.1})
    {Coupled {Poisson Electron}}
    Quasistationary (InitialStep=0.01 Increment=1.35
                Maxstep=0.2 MinStep=1e-12
                Goal {name="Gate" voltage=5})
{Coupled {Poisson Electron Hole}}
    }
```

程序运行后，可得到如图 2.4-20 所示 NMOSFET 转移特性曲线。

同时，可以绘制出 NMOSFET 在栅极电压为 5V 且漏源电压为 0.1V 下的电流密度分布图，如图 2.4-21 所示。

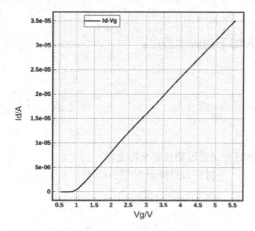

图 2.4-20　NMOSFET 转移特性曲线

图 2.4-21　NMOSFET 电流密度分布图

（3）NMOSFET 输出特性仿真

建立一个新的 SDEVICE，并在 Commands 中输入脚本程序：

```
File {Grid="n@node|sde@_msh.tdr"
        Current="n@node@_des.plt"
        Plot="n@node@_des.tdr"}
Electrode {{Name="Source" Voltage=0.0}
            {Name="Drain" Voltage=0.0}
            {Name="Gate" Voltage= 0.0 barrier=-0.55}
            {Name="Sub" Voltage=0.0}}
Physics {AreaFactor=1
            Mobility (DopingDependence
                    HighFieldSaturation)
            Recombination (SRH
                    Auger
                    Avalanche (ElectricField))
            }
Plot{*--Density and Currents, etc
        eDensity hDensity
        TotalCurrent/Vector eCurrent/Vector hCurrent/Vector
        eMobility hMobility
        eVelocity hVelocity
        eQuasiFermi hQuasiFermi
        *--Fields and charges
        ElectricField/Vector Potential SpaceCharge
        *--Doping Profiles
        Doping DonorConcentration AcceptorConcentration
        *--Generation/Recombination
        SRH Auger * Band2Band
    AvalancheGeneration eAvalancheGeneration hAvalancheGeneration}
File {Output="n@node@_des.log"}
Math {Iterations=100
        BreakAtIonInttegral}
Solve {Coupled {Poisson Electron}
```

```
             Quasistationary (InitialStep=1e−3 MaxStep=5 MinStep=1e−6
                       Goal {Name="Gate" Voltage=@vol@})
             {Coupled {Poisson Electron}}
             Quasistationary (InitialStep=1e−3 MaxStep=5 MinStep=1e−6
                       Goal {Name="Drain" Voltage=5})
             {Coupled {Poisson Electron}}
             }
```

　　输入程序完成之后，单击 SDEVICE 正下方的空白处，并选择 Add，在 Parameter 处填 vol，在 Default Value 处填 1，单击 OK。重复上述操作，右键选择 Add value，然后在 Min.value 处修改为 2，3，4。之后，在数字 1, 2, 3, 4 处，右键选择 Run 运行程序。程序运行成功，得到如图 2.4-22 所示的 NMOSFET 输出特性曲线。

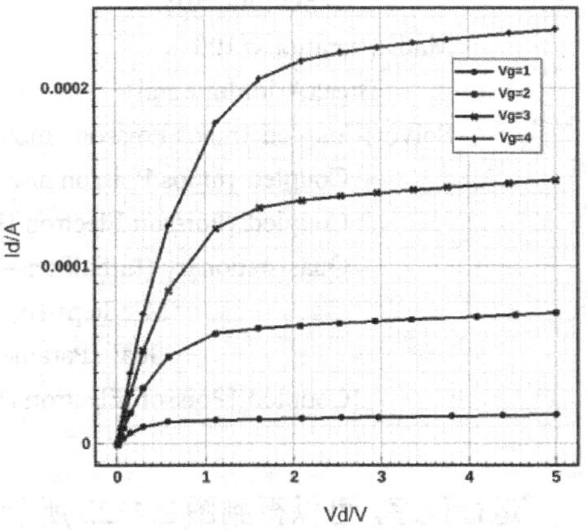

（4）NMOSFET 源漏击穿特性仿真

　　建立一个新的 SDEVICE，并在 Commands 中输入脚本程序：

图 2.4-22　NMOSFET 输出特性曲线

```
Device NMOS{
         File{Grid="n@node|sde@_msh.tdr"
              Current="n@node@_des.plt"
              Plot="n@node@_des.tdr"}
         Electrode {{Name="Source" Voltage=0.0}
                    {Name="Drain" Voltage=0.0}
                    {Name="Gate" Voltage= 0.0 barrier=−0.55}
                    {Name="Sub" Voltage=0.0}}
         Physics{AreaFactor=1
                 Mobility(DopingDependence
                          HighFieldSaturation)
                 Recombination(SRH
                               Auger
                               Avalanche(ElectricField))
                 }
         Plot{*--Density and Currents, etc
              eDensity hDensity
              TotalCurrent/Vector eCurrent/Vector hCurrent/Vector
              eMobility hMobility
              eVelocity hVelocity
              eQuasiFermi hQuasiFermi
              *--Fields and charges
              ElectricField/Vector Potential SpaceCharge
              *--Doping Profiles
              Doping DonorConcentration AcceptorConcentration
              *--Generation/Recombination
              SRH Auger * Band2Band
              AvalancheGeneration eAvalancheGeneration
```

```
                    hAvalancheGeneration}
            }
File {Output="n@node@_des.log"}
System {Isource_pset is (gnd dd) {dc=0}
        Resistor_pset r1 (dd gnd) {resistance=1e8}          //该电阻可帮助程序收敛
        NMOS nmos ("Drain"=dd "Source"=gnd "Gate"=gnd "Sub"=gnd)
        Set (gnd=0)}
Math {Iterations=100
      BreakAtIonInttegral}
Solve {Coupled {nmos.Poisson nmos.Contact }
       Coupled {nmos.Poisson nmos.Electron nmos.Hole nmos.Contact}
       Coupled {Poisson Electron Hole Contact Circuit}
       Quasistationary (InitialStep=1e-9 MaxStep=0.2
              MinStep=1e-18 Increment= 1.35
              Goal {Parameter=is."dc" Value=5e-4})
       {Coupled {Poisson Electron Hole Contact Circuit}}
       }
```

运行程序，可以得到图 2.4-23 所示的 NMOSFET 源漏击穿特性曲线。根据曲线可以提取出该 NMOSFET 的源漏击穿电压为 12V。

同时，可以绘制出 NMOSFET 在栅极电压为 0V、漏极电流为 5e-4A 时的电流密度、电场和电势分布图，分别如图 2.4-24、图 2.4-25 和图 2.4-26 所示。

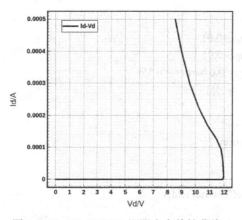

图 2.4-23　NMOSFET 源漏击穿特性曲线

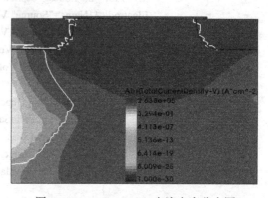

图 2.4-24　NMOSFET 电流密度分布图

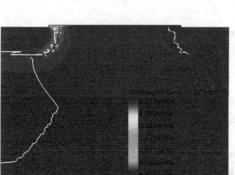

图 2.4-25　NMOSFET 电场分布图

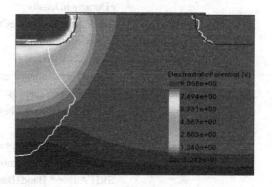

图 2.4-26　NMOSFET 电势分布图

（5）NMOSFET 电容提取仿真

① 提取栅极电容 C(g,g)

SDEVICE 可以通过混合电路仿真来提取 NMOSFET 的电容，其提取原理与 Medici 软件是一样的。将 NMOSFET 的直流偏置条件设为漏极电压 Vd=2V，再将栅极电压 Vg 从-2V 变化到 3V 来提取栅极电容 C(g,g)。脚本程序如下：

```
Device NMOS {
                Electrode {{Name="Source" Voltage=0.0}
                        {Name="Drain" Voltage=0.0}
                        {Name="Gate" Voltage= 0.0 Barrier=-0.55}
                        {Name="Sub" Voltage=0.0}}
                File {Grid="@tdr@"
                        Current="@plot@"
                        Plot="@tdrdat@"}
                Physics {AreaFactor=1
                        Mobility (DopingDependence
                                HighFieldSaturation)
                        Recombination (SRH
                                Auger
                                Avalanche (ElectricField))
                        }
                Plot {*--Density and Currents, etc
                        eDensity hDensity
                        TotalCurrent/Vector eCurrent/Vector hCurrent/Vector
                        eMobility hMobility
                        eVelocity hVelocity
                        eQuasiFermi hQuasiFermi
                        *--Fields and charges
                        ElectricField/Vector Potential SpaceCharge
                         eEparallel hEparallel
                        *--Doping Profiles
                        Doping DonorConcentration AcceptorConcentration
                        *--Generation/Recombination
                        SRH Auger * Band2Band
                        AvalancheGeneration eAvalancheGeneration
                        hAvalancheGeneration
                        *--Band structure/Composition
                        BandGap
                        BandGapNarrowing
                        * Affinity
                        ConductionBand ValenceBand
                        * eQuantumPotential hQuantumPotential
                        eQuantumPotential}
                        }
        File {Output="@log@"
                ACExtract="@acplot@"}
        System {NMOS nmos (Drain=d source=s Sub=0 Gate=g)
```

```
                    Vsource_pset vd (d 0) {dc=0}
                    Vsource_pset vg (g 0) {dc=0}
                    Vsource_pset vs (s 0) {dc=0}}
    Math {Extrapolate
            RelErrControl
            Notdamped=50
            Iterations=20}
    Solve {Coupled {nmos.Poisson nmos.Contact }
            Coupled {nmos.Poisson nmos.Electron nmos.Hole nmos.Contact}
            Coupled {Poisson Electron Hole Contact Circuit}
            Quasistationary (InitialStep=0.1 MaxStep=0.5 MinStep=1e-5
                    Goal {Parameter=vd.dc Voltage=2})
            {Coupled {Poisson Electron Hole}}
            Quasistationary (InitialStep=0.1 MaxStep=0.5 MinStep=1e-5
                    Goal {Parameter=vg.dc Voltage=-2})
            {Coupled {Poisson Electron Hole Contact Circuit}}
            Quasistationary (InitialStep=0.01 MaxStep=0.04 MinStep=1e-5
                    Goal {Parameter=vg.dc Voltage=4})
            {ACCoupled (StartFrequency=1e6 EndFrequency=1e6
                    NumberOfPoints=1 Decade
                    Node(d s g) Exclude(vd vs vg))
                    {Poisson Electron Hole Contact Circuit}
            }
    }
```

程序运行成功后, 栅极电容 $C(g,g)$ 与栅极电压的关系曲线如图 2.4-27 所示。

② 提取栅漏电容 $C(g,d)$

通过电路混合仿真来提取 NMOSFET 的栅漏电容, 将直流偏置条件设为漏极与栅极之间的电压 Vdg 从-2V 变化到 3V 来提取栅漏电容 $C(g,d)$。

与提取栅极电容的程序相比, 只需要调整 System 和 Solve 部分即可, 其余的程序部分不做改变。提取 $C(g,d)$程序中的 System 和 Solve 部分如下:

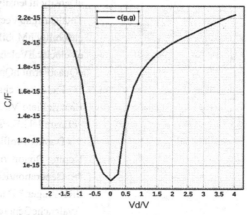

图 2.4-27　$C(g,g)$ 与栅极电压的关系曲线

```
    System {NMOS nmos (drain=d source=s sub=s gate=g)
            Vsource_pset vd (d g) {dc=0}
            Vsource_pset vg (g 0) {dc=0}
            Vsource_pset vs (s 0) {dc=0}}
    Solve {Coupled {nmos.Poisson nmos.Contact}
            Coupled {nmos.Poisson nmos.Electron nmos.Hole nmos.Contact}
            Coupled {Poisson Electron Hole Contact Circuit}
            Quasistationary (InitialStep=0.1 MaxStep=0.5 MinStep=1e-5
                    Goal {Parameter=vd.dc Voltage=-2})
            {Coupled {Poisson Electron Hole Circuit}}
```

```
                    Quasistationary (InitialStep=0.01 MaxStep=0.04 MinStep=1e-5
                            Goal {Parameter=vd.dc Voltage=3})
                    {ACCoupled (StartFrequency=1e6 EndFrequency=1e6
                            NumberOfPoints=1 Decade
                            Node (d s g) Exclude (vd vs vg))
                            {Poisson Electron Hole Circuit}
                    }
                    }
```

程序运行成功后，C(g,d)与漏极电压的关系曲线如图 2.4-28 所示。

③ 提取栅源电容 C(g, s)

与提取栅漏电容的程序相比，提取栅源电容也只需要调整 System 和 Solve 部分即可，调整部分的程序如下：

```
        System {NMOS nmos (drain=d source=s sub=s gate=g)
                Vsource_pset vd (d g) {dc=0}
                Vsource_pset vg (g 0) {dc=0}
                Vsource_pset vs (s 0) {dc=0}}
        Solve {Coupled {nmos.Poisson nmos.Contact }
                Coupled {nmos.Poisson nmos.Electron nmos.Hole nmos.Contact}
                Coupled {Poisson Electron Hole Contact Circuit}
                Quasistationary (InitialStep=0.1 MaxStep=0.5 MinStep=1e-5
                        Goal {Parameter=vg.dc Voltage=-2})
                {Coupled {Poisson Electron Hole Circuit}}
                Quasistationary (InitialStep=0.01 MaxStep=0.04 MinStep=1e-5
                        Goal {Parameter=vg.dc Voltage=3})
                {ACCoupled (StartFrequency=1e6 EndFrequency=1e6
                        NumberOfPoints=1 Decade
                        Node (d s g) Exclude (vd vs vg))
                        {Poisson Electron Hole Circuit}
                }
                }
```

运行程序，可得 C(g,s)与栅极电压的关系曲线如图 2.4-29 所示。

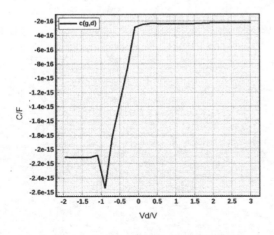

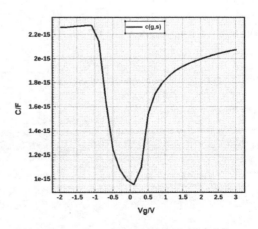

图 2.4-28　C(g,d)与漏极电压的关系曲线　　　图 2.4-29　C(g,s)与栅极电压的关系曲线

2.4.4 思考题

1. 对于常用的硅栅自对准 CMOS 工艺，NMOSFET 器件采用 N 型重掺杂多晶硅做栅电极，PMOSFET 器件采用 P 型重掺杂多晶硅做栅电极，请问在仿真中可以采用哪些方式来实现栅电极？这些方式有哪些优缺点？

2. 阈电压是 MOSFET 器件的重要参数，在器件结构中可以调整哪些参数来实现阈电压的调整？请具体说明。

第 3 章　微电子器件测试实验

3.1　PN 结二极管直流参数测试

3.1.1　实验目的

半导体二极管是诞生最早的微电子器件之一，是各类电子电路和集成电路中的重要基础性器件。二极管电学特性的测试与分析是微电子专业学生必须掌握的基本实验技能，通常采用晶体管图示仪来完成这一工作。

通过本实验，要达到如下目的和要求：

（1）掌握晶体管图示仪的基本原理和使用方法。

（2）掌握 PN 结二极管直流电学参数的定义及读测方法。

（3）了解温度对 PN 结二极管正反向电学特性的影响。

建议学时数：2 学时

3.1.2　实验原理

本实验要观测二极管的正反向电学特性，要测量的直流电学参数包括二极管的正向导通压降和反向击穿电压。二极管的伏安特性曲线如图 1.1-2 所示，当二极管外加正向电压时（P 区接正，N 区接负），正向电流将随外加电压的增大而呈指数增加，使得正向电流达到某一个测试值时的电压称为正向导通电压（V_F）；当二极管外加反向电压时（N 区接正，P 区接负），二极管处于阻断状态，反向电流很小，但当反向电压达到反向击穿电压（V_B）时，反向电流会突然急剧增加。利用晶体管图示仪可以直接获得二极管的伏安特性曲线，更方便读出二极管的正向导通电压及反向击穿电压的值。

温度对二极管的正向导通电压和反向击穿电压均有影响。当温度变化时，由于半导体禁带宽度的变化，PN 结耗尽区势垒高度将发生变化，影响其正向导通电压的大小。温度也会影响半导体的晶格振动，影响耗尽区的碰撞电离过程，从而影响二极管的雪崩击穿电压。实验中，利用高低温箱改变二极管的结温，观察温度对于二极管正反向电学特性的影响。

3.1.3　实验器材

本实验用到的器材包括：晶体管特性图示仪 1 台，高低温箱 1 台，半导体二极管若干。

由于晶体管特性图示仪（以下简称"晶体管图示仪"）是在半导体器件测试分析中应用非常广泛的一类设备，本课程中双极型晶体管和场效应晶体管的电学特性测试也将采用晶体管图示仪，因此下面对其工作原理及基本使用方法进行简单介绍。

晶体管图示仪是一种能在示波管荧光屏上直接观察晶体管特性曲线的专用仪器。通过仪器荧光屏与标尺度配合，可以直接观测晶体管的共发射极、共基极、共集电极的输入特性、输出特性、转移特性、β 参数及 α 参数等。可以观测晶体管的击穿特性等各项极限特性和参数，可以交替、双踪、双族显示两个晶体管特性，还可以同时测试 PNP、NPN 两种不同极性的器件，使用便捷。下面以 DW4822 型晶体管图示仪为例，介绍该类设备的原理及使用。DW4822 用于电流测试的最高灵敏度可达 1nA/度；具有高压测试装置，最高电压为 5kV，可对耐压 5kV 以下的二端器件的击穿电压及反向漏电流进行测试。

DW4822 型晶体管图示仪的原理框图如图 3.1-1 所示。集电极扫描电压发生器为集电极提供从零开始、可变的集电极电源电压 V_c；基极阶梯信号发生器提供必需的基极注入电流 I_b；同步脉冲发生器使得二者产生的信号保持同步，即每个固定的 I_b 数值对应一个集电极扫描电压周期，以便正确而稳定地显示特性曲线，如图 3.1-2 所示；测试控制电路把 I_c 和 V_c 的数据信息及时取出，送到示波管的荧光屏上显示，便获得了被测管的特性曲线。

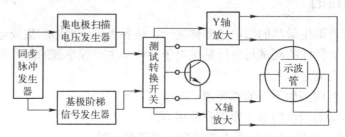

图 3.1-1　晶体管图示仪原理框图

DW4822 晶体管图示仪的面板单元如图 3.1-3 所示。下面依次对其各部分的作用进行简要的说明。

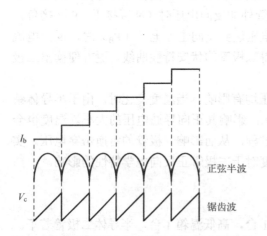

图 3.1-2　同步基极电流和集电极扫描电压信号

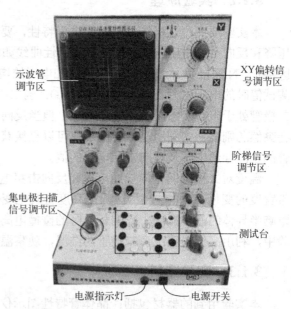

图 3.1-3　晶体管图示仪面板单元

（1）示波管调节区

有四个调节旋钮，如图 3.1-4 所示，其作用如下。

标尺亮度旋钮：控制荧光屏前坐标片的不同照亮度。

辉度旋钮：通过改变示波管栅极-阴极之间电压，从而改变发射电子多少来控制辉度，使用时调节适度即可。

聚焦与辅助聚焦旋钮：相互配合调节，使图像清晰。

（2）XY偏转信号调节区

如图3.1-5所示，各部分作用如下。

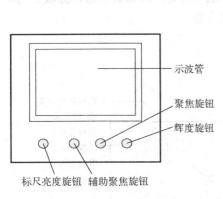

图3.1-4　示波管及其控制旋钮

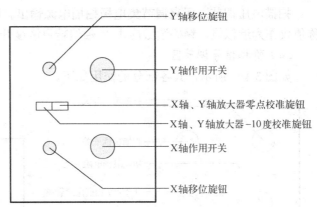

图3.1-5　XY偏转信号调节区旋钮

Y轴作用开关：它是一个具有21挡的偏转作用开关。其中20挡（终端选择在E、B接地时）集电极电流在1μA/div～2A/div范围内变化，通过集电极电流取样电阻将电流转化为电压后，经Y轴放大而取得读测电流的偏转值；15挡（终端选择在微电流时）使集电极电流在1nA/div～5μA/div范围内变化，通过微电流取样电阻将电流转化为电压后，经Y轴放大而取得读测电流的偏转值；1挡为基极源信号，使放大校准后的阶梯信号经过电阻分压后接入放大器。

Y轴移位旋钮：控制光点上、下移位之用，供选择Y方向不同的基准位置。

X轴作用开关：它是一个具有21挡的偏转作用开关。其中基极电压V_b为5挡，在0.05～1V/div范围内变化；集电极电压V_c为12挡，在0.01～50V/div范围内变化；二端特性（高压）测试电压为3挡，在100～500V/div范围内变化；基极源信号为1挡。

X轴移位旋钮：控制光点左、右移位之用，供选择X方向不同的基准位置。该电位器为双联异轴型，平时只使用灰色旋钮，但在"双踪"挡时，灰色旋钮只控制A管，B管则由红色旋钮控制。

X轴、Y轴放大器零点校准按钮：按下此按钮时，X、Y轴放大器输入端同时处于对地短接状态。

X轴、Y轴放大器-10度校准按钮：按下此按钮时，X、Y轴放大器同时进行灵敏度校准，显示幅度为-10度。

（3）集电极扫描信号调节区

如图3.1-6所示，各部分作用如下。

扫描范围开关：通过扫描变压器的不同输出电压，可分别输出0～10V、0～100V、0～500V、0～5kV四挡电压，根据被测管的测量范围进行选择。当改变扫描电压范围时，应先将扫描电压调节到零，以免损坏被测晶体管。在选择扫描电压挡级时，应注意所规定的电流容量，切勿超过。

扫描极性开关：改变集电极扫描电压的输出极性，正、负扫描电源分别作为NPN和PNP

管的集电极电源。"异"挡下，加到 A 管为正，加到 B 管为负。当被测管接成共集电极电路时，PNP 管用"+"极性，NPN 管则用"-"极性。

功耗限制电阻开关：此开关串联在被测晶体管集电极电路中起限制功耗的作用。也可作为被测管的集电极负载电阻，根据需要选择。

扫描电压调节：用来调节集电极扫描电源输出。可连续改变扫描峰值电压，面板上的标称值仅作为近似值，精确读数应由 X 轴偏转灵敏度开关读测。

（4）阶梯信号调节区

如图 3.1-7 所示，其各部分的作用如下。

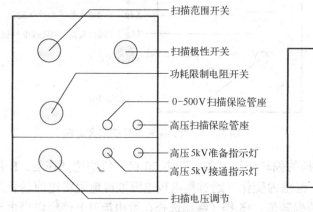

图 3.1-6　集电极扫描信号示意图

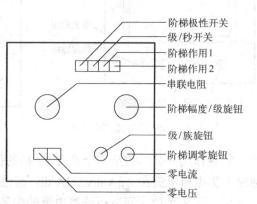

图 3.1-7　阶梯信号发生器

阶梯极性开关：选择阶梯信号的极性。

级/秒开关：分 100、200 二挡，是为了显示负载线的特性而设置的。按下为 100 级/秒，否则为 200 级/秒。

阶梯作用 1、2：阶梯作用分为重复、关、单族三种。重复的位置是阶梯信号重复地在被测晶体管的发射极或基极上进行测试，它是对被测晶体管的一般性的测定或图示。关的位置用于阶梯信号停止输出。当采用单族时，阶梯信号根据按键的按入出现一族曲线，直至再按时再出现一族曲线，通常作为被测管极限条件的瞬间测试。

阶梯幅度/级旋钮：根据测试需要选择不同幅度的阶梯电流或阶梯电压。

级/族旋钮：级/族控制，用来调节阶梯信号的级数在 0～10 级的范围内，根据需要可连续调节。

阶梯调零旋钮：此电位器的作用是调节整个阶梯起始电平。可在 Y 轴"基极源信号"挡级进行调整。

（5）晶体管测试台

如图 3.1-8 所示，各部分的作用如下。

测试选择开关：该开关置"A"，可显示 A 管曲线；置"B"可显示 B 管曲线；置"交替"，可交替显示两管曲线；置"双踪"，可同时显示两管曲线，其中 A 管为实线，B 管为虚线；置"关"时可作为测试的准备，待被测晶体管插好后再拨到被测位置。

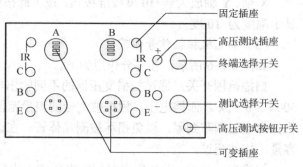

图 3.1-8　晶体管测试台

终端选择开关：配合可变插座而用，通过开关的转换可使在不改变被测晶体管的接线条件下，迅速地观察其"共发射极""共基极"等特性。在接地改变的情况下，应注意将阶梯极性做相应的改变。

固定插座：供配置外插座或连接线之用，它的"E"端是固定的接地端；"C""B""E"孔适用于大功率管的测试。

可变插座：配合终端选择开关同时运用。当置于"发射极接地"时，表示"E"接地；当置于"基极接地"时，表示"B"接地；当置于"微电流"时集电极扫描电源自动变为直流，测试应在 IR 插孔上进行。

高压测试插座：配合接线夹用，输出为固定极性的正电压，"+"接线插孔为正端，"-"接线插孔为负端。

3.1.4 实验方法和步骤

下面以 DW4822 型晶体管图示仪为例介绍实验方法。为了保证仪器的合理使用，既不损坏被测晶体管，也不损坏仪器内部线路，在使用仪器前应注意下列事项：

（1）对被测管的主要直流参数应有一个大概的了解和估计，选择好扫描和阶梯信号的极性，以适应不同管型和测试项目的需要。

（2）对被测管进行必要的估算，以选择合适的阶梯电流或阶梯电压。测试时不应超过被测管的最大允许功耗。

（3）根据被测管允许的电压范围，选择合适的扫描集电极电压范围，调压器应先调至零，测试时再根据需要慢慢调大。要换扫描范围挡级时，也应先将调压器调至零。选择合适的功耗电阻，当测试电压较高时，为防止功耗过大，电阻值应选大些，达到限流的目的；反之，电阻值则可选小些。

1. 二极管直流电学参数的读测

（1）测试准备工作

开启晶体管图示仪电源，预热 5～10min 后使用。调节晶体管图示仪的示波管部分，获得最佳的图像显示，包括：①调标尺亮度和辉度，以适中亮度为宜；②调聚焦和辅助聚焦，使光点清晰。

（2）二极管正向导通的连接

将二极管的阳极插入晶体管图示仪测试面板上的"C"插孔，阴极插入测试面板上的"E"插孔，如图 3.1-9 所示。

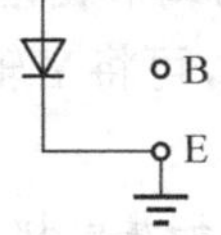

图 3.1-9 二极管正向导通特性的管脚接法

（3）调节 X 轴和 Y 轴的显示

预估测试曲线的电压和电流范围，将 X 轴和 Y 轴的调节旋钮置于适当位置，旋钮所指示的刻度对应荧光屏上的一大格。X 轴面板如图 3.1-10 所示，图中 X 轴调节旋钮指示的刻度为 1V，表示荧光屏上 X 方向的一大格为 1V。由于二极管的正向导通压降较低（0.7V 左右），因此可将 X 轴的刻度设置为 0.1～0.5V/格。

（4）施加集电极扫描电压

首先将扫描极性开关置于"+"（表示此时与二极管阳极相连的"C"将被施加正电压，与二极管阴极相连的"E"接地），然后将扫描电压调节旋钮调至 0，再选择恰当的扫描电压范围。在对被测管所能承受的集电极扫描电压大小不确定时，扫描电压范围应从低电压开始，再依次切换到更高电压范围，且在切换之前务必将扫描电压调节旋钮调至 0。由于二极管的正向导通压降较低（0.7V 左右），因此将扫描电压范围设置为 0～10V 即可。然后缓慢旋转扫描电压调节旋钮，逐渐增大二极管的阳极电压，即可在荧光屏上显示出二极管正向导通的伏安特性曲线，如图 3.1-11 所示，其中 X 轴的每一大格表示 0.1V。

图 3.1-10　X 轴面板

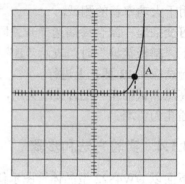

图 3.1-11　正向导通伏安特性曲线测试图

（5）正向导通压降的读取

二极管正向导通压降的定义是正向电流达到某一个设定值时所对应的阳极电压。例如设定值为 1mA，首先通过 Y 轴坐标在二极管伏安特性曲线上找到 1mA 电流对应的工作点 A，再从该点对应的 X 轴坐标读出正向导通压降的数值，如图 3.1-11 所示。为了读数方便，Y 轴刻度可设置为 0.5mA 或 1mA。图 3.1-11 中 Y 轴的每一大格表示 1mA。

（6）二极管的反向阻断的连接

测完二极管正向导通特性之后，务必将集电极扫描电压调节旋钮调至 0，再拔出二极管。将二极管的阴极插入晶体管图示仪测试面板上的"C"插孔，阳极插入测试面板上的"E"插孔，如图 3.1-12 所示。或不改变二极管的管脚接法，将扫描极性开关置于"−"（表示此时与二极管阳极相连的"C"接地，与二极管阴极相连的"E"将被施加正电压）。如果二极管的反向击穿电压超过了 500V，则应将管脚接到高压测试插座的对应插孔。

（7）调节 X 轴和 Y 轴的显示

预估反向击穿特性曲线的电压和电流范围，将 X 轴和 Y 轴的调节旋钮置于适当位置。由于二极管的反向电流较小，可将 Y 轴调节旋钮调到较小的刻度值上，如 0.1mA。

图 3.1-12　二极管反向阻断特性的管脚接法

（8）施加集电极扫描电压

与正向导通特性的测试相类似，首先将扫描电压调节旋钮调至 0，再选择恰当的扫描电压范围。在对被测管所能承受的集电极扫描电压大小不确定时，扫描电压范围应从低电压开始，依次切换到更高电压范围，且在切换之前务必将扫描电压调节旋钮调至 0。缓慢旋转扫描电压调节旋钮，逐渐增大二极管的阴极电压，即可在荧光屏上显示出二极管的反向击穿特性曲线，如图 3.1-13 所示，其中 X 轴的每一大格表示 2V，Y 轴的每一大格表示 50μA。

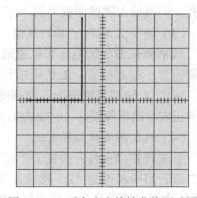

图 3.1-13　反向击穿特性曲线测试图

（9）反向击穿电压的读取

反向击穿特性曲线上，电流急剧增加的转折点所对应的电压即为二极管的反向击穿电压。反向击穿电压也可根据反向电流达到某一个设定值来读取。如将反向电流达到 $250\mu A$ 定为二极管反向击穿的判据，首先通过 Y 轴坐标在击穿特性曲线上找到 $250\mu A$ 电流点，再从该点的 X 轴坐标读出击穿电压的数值。实际上，当二极管的击穿特性较硬时，如图 3.1-13 所示，由于击穿时电流增加非常剧烈，$I\text{-}V$ 特性曲线上有明显的转折点，并不需要在设定的电流下读取反向击穿电压。但如果二极管发生软击穿，则 $I\text{-}V$ 特性曲线上的转折点将不明显。

（10）安全关闭晶体管图示仪

首先将集电极扫描电压调节旋钮调至 0，然后关闭荧光屏开关，再关闭晶体管图示仪电源。

2．二极管温度特性的测试方法

（1）测试温度的设定。将二极管放置于高低温箱的腔体内，通过高温导线将其正负极引出，插到晶体管图示仪的对应插孔，如图 3.1-14 所示。通过调节高低温箱的温度可改变二极管的结温。需注意的是，为了保证二极管与环境达到热平衡，应在高低温箱的温度稳定一段时间后再进行测试。

（2）在特定温度下，完成二极管正向导通特性或反向击穿特性的测试，读取正向导通电压和击穿电压，测试方法与常温测试方法完全相同，这里不再赘述。

（3）改变高低温箱的温度，再进行二极管正向导通特性或反向击穿特性的测试。多次重复该步骤，记录不同温度下的测试曲线和测试数据。

（4）安全关闭晶体管图示仪和高低温箱。待器件温度回到常温后从高低温箱内取出。

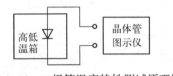

图 3.1-14　二极管温度特性测试原理图

表 3.1-1　实验数据记录表

	−25℃	25℃	50℃	100℃	125℃
V_F(V)					
V_B(V)					

3.1.5　实验数据处理

1．记录常温下二极管的正向导通压降 V_F 和反向击穿电压 V_B，并记录二极管的伏安特性曲线图。

2．改变温度后，记录不同温度下二极管的 V_F 和 V_B，填入表 3.1-1，并在同一坐标中画出不同温度下的二极管伏安特性曲线。总结 V_F 和 V_B 随温度变化的规律，并分析原因。

3.1.6　思考题

1．温度升高时，如果 PN 结二极管的反向击穿电压升高，说明该二极管发生了雪崩击穿还是齐纳击穿？为什么？

3.2　PN 结二极管电容测试

3.2.1　实验目的

当 PN 结二极管加上交流小信号电压时，它在电路中会表现出电容特性，该电容由势垒

电容 C_T 和扩散电容 C_D 并联。通过本实验，要达到如下目的和要求：

（1）掌握 PN 结二极管电容参数的定义。

（2）掌握二极管电容的读测方法。

（3）掌握 PN 结二极管势垒电容和扩散电容的区别。

建议学时数：2 学时

3.2.2 实验原理及器材

为 PN 结二极管设置一个直流偏置电压，再将交流小信号电压叠加在这个直流偏置之上，测量其电容的大小。在外加反向偏压或者正向偏压较小时，以 C_T 为主；在外加正向偏压较大时，以 C_D 为主。

本实验采用 E4980A 源表完成。E4980A 源表是安捷伦（现更名为"是德科技"）公司生产的精密 LCR 表，可用于在宽频率范围（20Hz～20MHz）和很宽的测试信号电平范围 [0.1mV～2V（rms），50μA～20mA（rms）]对 LCR 元件、材料和半导体器件提供高精度及重复性测量。其设备照片如图 3.2-1 所示，详细使用方法可参考产品说明书。

用 E4980A 源表测量电容，有并联电路模式和串联电路模式两种，如图 3.2-2 所示。由于小电容可产生大电抗，这意味着相比之下并联电阻（R_p）的影响明显大于串联电阻（R_s）的影响。与容抗相比，R_s 表示的电阻值的影响可忽略不计，所以应使用并联电路模式。测试大电容值（低阻抗），则 R_s 比 R_p 更重要，所以应使用串联电路模式。一般来说，如果电容的阻抗大于约 10kΩ，应使用并联电路模式；如果电容的阻抗小于 10Ω，应使用串联电路模式。

(a) 并联电路模式　　　(b) 串联电路模式

图 3.2-1　E4980A 源表照片　　　　　　　　　图 3.2-2　E4980A 源表测量电容

3.2.3 实验器材

E4980A 源表的 CV 测试系统、Quick CV 软件、计算机。

3.2.4 实验方法和步骤

E4980A 源表的基本测量步骤如图 3.2-3 所示。

（1）将 H_c-H_p 连接在一起，L_c-L_p 连接在一起，如图 3.2-4 所示。

（2）C-V 测试连接原理图如图 3.2-5 所示。

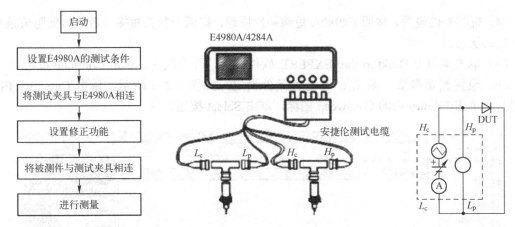

图 3.2-3　E4980A 源表的基本测量步骤　　　图 3.2-4　*C-V* 测试连接示意图　　　图 3.2-5　*C-V* 测试连接原理图

（3）开路补偿设置。E4980A 开路补偿测试：单击软件并打勾，单击"开路修正"。通过设备提供的开路连接器，使测试电路处于开路未连接任何被测样品的状态，如图 3.2-6 所示。

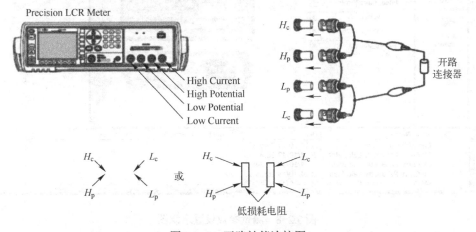

图 3.2-6　开路补偿连接图

按机器 Meas Setup 按钮，进行开路补偿设置，如图 3.2-7 所示。

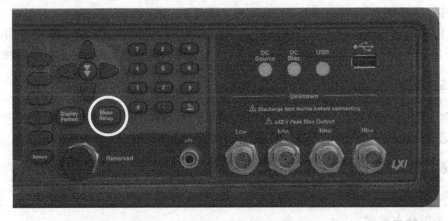

图 3.2-7　开路补偿设置示意图

（4）短路补偿设置。按照 E4980A 短路补偿原理，将两个探头短接或者连接低阻值铜片，保持短路状态。

（5）单击桌面上 Desktop EasyEXPERT 软件图标，开启软件，单击 Continue 按钮。

（6）设置测量参数。测试 *C-V* 特性条件设定：如图 3.2-8 所示，单击 Category 内的 Ultility，单击 Library 内的 CV sweep 图标，单击 Select 按钮。

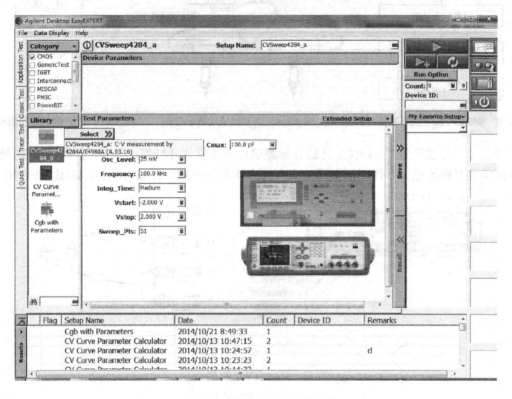

图 3.2-8　测量参数设置示意图

（7）参考测试条件，分别设置 Address：18（通常固定）；Osc_Level：0.1V； Integ_Time: Medium；Frequency：1MHz；Vstart：−5V；Vstop：5V；Sweep_Pts：101。完成设置后，单击运行按钮。

（8）连接被测器件进行测量。曲线数据保存：软件会弹出测试曲线和数据界面，测试结束后单击 Edit，再分别单击 Copy Graph 和 Copy List，保存图形和 Excel 格式的数据。

3.2.5　实验数据处理

1. 对于同一个 PN 结二极管，测试并绘制其 *C-V* 曲线。
2. 记录并比较掺杂分布和浓度不同的两个 PN 结二极管的 *C-V* 曲线。

3.2.6　思考题

1. PN 结二极管反偏时，测试出的 *C-V* 曲线和外加偏压近似为−1/2 次方关系，试分析该二极管的杂质分布形式。

2. PN 结二极管作为变容二极管应用时，利用的是其势垒电容还是扩散电容？为什么？

3.3 双极型晶体管直流参数测试

3.3.1 实验目的

BJT 是最重要的分立半导体器件之一，也是双极集成电路的基础，其电学特性的测量与分析是微电子专业的学生必须掌握的基本实验技能，通常采用晶体管图示仪来完成这一工作。通过本实验，要达到如下目的和要求：

（1）掌握被测双极型晶体管各项电学参数的定义。

（2）掌握利用晶体管图示仪进行双极型晶体管直流参数读测的方法。

（3）了解双极型晶体管输出特性的常见缺陷及其产生原因。

建议学时数：3 学时。

3.3.2 实验原理

要测定共射极接法 BJT 的输出特性，其基本测试原理电路如图 3.3-1 所示。在 BJT 的基极施加直流电流偏置 I_B，在集电极施加直流电压偏置 V_C，读取此时的集电极电流 I_C，依次改变 I_B 和 V_C，则可以逐点描绘出多条 I–V 曲线，如图 3.3-2 所示。

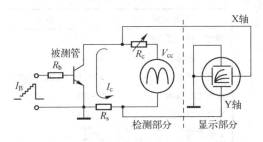

图 3.3-1　共射极接法 BJT 基本测试原理电路

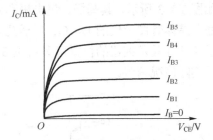

图 3.3-2　共射极接法 BJT 输出特性曲线

然而，手动完成以上测试效率极低，如果采用晶体管图示仪则可以直接获得共射极输出特性曲线。晶体管图示仪能直接显示半导体的多种电学特性曲线并直接读取被测管的多项电学参数，具有显示直观、读测简便和使用灵活等优点，其基本原理已在本书前面章节进行了详细介绍。晶体管图示仪的基极阶梯信号发生器提供必需的基极注入电流；集电极扫描电压发生器提供从零开始、可变的集电极电源电压；同步脉冲发生器用来使基极阶梯信号和集电极扫描电压保持同步，以便正确而稳定地显示特性曲线；测试转换开关用于测试不同接法和不同类型晶体管的特性曲线和参数；放大和显示电路用于显示被测管的特性曲线。

3.3.3 实验器材

（1）晶体管图示仪 1 台及使用说明书 1 份。

（2）双极型晶体管若干。

3.3.4 实验方法和步骤

下面以 DW4822 型晶体管图示仪和 NPN 晶体管 S9013 为例，说明具体的实验方法。

1. 测试准备工作

开启晶体管图示仪电源，预热 5～10min 后使用。调节晶体管图示仪的示波管部分，获得最佳的图像显示，包括：

（1）调标尺亮度和辉度，以适中亮度为宜。

（2）调聚焦和辅助聚焦，使光点清晰。

（3）测 NPN 管时光点移至左下角，测 PNP 管时光点移至右上角。

（4）每次测试时应把光点调到和坐标原点重合，测 V_{CES}、V_{BES} 时尤其要注意。

2. 输入特性曲线和输入电阻 R_{in} 的测试

在 BJT 的共射极电路中，输入特性曲线指输入端电流随输入端电压的变化曲线。而输入电阻 R_{in} 是指输出交流短路时，输入电压对输入电流的微分，即

$$R_{in} = \frac{\partial V_{BE}}{\partial I_B}\bigg|_{V_{CE}=\text{常数}} \tag{3.3-1}$$

它是共射极电路输入特性曲线斜率的倒数。

例如需测 S9013 在 $V_{CE} = 10V$ 时的输入特性曲线，以及在某一工作点 A 的 R_{in} 值，BJT 的接法如图 3.3-3 所示，其基极、集电极和发射极分别插入晶体管图示仪的 B、C、E 插孔。晶体管图示仪各开关及旋钮的位置可参考表 3.3-1，并根据实际情况调节。

表 3.3-1　NPN 晶体管输入特性曲线测试时各开关及旋钮的位置

开关/旋钮	设置
极性（集电极扫描）	正（+）
极性（阶梯）	正（+）
功耗限制电阻	0.1～1kΩ（适当选择）
峰值电压范围	0～10V
X 轴作用电压	0.1V/格
Y 轴作用	⊓
阶梯作用	重复
阶梯选择	0.1mA/级

图 3.3-3　NPN 双极型晶体管接法

在未插入样管时先将 X 轴集电极电压置于 1V/格，调峰值电压为 10V，然后插入样管，将 X 轴作用扳到电压 0.1V/格，即得 $V_{CE}=10V$ 时的输入特性曲线，如图 3.3-4 所示。

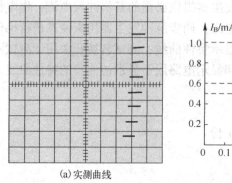

(a)实测曲线

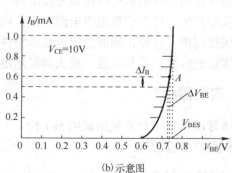

(b)示意图

图 3.3-4　NPN 晶体管的输入特性曲线

此时可计算出 BJT 的输入电阻，以图 3.3-4（b）中的 A 点为例：

$$R_{\text{in}} = \frac{\partial V_{\text{BE}}}{\partial I_{\text{B}}}\bigg|_{V_{\text{CE}}=10\text{V}} = \frac{0.015}{0.1 \times 10^{-3}} = 150(\Omega) \tag{3.3-2}$$

3. 输出特性曲线和 β、h_{FE}、α

在 BJT 的共射极电路中，输出特性曲线指输出端电流随输出端电压的变化曲线。电流放大系数 β 和 h_{FE} 的定义详见本书 1.2 节。需注意的是，在满功耗附近测量共射极晶体管输出特性时，扫描时间不能过长，以免损坏被测管，对未加散热器的大功率管测试尤其要注意。测 S9013 的共射极输出特性曲线，管脚的接法参见图 3.3-3。图示仪各开关及旋钮的位置可参考表 3.3-2，并根据实际情况调节。

调节峰值电压得到图 3.3-5 所示的共射极输出特性曲线，并可从图中求出 B 点的 β 和 h_{FE} 的大小：

$$h_{\text{FE}}\left(\begin{matrix} I_{\text{C}}=10.3\text{mA} \\ V_{\text{CE}}=10\text{V} \end{matrix}\right) = \frac{I_{\text{C}}}{I_{\text{B}}} = \frac{10.3}{0.06} \approx 170 \tag{3.3-3}$$

$$\beta\left(\begin{matrix} I_{\text{C}}=10.3\text{mA} \\ V_{\text{CE}}=10\text{V} \end{matrix}\right) = \frac{\Delta I_{\text{C}}}{\Delta I_{\text{B}}} = \frac{3.2}{0.02} = 160 \tag{3.3-4}$$

表 3.3-2　NPN 晶体管输出特性曲线测试时各开关及旋钮的位置

开关/旋钮	设置
极性（集电极扫描）	正（+）
极性（阶梯）	正（+）
功耗限制电阻	0.1～1kΩ（适当选择）
峰值电压范围	0～50V
X 轴集电极电压	2V/格
Y 轴集电极电流	2mA/格
阶梯作用	重复
阶梯选择	0.02mA/级

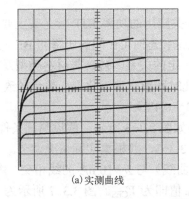

(a)实测曲线

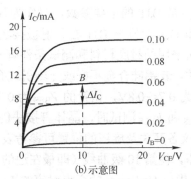

(b)示意图

图 3.3-5　共射极输出特性曲线

此外，在双极型晶体管的共射极输出特性曲线中，当 I_{B} 为某一值时可读测出此时的共射小信号输出电导 g，它是 I_{B} 为某值时输出特性曲线的斜率，表示为

$$g = \frac{\Delta I_{\text{C}}}{\Delta V_{\text{CE}}}\bigg|_{I_{\text{B}}=\text{常数}} \tag{3.3-5}$$

当接地选择打到"基极接地"，阶梯极性改为负（-），阶梯选择改为 2mA/级（这时注入电流为 I_{E}），晶体管图示仪上将显示出共基极晶体管输出特性曲线，并可读测出 α 的值：

$$\alpha = \frac{I_{\text{C}}}{I_{\text{E}}}\bigg|_{V_{\text{CB}}=\text{常数}} \tag{3.3-6}$$

4. 转移特性曲线

在 BJT 共射极电路中，转移特性曲线指输出端电流随输入端电流的变化曲线。测 S9013

的转移特性曲线，只要将其共射极输出特性曲线中的 X 轴作用开关拨至 ⊓ 挡即可，获得的曲线如图 3.3-6 所示。

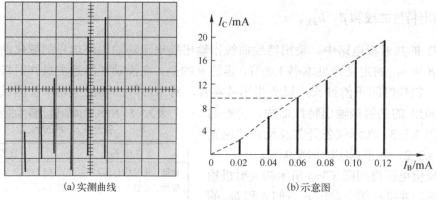

(a) 实测曲线　　　　　　　(b) 示意图

图 3.3-6　共射极转移特性曲线

β、h_{FE} 也可用图 3.3-6 的转移特性曲线进行测量和计算，且从转移特性曲线可直接观察到 β 的线性度好坏。图 3.3-6（b）中，小电流下 β 略有降低，这是由于基区表面复合及势垒区复合等原因导致的。

5. BJT 的饱和压降 V_{CES} 和 V_{BES}

V_{CES} 和 V_{BES} 是 BJT 的重要参数，对作为开关应用的功率 BJT 管尤其重要，决定了器件的功耗。V_{CES} 和 V_{BES} 分别是 BJT 在共射极接法饱和态时 CE 间的压降和 BE 间的压降。V_{CES} 的大小与器件所采用的衬底材料和测试条件有一定的关系。V_{BES} 与材料类型及芯片表面的铝硅接触情况有关，若铝硅合金不好或光刻引线孔时残留有薄氧化层，都会导致 V_{BES} 过大。一般硅管的 V_{BES} 为 0.7～0.8V，锗管的 V_{BES} 为 0.3～0.4V。

在进行 V_{CES} 和 V_{BES} 测试时，晶体管接法仍如图 3.3-3 所示。假设测试条件为 I_C=10mA、I_B=1mA，图示仪各开关及旋钮的位置可参考表 3.3-3，并根据实际情况调节。

调峰值电压，使第 10 级曲线（即最左边的曲线）与 I_C=10mA 的线相交。由于第 10 级曲线的 I_B=1mA，其与 I_C=10mA 的交点对应的 V_{CE} 值即为 V_{CES}。图 3.3-7 所示为 S9013 的 V_{CES} 测试曲线，从图中可以读出 V_{CES} 约为 0.15V。

表 3.3-3　NPN 晶体管饱和压降测试时各开关及
旋钮的位置

开关/旋钮	设置
极性（集电极扫描）	正（+）
极性（阶梯）	正（+）
功耗限制电阻	0.5～1kΩ（适当选择）
峰值电压范围	0～10V
X 轴集电极电压	0.05V/格
Y 轴集电极电流	1mA/格
阶梯作用	重复
阶梯选择	0.1mA/级
级/族	10

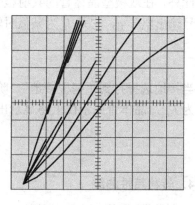

图 3.3-7　V_{CES} 的测试曲线

将 Y 轴作用拨至 ⊓⌐ 挡，X 轴作用拨至基极电压 0.1V/格，即得如图 3.3-4（a）所示的输入特性曲线。此曲线与 I_B=1mA 的交点对应的 V_{BE} 值即为 V_{BES}，如图 3.3-4（b）所示，可以读出 V_{BES} 约为 0.75V。

6. 反向击穿电压 BV_{CBO}、BV_{CEO} 和 BV_{EBO}

BJT 的反向击穿电压 BV_{CBO}、BV_{CEO} 和 BV_{EBO} 的定义已在本书 1.2 节中介绍。在实际测试中，通常规定：

BV_{CBO}——发射极开路，集电极电流为规定值时，C、B 间的反向电压值。

BV_{CEO}——基极开路，集电极电流为规定值时，C、E 间的反向电压值。

BV_{EBO}——集电极开路，发射极电流为规定值时，E、B 间的反向电压值。

测高反压管的反向耐压和反向电流时要注意，功耗电阻应选大些，以免烧坏被测管。每次测试前应把峰值电压调到最小，要缓慢调节，以免损坏仪器部件。

将 S9013 的 BV_{CBO} 和 BV_{CEO} 的测试条件定为 I_C=100μA，将 BV_{EBO} 的测试条件定为 I_E = 100μA。晶体管的接法如图 3.3-8 所示。图示仪各开关及旋钮的位置如可参考表 3.3-4，并根据实际情况调节。

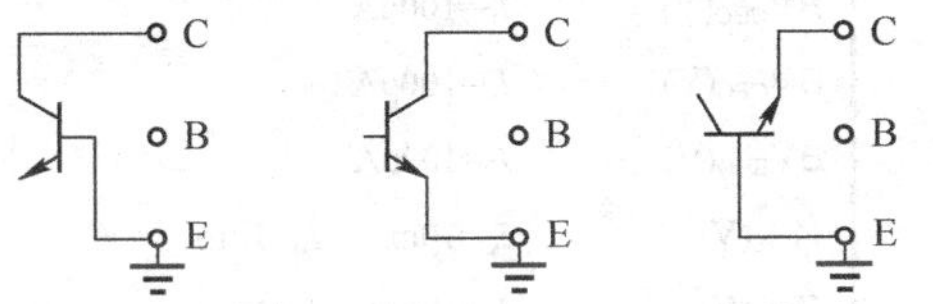

表 3.3-4　反向击穿电压测试时各开关及旋钮的位置

开关/旋钮	设置
极性（集电极扫描）	正（+）
功耗限制电阻	5～50kΩ（适当选择）
峰值电压范围	0～200V（测 BV_{CBO}，BV_{CEO}）
	0～20V（测 BV_{EBO}）
X 轴集电极电压	10V/格（测 BV_{CBO}）
	5V/格（测 BV_{CEO}）
	1V/格（测 BV_{EBO}）
Y 轴集电极电流	20μA/格

图 3.3-8　NPN 晶体管击穿电压
测试时的管脚接法

(a) 测 BV_{CBO}　　(b) 测 BV_{CEO}　　(c) 测 BV_{EBO}

旋转峰值电压旋钮到一定的值，即可得到图 3.3-9 所示曲线，从图中可以读出：BV_{CBO}=50V，BV_{CEO}=40V，BV_{EBO}=6V。

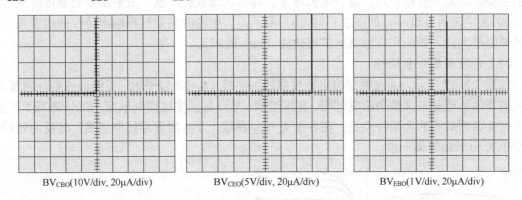

BV_{CBO}(10V/div, 20μA/div)　　　　BV_{CEO}(5V/div, 20μA/div)　　　　BV_{EBO}(1V/div, 20μA/div)

图 3.3-9　BJT 击穿电压测试图

在测试 BV_{CEO} 时，有时得到的 I-V 特性曲线会在击穿点附近存在一段负阻区，如图 3.3-10 所示。负阻现象产生的原因是：在小电流时，由于 BJT 的发射结势垒区复合电流的影响，共基极直流短路电流放大系数 α 降低，根据 BV_{CEO} 对应的击穿条件：$M=1/\alpha$，此时的击穿电压也会比较高。随着电流的增大，α 恢复到正常值，使满足 $M=1/\alpha$ 的 M 值减小，击穿电压也随之下降，击穿点向左移动，形成一段负阻区。

根据反向电流 I_{CBO}、I_{CEO} 和 I_{EBO} 的定义，理论上从图 3.3-9 中可以读出反向电流值。电流 I_{CBO}、I_{CEO}、I_{EBO} 的测试方法如下：

I_{CBO}——发射极开路，C、B 间反压为规定值时的反向电流；

I_{CEO}——基极开路，C、E 间反压为规定值时的反向电流；

I_{EBO}——集电极开路，E、B 间反压为规定值时的反向电流。

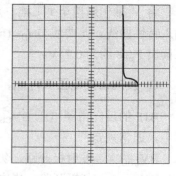

图 3.3-10　BV_{CEO} 测试时的负阻现象

但是，由于晶体管图示仪的测试精度所限，绝大部分中小功率硅管的反向电流不能用图示仪读测，而只能用专用仪器测量。

3.3.5　实验数据处理

1. 实验数据记录

根据实验中观测到的波形及记录的实验数据，求出器件的各个电学参数并对器件质量进行分析。实验数据记录见表 3.3-5。

表 3.3-5　S9013 的测试条件及测试结果

参数	测试条件	测试值
$BV_{CBO}(V)$	$I_C=100\mu A$	
$BV_{CEO}(V)$	$I_C=100\mu A$	
$BV_{EBO}(V)$	$I_E=100\mu A$	
$V_{CES}(V)$	$I_C=10mA$、$I_B=1mA$	
$V_{BES}(V)$	$I_C=10mA$、$I_B=1mA$	
h_{FE}	$V_{CE}=10V$，$I_C=10.3mA$	
β	...	...
...	...	...

2. 测试中的常见异常曲线分析

在用晶体管图示仪进行 BJT 的电学特性测试时，经常会出现一些异常曲线，主要有以下几类。

（1）β 线性度不好

① 小电流时 β 过小。如图 3.3-11（a）所示，小电流时共发射极输出特性曲线密集。产生的主要原因是发射结势垒区复合电流增强、基区表面复合严重、发射结表面漏电流大等。

② 大电流时 β 过小。如图 3.3-11（b）所示，大电流时共发射极输出特性曲线密集。产生的原因是大注入效应和有效基区扩展效应（kirk 效应）。

（2）特性曲线分散倾斜

如图 3.3-12 所示，共发射极输出特性曲线的零线（$I_B=0$）较平坦，其他曲线则分散倾斜。产生的原因可能是基区掺杂浓度过低、宽度过窄，导致基区宽度调制效应（Early 效应）严重。基区宽度调制效应的典型特点是：在各条 I_C-V_{CE} 曲线上 V_{CE} 接近零处作切线，其反向延长线会交于 X 负半轴的某一点。

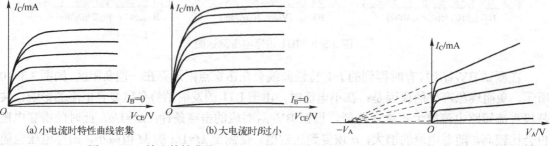

(a) 小电流时特性曲线密集　　　(b) 大电流时 β 过小

图 3.3-11　输出特性曲线

图 3.3-12　基区宽度调制效应

（3）反向漏电流大

反向漏电流大通常有两种典型情况：

① 如图 3.3-13（a）所示，输出特性曲线的零注入（$I_B=0$）电流曲线明显升高，即 I_{CEO} 增加。产生的原因通常是氧化层中正电荷密度过大，导致晶体管 P 区表面反型，出现了寄生的 N 型沟道，如图 3.3-13（b）所示。

② 如图 3.3-14 所示，输出特性曲线全部倾斜，且倾斜曲线的斜率相等，产生的原因通常是半导体表面吸附有大量杂质离子、原材料缺陷多、势垒区附近有大量杂质沉积和大量重金属杂质沾污。

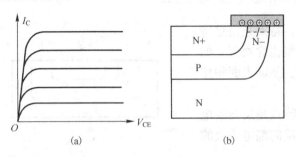
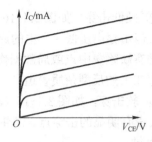

图 3.3-13　沟道漏电的输出特性曲线及漏电沟道的形成原因　　图 3.3-14　反向漏电流大的输出特性曲线

（4）饱和压降大

通常有以下典型情况：

① 如图 3.3-15（a）所示，共射极输出特性曲线上升部分不陡或浅饱和区宽。其原因通常是集电区电阻率 ρ_c 或厚度 W_c 过大，导致集电区寄生电阻 r_{cs} 过大，因而分压严重。基区掺杂浓度很低时也会出现 V_{CES} 增大现象。

② 如图 3.3-15（b）所示，共射极输出特性曲线在低电压下上升很缓慢，其他部分较正常，俗称"有小尾巴"。其原因通常是烧结条件掌握不好，管芯与管座接触电阻 r_{cbn} 过大。

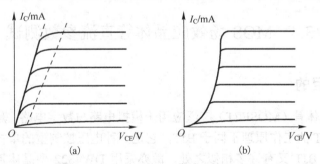

图 3.3-15　饱和压降大的输出特性曲线

（5）击穿特性差

异常的击穿特性通常有以下几种典型情况：

① 发生管道型击穿，如图 3.3-16（a）所示。特点是击穿曲线像折线或近似折线，产生的原因是基区发生了局部穿通。基区局部穿通通常是由于工艺中的缺陷造成基区局部过窄，如：基区光刻时形成小岛，发射结 PN 结结面有尖峰（如图 3.3-17 所示）、材料中有位错集中点或表面有破坏点等，或基区硼扩散前表面有 N 型杂质和灰尘沾污形成的基区反型杂质管道。

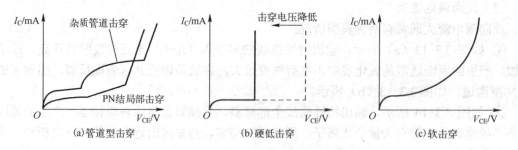

图 3.3-16 击穿特性差时的输出特性曲线

② 硬低击穿，如图 3.3-16（b）所示。特点是击穿特性硬，但击穿电压低。产生的原因与管道型击穿类似。如集电结有缺陷集中点或局部损伤以至断裂；基区大面积穿通或存在大的反型杂质管道。

③ 软击穿，如图 3.3-16（c）所示。特点是反向漏电流大，没有明显的击穿点。产生的原因与反向漏电流大的原因相同。

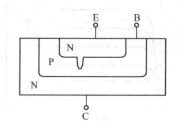

图 3.3-17 发射结 PN 结结面有尖峰

3.3.6 思考题

1. 在共发射极输出特性曲线测试中，改变晶体管图示仪的"功耗电阻"时，观察曲线会发生什么样的变化？解释"功耗电阻"起什么作用？应如何选取"功耗电阻"？

2. 在测试中是否发现异常曲线？如果有，请记录曲线并分析其产生的原因。

3. 外延片制作的双极型晶体管的反向击穿电压（BV_{CEO} 或 BV_{CBO}）既与外延层电阻率 ρ_c 有关，也与结的曲率半径和表面状况等因素有关。当高阻集电区厚度 W_C 小于 BV_{CBO} 所对应的势垒区宽度时，还与 W_C 有关。因此，提高晶体管的 BV_{CEO} 和 BV_{CBO} 可采取哪些措施？

3.4 MOS 场效应晶体管直流参数测试

3.4.1 实验目的

MOS 场效应晶体管（MOSFET）广泛应用于模拟电路与数字电路，是目前微电子领域的主流器件。MOSFET 的工作原理不同于 BJT，它是一种电压控制型的单极载流子器件。另一方面，MOSFET 与 BJT 又有许多相似之处，故亦采用 DW4822 型晶体管图示仪检测其直流参数。

通过本实验，要达到如下目的和要求：

（1）掌握被测管各项电学参数的定义及读测方法。

（2）掌握 MOSFET 的工作原理及其与 BJT 的区别。

建议学时数：3 学时。

3.4.2 实验原理

MOSFET 的输出特性测试原理与共发射极 BJT 输出特性的测试原理类似，其基本测试原理电路如图 3.4-1 所示。在 MOSFET 的栅极施加直流电压偏置 V_{GS}，在漏极上施加直流电压偏置 V_{DS}，读取此时的漏源电流 I_{DS}，依次改变 V_{GS} 和 V_{DS}，则可以逐点描绘出多条 I-V 曲线，即输出特性曲线。本实验通过晶体管图示仪来完成以上测试步骤，直接获得 MOSFET 的输出特性。

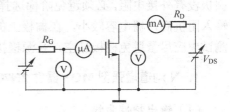

图 3.4-1　MOSFET 输出特性测试原理电路

本实验涉及的参数中，输出特性与转移特性在本书 1.2 节已进行了详细讨论，下面重点介绍其他参数。

（1）饱和漏极电流和截止漏极电流

耗尽型 MOSFET 的栅源电压 V_{GS}=0、漏源电压 V_{DS} 足够大时所对应的漏源饱和电流（I_{DSS}）称为饱和漏极电流，它反映 MOSFET 零栅压时原始沟道的导电能力。增强型 MOSFET 的栅源电压 V_{GS}=0、漏源外加 V_{DS} 电压时的漏极电流称为截止漏极电流，它由亚阈漏极电流及 PN 结反向饱和电流构成。

（2）跨导（g_{m}）

跨导是一定漏源电压下，栅压微分增量与由此而产生的漏极电流微分增量的比值，即

$$g_{m} = \frac{\partial I_{DS}}{\partial V_{GS}}\bigg|_{V_{DS}=\text{常数}} \qquad (3.4\text{-}1)$$

跨导是转移特性曲线的斜率，它表征栅电压对漏极电流的控制能力，是衡量 MOSFET 放大能力的重要参数。跨导的单位是西门子，用 S 表示，1S=1A/V；或用欧姆（Ω）的倒数表示，记作"Ω^{-1}"。

（3）开启电压 V_{T} 和夹断电压 V_{P}

开启电压 V_{T} 是对增强型 MOSFET 而言的。它表示在一定漏源电压 V_{DS} 下，开始有漏电流时对应的栅源电压值。

夹断电压 V_{P} 是对耗尽型 MOSFET 而言的，它表示在一定漏源电压 V_{DS} 下，漏极电流减小到接近于零（或等于某一规定数值，如 $50\mu A$）时的栅源电压。

MOSFET 的夹断电压和开启电压统称为阈值电压。

（4）漏源击穿电压（BV_{DS}）

当 V_{GS} 恒定，V_{DS} 超过一定值时，漏极电流 I_{DS} 将急剧增加，这种现象叫漏源击穿，使 I_{DS} 迅速上升的漏源电压称为漏源击穿电压。当 V_{GS} 不同时，漏源击穿电压亦不同，通常把 V_{GS}=0 时对应的漏源击穿电压记为 BV_{DS}。

（5）栅源击穿电压（BV_{GS}）

栅源击穿电压是栅源之间所能承受的最高电压，其大小取决于栅氧化层质量和厚度。当栅源电压超过一定限度时，会使栅氧化层发生击穿，造成器件永久性损坏，因而不能用晶体管图示仪来测量 MOSFET 的 BV_{GS}。

3.4.3　实验器材

（1）晶体管图示仪 1 台及使用说明书 1 份。
（2）N 沟道和 P 沟道场效应晶体管若干。

3.4.4　实验方法和步骤

本实验以 N 沟道增强型、N 沟道耗尽型和 P 沟道增强型 MOSFET 为例，介绍实验方法。

晶体管图示仪的测试准备可参考 3.2.4 节。需特别注意的是：（1）测量 MOSFET 时，若栅极没有外接电阻，必须避免阶梯选择直接采用电流挡，以防止损坏器件。（2）由于 MOSFET 输入阻抗高，栅电容较小，在栅极上的感应电荷很难泄放，易发生静电放电（ESD）损伤。测试中应尽量避免栅极悬空，且源极接地要良好。

1. N 沟道增强型 MOS 器件 2N7000 的测量

（1）输出特性曲线

在进行输出特性曲线测试时，管脚的接法如图 3.4-2 所示，将 2N7000 的管脚与 BJT 的管脚一一对应，即 S（源极）对应 E（发射极）；G（栅极）对应 B（基极）；D（漏极）对应 C（集电极）。由于所检测的场效应管是电压控制器件，测量中须将输入的基极电流改换为基极电压：可将基极阶梯信号选用电压挡（V/级）；也可选用电流挡（mA/级），但选用电流挡必须在测试台的 B、E 间（相当于 MOSFET 的 G、S 之间）外接一个电阻（如 1kΩ 电阻），将输入电流转换成输入电压。需要特别注意的是，测量 MOS 器件时若没有外接电阻，必须避免阶梯选择直接采用电流挡，以防止损坏器件。

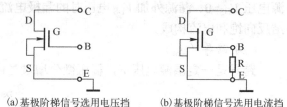

(a)基极阶梯信号选用电压挡　　(b)基极阶梯信号选用电流挡

图 3.4-2　MOSFET 管脚接法

晶体管图示仪各开关及旋钮的位置可参考表 3.4-1，并根据实际情况调节。

逐渐增大峰值电压旋钮，便可得图 3.4-3 所示的输出特性曲线。

（2）转移特性曲线

转移特性曲线测试时，管脚的接法与测输出特性曲线相同，如图 3.4-2 所示。晶体管图示仪各开关及旋钮的位置可参考表 3.4-2，并根据实际情况调节。

表 3.4-1　N 沟道增强型器件输出特性曲线测试时晶体管图示仪各开关及旋钮位置

开关/旋钮	设置
测试台接地选择	E 接地
极性（集电极扫描）	正（+）
极性（阶梯）	正（+）
功耗限制电阻	0.5～1kΩ（适当选择）
峰值电压范围	0～50V
X 轴集电极电压	2V/格
Y 轴集电极电流	0.2A/格
阶梯作用	重复
阶梯选择	1V/级 若 E、B 间接 1kΩ 电阻，则选用 1mA/级
级/族	10

表 3.4-2　N 沟道增强型器件转移特性曲线测试时晶体管图示仪各开关及旋钮位置

开关/旋钮	设置
测试台接地选择	E 接地
极性（集电极扫描）	正（+）
极性（阶梯）	正（+）
功耗限制电阻	0.2～1kΩ（适当选择）
峰值电压范围	0～10V
X 轴集电极电压	1V/格
Y 轴集电极电流	0.1A/格
阶梯作用	重复
阶梯选择	1V/级 若 E、B 间接 1kΩ 电阻，则选用 1mA/级
级/族	10

假设将测量条件定为 $V_{DS}=10V$。将漏极电压调整到 10V 的方法是：将 X 轴扳到集电极电压 1V/格，将晶体管图示仪荧光屏上光点移至坐标左下角，然后调节峰值电压，便得到输出特性曲线，使输出特性曲线向右延伸至 10V，这样便设定了集电极电压值。再将 X 轴作用扳到"基极电流"，即可得图 3.4-4 中 $V_{DS}=10V$ 时的转移特性曲线。注意在测量过程中，不要再调节峰值电压旋钮，否则 $V_{DS}=10V$ 的测量条件将改变。

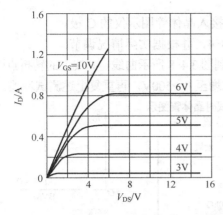

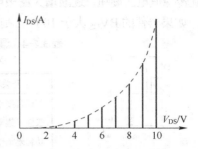

图 3.4-3　N 沟道增强型 MOS 器件的输出特性曲线　　　图 3.4-4　N 沟道增强型 MOS 器件的转移特性曲线

如果功耗电阻取得较大，转移特性会出现变平现象，这是因为器件进入了非饱和区的缘故。

（3）V_T 的读测

假设 V_T 的读取条件为 $I_{DS}=1mA$，其读取方法有两种：

① 利用图 3.4-4 所示的转移特性曲线读取。在转移特性曲线上找到 $I_{DS}=1mA$ 所对应的 V_{GS} 值，即为阈值电压 V_T。

② V_T 的读测更常用的方法是：首先将 MOSFET 的漏极 D 和栅极 G 引脚短接，即 $V_{DS}=V_{GS}$。将器件的 D（G）极接晶体管图示仪的 C 极，S 极接晶体管图示仪的 E 极，如图 3.4-5 所示。

晶体管图示仪各开关及旋钮的位置可参考表 3.4-3，并根据实际情况调节。

旋转峰值电压旋钮，逐渐增大漏极电压，则可得到图 3.4-6 所示曲线，从该曲线上找到 $I_{DS}=1mA$ 所对应的 X 轴电压，即为 V_T。

表 3.4-3　N 沟道增强型器件阈值电压测试时晶体管图示仪各开关及旋钮位置

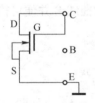

开关/旋钮	设置
测试台接地选择	E 接地
极性（集电极扫描）	正（+）
功耗限制电阻	0.2～1kΩ（适当选择）
峰值电压范围	0～10V
X 轴集电极电压	1V/格
Y 轴集电极电流	0.5～1mA/格

图 3.4-5　N 沟道增强型 MOS 器件 V_T 测试管脚接法

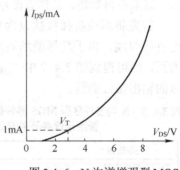

图 3.4-6　N 沟道增强型 MOS 器件 V_T 测试曲线

（4）BV_{DS} 测量

由于 2N7000 的 BV_{DS} 为 100V 左右，将峰值电压旋钮转回原始位置，将电压范围改为 0～100V。采用图 3.4-2 的接法及表 3.4-1 的设置，将其中的 X 轴集电极电压改为 5V/格或 10V/格，加大功耗电阻。逐渐增大峰值电压，则可以看到包含击穿区的输出特性曲线。最下面一条输出特性曲线的转折点处对应的 X 轴电压，即为 BV_{DS} 值。如果器件的 BV_{DS} 大于 100V，则可将电压范围增至 0～500V，再重复以上测试步骤。

BV_{DS} 更常用的读测方法是：采用如图 3.4-7 所示的引脚接法，将器件的栅极 G 和源极 S

短接，接入晶体管图示仪的 E 极，将器件的漏极 D 接入晶体管图示仪的 C 极。

晶体管图示仪各开关及旋钮的位置可参考表 3.4-4，并根据实际情况调节。

旋转峰值电压旋钮，逐渐增大漏极电压，则可得到图 3.4-8 所示曲线，曲线上的转折点即为 BV_{DS}。如果器件的 BV_{DS} 大于 100V，则可将电压范围增至 0～500V，再重复上述测试步骤。

表 3.4-4　漏源击穿电压测试时晶体管图示仪各开关及旋钮位置

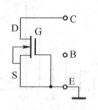

图 3.4-7　N 沟道增强型 MOS 器件 BV_{DS} 测试管脚插孔

开关/旋钮	设置
测试台接地选择	E 接地
极性（集电极扫描）	正（+）
功耗限制电阻	1～10kΩ
峰值电压范围	0～100V
X 轴集电极电压	10V/格
Y 轴集电极电流	0.1mA/格

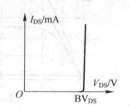

图 3.4-8　N 沟道增强型 MOS 器件 BV_{DS} 测试曲线

（5）I_{DSS} 测量

设定测试条件为：V_{GS}=0V，V_{DS}=10V。在最下面一条输出特性曲线（V_{GS}=0）上，取 X 轴电压 V_{DS}=10V 时对应的 Y 轴电流，便为 I_{DSS} 值。由于增强型 MOS 器件的 I_{DSS} 通常很小，用晶体管图示仪无法读出 I_{DSS} 的值，需采用精度更高的仪器完成测量。

（6）跨导 g_m

根据跨导 g_m 的定义，利用图 3.4-4 的转移特性曲线，可计算出特定偏置条件下的跨导值。

2. N 沟道耗尽型 MOS 器件 3D01 的测量

（1）输出特性曲线

输出特性曲线测试时，管脚的接法与 N 沟道增强型 MOS 器件的接法相同，如图 3.4-2 所示，这里不再赘述。晶体管图示仪各开关及旋钮的位置可参考表 3.4-5，并根据实际情况调节。

首先将基极阶梯极性设为负，调节峰值电压旋钮，便可得图 3.4-9 所示的 V_{GS}≤0 部分输出特性曲线。由于耗尽型场效应管栅压可正可负，因而在上述条件下，将阶梯极性由负转换为正，便可得到图 3.4-9 中 V_{GS}≥0 部分的输出特性曲线。将正负栅压下的曲线合并便可得到总的输出特性曲线。

表 3.4-5　N 沟道耗尽型 MOS 器件输出特性曲线测试时晶体管图示仪各开关及旋钮位置

开关/旋钮	设置
测试台接地选择	E 接地
极性（集电极扫描）	正（+）
极性（阶梯）	负（−），测 V_{GS}≤0 部分输出特性曲线
	正（+），测 V_{GS}≥0 部分输出特性曲线
功耗限制电阻	0.5～1kΩ（适当选择）
峰值电压范围	0～50V
X 轴集电极电压	2V/格
Y 轴集电极电流	1mA/格
阶梯作用	重复
阶梯选择	1V/级
	若 E-B 间接 1kΩ 电阻，则选用 1mA/级
级/族	10

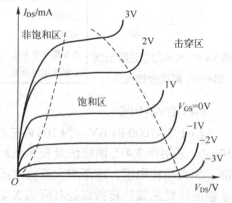

图 3.4-9　N 沟道耗尽型 MOS 器件输出特性曲线

（2）I_{DSS} 测量

设定测试条件为：$V_{GS}=0V$，$V_{DS}=10V$。

在负栅压情况下，取最上面一条输出特性曲线（$V_{GS}=0V$）。取 X 轴电压 $V_{DS}=10V$ 时对应的 Y 轴电流，便为 I_{DSS} 值。

另一种方法是：将零电流与零电压键扳在"零电压"处，荧光屏上只显示 $V_{GS}=0V$ 的一根曲线，可读得 $V_{DS}=10V$ 时对应的 I_{DSS} 值。这种方法可以避免阶梯调零不准引起的误差。若 E、B 间有外接电阻，扳键置于"零电流"挡亦可进行 I_{DSS} 测量。

（3）V_p 测量

设定测试条件为：$I_{DS}=10\mu A$，$V_{DS}=10V$。

利用负栅压时的输出特性曲线，从最上面一条曲线向下数，每两条曲线之间的间隔对应一定的栅压值（例如-0.2V），一直数到 $I_{DS}=10\mu A$（对应于 $V_{DS}=10V$ 处，）便可得到 V_P 值。由于 $10\mu A$ 是一个较小的值，可以通过改变 Y 轴上电流的量程读取。

（4）跨导 g_m

g_m 值会随工作条件变化，一般情况下测量最大的 g_m 值，即测量 $I_{DS}=I_{DSS}$ 时的 g_m 值。在图 3.4-9 中 $V_{GS}=0V$ 的曲线上，由对应于 $V_{DS}=10V$ 的点可得

$$g_m = \frac{\Delta I_{DS}}{\Delta V_{GS}}\bigg|_{V_{DS}=10V} \tag{3.4-2}$$

（5）转移特性曲线

转移特性曲线测试时，管脚的接法与测输出特性曲线相同，如图 3.4-2 所示。晶体管图示仪各开关及旋钮的位置参考表 3.4-5，可将峰值电压范围、X 轴显示电压及功耗电阻适当降低。

将测试条件定为：$V_{DS}=10V$。将漏极电压调整到 10V 的方法是：将 X 轴扳回到集电极电压 2V/格，光点移至坐标左下角，然后调节峰值电压，便得到输出特性曲线，使 $V_{GS}=0V$ 的最上面一条曲线向右延伸至 10V。再将 X 轴作用扳回"基极电流"，将光点移至右下角，即可得图 3.4-10 中 $V_{GS} \leq 0V$ 部分的曲线。注意在测量过程中，不要再调节峰值电压旋钮；否则，$V_{GS}=10V$ 的测量条件将改变。

此时，曲线与坐标轴右侧线（$V_{GS}=0V$）的交点为 I_{DSS}，曲线斜率为 g_m，$I_{DS}=10\mu A$ 时对应的 V_{GS} 值为 V_P（此时可将 Y 轴集电极电流拨到 0.01mA/格，以便于准确测量 V_P 值）。

然后，将阶梯极性转为正，将 Y 轴集电极电流增大为 0.5mA/格，同时将光点移至坐标底线的中点，便得到正栅压时的转移特性曲线。将栅压分别为负和正时的曲线合并，便得图 3.4-10 所示总的转移特性曲线。同样，功耗电阻取得较大时正栅压转移特性曲线会出现变平现象。

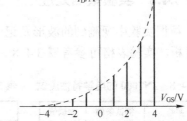

图 3.4-10 N 沟耗尽型 MOS 器件的转移特性曲线

（6）BV_{DS} 测量

将峰值电压旋钮转回原始位置，电压范围改为 0～200V，X 轴集电极电压改为 5V/格或 10V/格，加大功耗电阻，再调节峰值电压，最下面一条输出特性曲线的转折点处对应的 X 轴电压，即为 BV_{DS} 值。

由于耗尽型 MOS 器件的开启电压小于零，因此不能采用将栅极 G 和源极 S 短接、漏极 D 加电压的方法测量 BV_{DS}。

3. P 沟道增强型 MOS 器件 3C01 的测量

（1）输出特性曲线

测试时，器件管脚接法与 N 沟道器件相同，如图 3.4-2 所示。将晶体管图示仪的光点调至坐标右上角，并进行阶梯调零。

晶体管图示仪各开关及旋钮的位置可参考表 3.4-6，并根据实际情况调节，注意将集电极扫描极性和阶梯极性改为"负"。调节峰值电压，便可得对应的输出特性曲线。

（2）转移特性曲线

测试时，器件管脚接法与 N 沟道器件相同，如图 3.4-2 所示。晶体管图示仪各开关及旋钮的位置可参考表 3.4-7，并根据实际情况调节。测试方法与 N 沟道增强型器件的测试方法相同。

表 3.4-6　P 沟道增强型器件输出特性曲线测试时晶体管图示仪各开关及旋钮位置

开关/旋钮	设置
测试台接地选择	E 接地
极性（集电极扫描）	负（−）
极性（阶梯）	负（−）
功耗限制电阻	0.5～1kΩ（适当选择）
峰值电压范围	0～50V
X 轴集电极电压	2V/格
Y 轴集电极电流	0.2A/格
阶梯作用	重复
	1V/级
阶梯选择	若 E-B 间接 1kΩ 电阻，则选用 1mA/级
级/族	10

表 3.4-7　P 沟道增强型器件转移特性曲线测试时晶体管图示仪各开关及旋钮位置

开关/旋钮	设置
测试台接地选择	E 接地
极性（集电极扫描）	负（−）
极性（阶梯）	负（−）
功耗限制电阻	0.2～1kΩ（适当选择）
峰值电压范围	0～10V
X 轴集电极电压	1V/格
Y 轴集电极电流	0.1A/格
阶梯作用	重复
	1V/级
阶梯选择	若 E-B 间接 1kΩ 电阻，则选用 1mA/级
级/族	10

其他参数的读测方法可参考 N 沟道增强型器件 2N7000 的测试。

3.4.5　实验数据处理

根据实验中观测到的波形及记录的实验数据，求出器件的各个电学参数并对器件质量进行分析。实验表格可参考表 3.4-8～表 3.4-10。

表 3.4-8　2N7000 的电学特性测试

参数	测试条件	测试值
$BV_{DS}(V)$		
$V_t(V)$		
$g_m(S)$		
...		

表 3.4-9　SD01 的电学特性测试

参数	测试条件	测试值
$BV_{DS}(V)$		
$V_p(V)$		
$g_m(S)$		
...		

表 3.4-10　SC01 的电学特性测试

参数	测试条件	测试值
$BV_{DS}(V)$		
$V_t(V)$		
$g_m(S)$		
...		

3.4.6　思考题

1. 栅源击穿电压是栅源之间所能承受的最高电压。本实验不允许采用晶体管图示仪测试栅漏击穿电压，为什么？

2．分析耗尽型、增强型 MOSFET，以及 P 沟道和 N 沟道 MOSFET 测量方法的异同点。

3.5　MOSFET 输出电容参数测试

3.5.1　实验目的

（1）掌握 MOSFET 电容参数的定义。
（2）掌握 MOSFET 输出电容的读测方法。
（3）了解 MOSFET 电容的影响因素。
建议学时数：2 学时。

3.5.2　实验原理

MOSEFT 电容等效电路如图 3.5-1 所示，两两电极之间均存在电容，包括栅源电容 C_{gs}、栅漏电容 C_{gd} 和漏源电容 C_{ds}。这三个电容构成了 MOSFET 的输入电容 C_{iss}、米勒电容 C_{rss} 和输出电容 C_{oss}。C_{iss} 为输出端交流短路时输入端的电容；C_{oss} 为输入端交流短路时从输出端看进去的电容；C_{rss} 为跨接在输入端和输出端之间的电容。因此，三个电容的表达式分别为

$$C_{iss} = C_{gs} + C_{gd} \tag{3.5-1}$$

$$C_{rss} = C_{gd} \tag{3.5-2}$$

$$C_{oss} = C_{ds} + C_{gd} \tag{3.5-3}$$

采用 E4980A 源表对 MOSFET 输出电容进行测试。测试原理图如图 3.5-2 所示。将输入端的 G 和 S 短接，测试 D 和 S 之间的电容。E4980A 源表的介绍见 3.2 节，这里不再赘述。

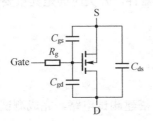
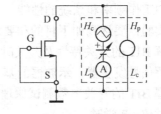

图 3.5-1　MOSFET 电容的等效电路　　　图 3.5-2　MOSFET 输出电容的测试原理图

3.5.3　实验器材

E4980A 源表的 CV 测试系统、Quick CV 软件、计算机。

3.5.4　实验方法和步骤

（1）将 H_c、H_p 连接在一起，L_c、L_p 连接在一起。

（2）开路补偿设置。E4980A 开路补偿测试：单击软件并打勾，单击"开路修正"。使测试电路处于开路未连接任何被测样品的状态。按 Meas Setup 按钮，进行开路补偿。

（3）短路补偿设置。按照 E4980A 短路补偿原理，将 2 个探头短接，或者连接低阻值铜

片，保持短路状态。

（4）单击桌面上 Desktop EasyEXPERT 软件图标，开启软件，单击 Continue 按钮。

（5）设置测量参数。

① 测试 C-V 特性条件设定：单击 Category 内的 Ultility，单击 Library 内的 CV sweep 图标，单击 Select 按钮。

② 参考测试条件：分别设置 Address：18（通常固定）；Osc_Level：0.1V；Integ_Time：Medium；Frequency：1MHz；Vstart：0V；Vstop：10V；Sweep_Pts：101。完成设置后，单击运行按钮。

（6）连接被测器件进行测量。

（7）曲线数据保存。软件会弹出测试曲线和数据界面，测试结束后单击 Edit，再分别单击 Copy Graph 和 Copy List，保存图形和 Excel 格式的数据。

3.5.5 实验数据处理

测试并绘制 MOSFET 输出电容的 C-V 曲线。

3.5.6 思考题

1. 如何测试 MOSFET 的输入电容和米勒电容？
2. 如果要减小 MOSFET 的米勒电容，可以采取哪些方法？

3.6 双极型晶体管开关时间测试

3.6.1 实验目的

数字集成电路中大量使用双极型晶体管作为开关器件，开关时间是其重要参数，将直接关系到电路的工作频率和系统的性能。

通过本实验，要达到如下目的和要求：

（1）理解 BJT 的开关特性及开关时间参数的定义。

（2）了解信号发生器、示波器的基本原理及使用。

（3）掌握 BJT 的开关参数测试原理，并实际动手搭建测试电路，完成测试分析。

建议学时数：2 学时。

3.6.2 实验原理

图 3.6-1 所示是典型的 NPN 晶体管共射极接法开关电路，图中 V_B 和 V_{CC} 分别为基极和集电极的直流偏置电压，R_L 和 R_B 分别为集电极负载电阻和基极偏置电阻。在开关应用中，BJT 的工作状态在输出特性曲线的饱和区和截止区之间切换，开态对应饱和区，关态对应截止区。

如果在 V_B 之上叠加一方波信号 $V_i(t)$，则基极电流 i_B 和集电极电流 i_C 的波形如图 3.6-2 所示。当 $V_i(t)$ 为低电平时，V_B 不足以使 NPN 晶体管开启，晶体管处于截止状态，集电极只有很小的反向漏电流即 I_{CEO}，输出电压接近于电源电压 V_{CC}，此时晶体管相当于一个断开开关。当 $V_i(t)$ 的高电平到来时，晶体管导通。若晶体管处于饱和状态，则输出电压为饱和电压 V_{CES}，集电极电流为饱和电流 I_{CS}。此时，晶体管相当一个接通的开关。

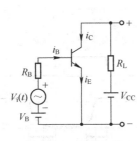

图 3.6-1　开关电路

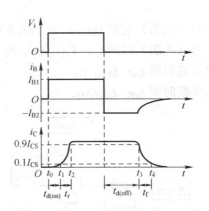

图 3.6-2　开关晶体管输入、输出波形

由图 3.6-2 可以看出：当输入脉冲 $V_i(t)$ 加入时，基极电流立刻增加到 I_{B1}，但集电极电流要经过一段延迟时间才开始上升，且需经过一定的时间才能上升到 I_{CS}。当输入脉冲去除时，基极电流立刻变到反向基极电流 $-I_{B2}$，之后经历发射结 PN 结的反向恢复过程，逐渐趋于 PN 结的反向截止电流，而集电极电流也经过了一段延迟时间才逐渐下降，且下降过程也将持续一段时间。

晶体管开关时间参数通常是按照集电极电流 i_C 的变化来定义的，如图 3.6-2 所示，开关时间参数包括：

上升（开启）延迟 $t_{d(on)}$：从脉冲输入信号加入到 i_C 上升到 $0.1I_{CS}$ 的时间。

上升（开启）时间 t_r：i_C 从 $0.1I_{CS}$ 上升到 $0.9I_{CS}$ 的时间。

下降（关断）延迟 $t_{d(off)}$：也称为存储时间 t_s。从脉冲输入信号去除到 i_C 下降到 $0.9I_{CS}$ 的时间。

下降（关断）时间 t_f：i_C 从 $0.9I_{CS}$ 下降到 $0.1I_{CS}$ 的时间。

总开启时间 t_{on}：$t_{on}=t_{d(on)}+t_r$。

总关断时间 t_{off}：$t_{off}=t_{d(off)}+t_f$。

3.6.3　实验器材

本实验用到的器材包括：（1）双踪示波器 1 台；（2）信号发生器 1 台；（3）双极型晶体管若干；（4）面包板或 PCB，电阻、跳线若干。

3.6.4　实验方法和步骤

由于电压采样更容易实现，在本实验的测量中，将电流信号转换成电压信号，采用双踪示波器来观察输入电压和输出电压的波形。测量双极型晶体管开关时间和开关波形的原理图如图 3.6-3 所示。其中，稳压源 1 和稳压源 2 分别为双极型晶体管提供集电极和基极的直流偏置。R_c 为集电极负载电阻，用于集电极限流；R_b 为基极偏置电阻。脉冲发生器产生基极脉冲电压输入信号 $V_i(t)$，双踪示波器分别接在 BJT 的基极和集电极，用于测量基极输入电压和集电极输出电压波形。

输入电压和输出电压波形如图 3.6-4 所示。本实验中将开关时间参数定义为：

上升（开启）延迟 $t_{d(on)}$：从 $V_i(t)$ 加入到 $V_o(t)$ 下降到 $0.9V_{cc}$ 的时间。

上升（开启）时间 t_r：$V_o(t)$ 从 $0.9V_{cc}$ 下降到 $0.1V_{cc}$ 的时间。

下降（关断）延迟 $t_{d(off)}$：从 $V_i(t)$ 去除到 $V_o(t)$ 上升到 $0.1V_{cc}$ 的时间。

下降（关断）时间 t_f：$V_o(t)$ 从 $0.1V_{cc}$ 上升到 $0.9V_{cc}$ 的时间。

总开启时间 t_{on}：$t_{d(on)}+t_r$。

总关断时间 t_{off}：$t_{d(off)}+t_f$。

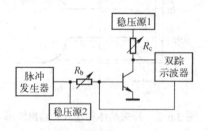
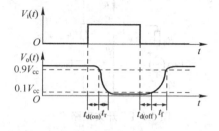

图 3.6-3　双极型晶体管开关时间和开关波形测量原理图　　　　图 3.6-4　开关晶体管输入、输出电压波形示意图

实验步骤如下：

（1）按图 3.6-3 搭建 BJT 开关特性测试电路。通过面包板或 PCB 将 BJT 的基极和集电极分别与 R_b 和 R_c 连接，再连接直流稳压电源、信号发生器及双踪示波器。由于一般开关晶体管的开关时间都在纳秒数量级，需采用高频、高精度的信号发生器 Tektronix AFG3102 和双踪示波器 TDS3032C 产生和读取波形。

为了更好地实现信号采集，可将 PCB 封装为测试盒，通过测试盒的接线柱完成 BJT 的信号施加和采集。图 3.6-5（a）和（b）分别为测试盒实物图及搭好的实验装置图。

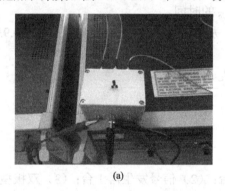
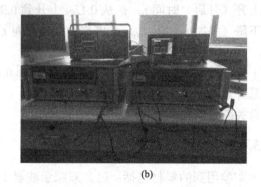

(a)　　　　　　　　　　　　　　　　　　(b)

图 3.6-5　双极型晶体管开关时间测试的实验装置照片

（2）逐个校准仪器。设定 BJT 的直流偏置点。对于基极偏置电压的设置要注意与脉冲输入信号的配合，即当没有脉冲输入信号时，基极偏置电压和 R_b 的设置应保证 BJT 处于截止状态，而当有脉冲输入信号时，BJT 应处于开启状态。对于集电极偏置电压和 R_c 的设置，应避免 BJT 因功耗过大而烧毁。

（3）通过信号发生器给被测管基极加上方波信号，调节输入信号的频率和峰-峰值，使示波器上出现稳定的被测管输入和输出波形。如果输入信号频率过高，BJT 在一个信号周期内将来不及完成开启和关断过程，此时应将信号频率调低。如果示波器扫描量程不适合，可调整"扫描量程"使此波形在示波器两条扫线四个调辉点之间，如图 3.6-6 所示，图（a）为 NPN 管开启时的输入输出电压波形，图（b）为 NPN 管关断时的输入输出电压波形。

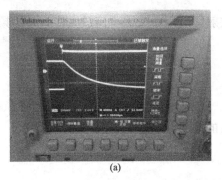 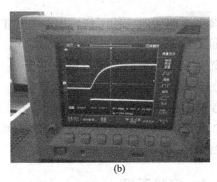

(a)   (b)

图 3.6-6   示波器显示的输入输出电压波形

（4）在示波器上观察双极型晶体管开关过程中输入与输出波形，读出各开关时间参数。读取方法见图 3.6-7。

（5）改变被测管的直流偏置电压，重复上面的测量，研究电路偏置对晶体管开关特性的影响。

3.6.5 实验数据处理

本实验测量双极型晶体管的开关时间以及测试条件变化时对开关时间的影响。需要记录以下实验结果：

（1）在双踪示波器上观察到的输入脉冲电压和输出电压波形。

（2）在一定测试条件下，双极型晶体管的开关时间参数。

（3）改变测试条件后，对各开关时间参数的测试结果进行分析。

（4）整理数据，填入测试表格，可参考表 3.6-1。

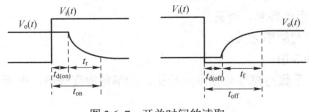

图 3.6-7   开关时间的读取

表 3.6-1   双极型晶体管的开关参数记录

V_B(V)	V_C(V)	$t_{d(on)}$	t_r	$t_{d(off)}$	t_f
1	10				
3	10				
5	10				
3	15				
5	15				

3.6.6 思考题

1．测试条件变化对晶体管开关时间参数带来什么影响？为什么？如何改变测试条件？

2．根据测试结果，比较晶体管各开关时间参数的大小，说明影响晶体管开关时间的主要因素，指出提高晶体管开关速度的主要途径。

3．由于本实验的装置较简单，可能会存在较大的连线延迟、寄生电感等，因此本实验具有哪些局限性？

3.7   双极型晶体管特征频率测试

3.7.1   实验目的

双极型晶体管的特征频率 f_T 是指共射极输出交流短路电流放大系数 β_ω 的幅度随频率增

大而下降到 1 时所对应的工作频率，即 BJT 在共射极运用中失去电流放大能力时的频率，因此是表征 BJT 频率特性的一个重要参数。

通过本实验，要达到如下目的和要求：

（1）理解 f_T 的定义、测量原理。

（2）掌握 f_T 的测量方法。

（3）了解 f_T 与电路偏置及与晶体管结构参数的关系。

建议学时数：2 学时。

3.7.2 实验原理

在用双极型晶体管对高频信号进行放大时，首先要通过直流偏置点的设置使 BJT 工作在放大区，即发射结正偏、集电结反偏，再将欲放大的高频信号叠加在输入端的直流偏置上。当输入为交流信号时，BJT 的 PN 结电容不能忽略。对于正偏的发射结，有势垒电容 C_{TE} 和扩散电容 C_{DE}；对于反偏的集电结，有势垒电容 C_{TC}。在共射电路中，当发射结上的输入电压发生周期性变化时，势垒电容和扩散电容的充放电使由发射区通过基区传输的载流子减少，传输的电流幅度值下降，同时产生载流子传输的延迟。此外受到载流子渡越集电结耗尽区时间的影响，输入、输出信号将产生相移，因此电流放大系数 β_ω 的幅值随频率的升高而下降，相移随频率的升高而增大。其输入幅值和相位角随频率变化的关系可分别表示为

$$|\beta_\omega| = \frac{\beta_0}{[1+(f/f_\beta)^2]^{1/2}} \qquad (3.7\text{-}1)$$

$$\varphi = -[\arctan(\omega/\omega_\beta) + m\omega/\omega_\beta] \qquad (3.7\text{-}2)$$

式中，f_β 和 ω_β 分别为 β_ω 的截止频率和截止角频率。可见：

当工作频率 $f \ll f_\beta$ 时，$|\beta_\omega| \approx \beta_0$，几乎与频率无关；

当 $f = f_\beta$ 时，$|\beta_\omega| = \beta_0/\sqrt{2}$，$|\beta_\omega|$ 下降 3dB；

当 $f \gg f_\beta$ 时，$|\beta_\omega| f = \beta_0 f_\beta$，电流放大系数的幅度与频率成反比，频率每提高一倍，电流放大系数下降一半或 3dB。

把 $|\beta_\omega|$ 降到 1 时所对应的频率称为晶体管的特征频率 f_T，因此

$$f_T = |\beta_\omega| f = \beta_0 f_\beta \qquad (3.7\text{-}3)$$

要直接在 $|\beta_\omega| = 1$ 的条件下测量 f_T 是比较困难的，对测量仪器和信号源的要求很高。由于在 $f_\beta \ll f \ll f_\alpha$ 时，$|\beta_\omega|$ 与工作频率 f 成反比，f 每升高一倍，$|\beta_\omega|$ 下降一半，如图 3.7-1 所示。因此，只要在一个较低的频率下测得 $|\beta_\omega|$，再乘以该测试频率，就可以获得 f_T，使测试变得简单，这就是测量 f_T 的基本原理。通常，

$$f_T = \frac{1}{2\pi\tau_{ec}} \qquad (3.7\text{-}4)$$

式中，τ_{ec} 为发射极到集电极的信号延迟时间，由四个时间常数构成，分别是发射结势垒电容充放电时间常数 τ_{eb}、基区渡越时间 τ_b、集电极势垒区延迟时间 τ_d 和集电结势垒电容充放电时间常数 τ_c，即

$$\tau_{ec} = \tau_{eb} + \tau_b + \tau_d + \tau_c = \frac{kT}{qI_E}C_{TE} + \frac{W_B^2}{2D_B} \cdot \frac{2}{\eta}\left(1 - \frac{1}{\eta}\right) + \frac{x_{dc}}{2v_{max}} + r_{cs}C_{TC} \qquad (3.7\text{-}5)$$

显然，特征频率 f_T 是发射结势垒电容、基区宽度、集电结势垒电容等的函数，与晶体管的结构参数密切相关，同时也会受到晶体管的偏置条件影响。如图 3.7-2 所示，当偏置电流 I_E 或 I_C 较小时，f_T 会随偏置电流的增大而提高，其原因是随着电流的增大，发射极增量电阻降低，τ_{eb} 减小；但是当电流很大时，τ_{eb} 的影响变小，甚至可以略去。当 I_E 或 I_C 较大时，f_T 则会随电流的增大而降低，因此时会发生基区扩展效应，使基区渡越时间 τ_b 增加。同时，f_T 会随集电结反向电压 V_{BC} 的绝对值的减小而下降，这主要是因为 $|V_{BC}|$ 的减小使得集电结势垒区变薄，C_{TC} 增加，从而 τ_c 增加。

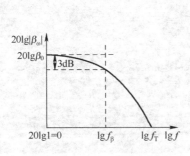

图 3.7-1　$|\beta_\omega|$ 与 f 的关系曲线

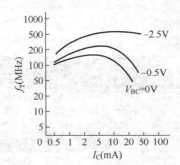

图 3.7-2　直流偏置对特征频率的影响

3.7.3　实验器材

晶体管特征频率测试仪、双极型晶体管若干。

3.7.4　实验方法和步骤

本实验采用 QG—16 型晶体管特征频率测试仪来完成 f_T 的测量，该实验仪器依据增益-带宽积的原理设计，其方框图如图 3.7-3 所示。其中点频信号源提供 $f_\beta < f < f_T$ 范围内的点频信号电流，基极电流调节器控制被测管的基极输入电流，测试电路和偏置电源向被测管提供规范偏置条件。特征频率计算模块将对集电极的电流输出信号进行处理，并计算出相应的 $|\beta_\omega|$。在特征频率显示模块中，将由点频信号的频率与相应 $|\beta_\omega|$ 的乘积计算出 f_T 值，并通过系统表头指示。

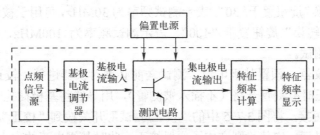

图 3.7-3　特征频率测试系统方框图

图 3.7-4 所示为该测试仪实物图，主要由偏置电源和测试主机两部分构成。图 3.7-3 中所示的点频信号源、基极电流调节器等模块均已包含在测试主机内部。

图 3.7-4　QG—16 型晶体管特征频率测试仪实物图

具体测试步骤如下：

1. 测试准备工作。

（1）了解所用特征频率测试仪的测试范围和信号源的工作频率，并熟悉使用方法，然后开机预热。本实验采用的 QG—16 型测试仪的信号源可以输出 10MHz、30MHz、100MHz 三个测试频率，测试范围为 10MHz～1GHz。

（2）从被测晶体管的使用手册中查出其 f_T 的规范测试条件，看测试仪器是否能满足测试要求。

2. 测试仪器校正。

（1）确定信号源工作频率。根据被测晶体管的 f_T 选择信号源工作频率（测试频率）。判断的标准为 $f_\beta < f < f_T$，即测试频率 f 应大于截止频率，小于特征频率 f_T。如图 3.7-5 所示，"频率转换"旋钮置于刻度"10"，表示测试频率为 10MHz，可用于被测管的 f_T 在 10MHz 以上的测试；"频率转换"旋钮置于"30"，表示测试频率为 30MHz，可用于被测管的 f_T 在 30MHz 以上的测试；"频率转换"旋钮置于"100"，表示测试频率为 100MHz，可用于被测管的 f_T 在 100MHz 以上的测试。

（2）校正测试仪器，预置基极电流。测试之前必须对仪器进行"校正"，其目的是预置基极测试电流。校正时被测管开路（不插入被测管），用导线将基极插孔 B 和集电极插孔 C（如图 3.7-6 所示）短接，将图 3.7-5 中的"校正/测试"开关拨到"校正"，旋转"输出调节"旋扭使 f_T 指示表头显示一定值，则完成了仪器校正，此时基极电流的大小将被固定在某一确定值上。QG—16 型测试仪在校正时，需使 f_T 显示表头满偏（图 3.7-7 中的指针指到最右端）。因此，测量时必须进行一定倍频的衰减，否则表头会因超满度而无法读出。QG—16 型测试仪已将一定的衰减倍率设定在了仪器内部结构中，测试时无须考虑。

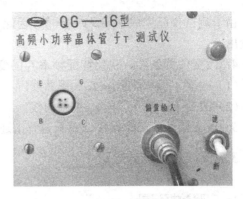

图 3.7-5　测试频率选择旋钮

图 3.7-6　被测管插孔

3．在规范偏置条件下测量样管的 f_T。

插入被测管，将图 3.7-5 中的"校正/测试"开关拨到"测试"。根据器件手册规定的测试条件，设定被测管的直流偏置，通过旋转晶体管偏置电源上的" I_e 粗调"" I_e 细调"" U_C 粗调"和" U_C 细调"旋钮完成（见图 3.7-8），偏置电压 U_C 和偏置电流 I_e 的大小可以通过晶体管偏置电源的表头读出（见图 3.7-9）。测试过程中被测管的基极电流大小将保持在"校正"时的值，则输出的集电极电流和基极电流的比值| β_ω |就确定了，然后乘以信号频率即可得到晶体管的特征频率 f_T。如果测试时取了一定的衰减倍率，那么计算| β_ω |时将预置的基极电流也缩小同样倍数，其结果不会改变。

图 3.7-7　特征频率读取表头

图 3.7-8　晶体管偏置电源调节旋钮

图 3.7-9　晶体管偏置电源读取表头

由于测试仪已完成了 $|\beta_\omega| f$ 的计算，因此 f_T 的值可以直接在图 3.7-7 中的特征频率读取表头读出。

4. 改变偏置条件，观察特征频率 f_T 的变化。

（1）改变 V_{CE}，测量 f_T-I_E 关系曲线；

（2）改变 I_E，测量 f_T-V_{CE} 关系曲线。

5. 改变信号源工作频率，重新进行上述 2,3,4 项实验。

3.7.5　实验数据处理

1. 实验数据记录

（1）将实验测试结果数据列表，并计算相应的 $|\beta_\omega|$ 值，可参考表 3.7-1。

（2）根据测试数据，分析 f_T 随 V_{CE} 和 I_E 的变化规律。

表 3.7-1　双极型晶体管特征频率测试记录

测试频率 /MHz	偏置电压 /V	偏置电流 /mA	f_T /MHz	$|\beta_\omega|$
10				
30				
100				

2. 实验曲线处理

由式（3.7-4）和式（3.7-5）知，f_T 满足关系式

$$f_T^{-1} = 2\pi\left(\frac{kT}{qI_E}C_{TE} + \tau_b + \tau_d + \tau_c\right) \tag{3.7-6}$$

通常情况下，在集电极工作电压一定，$I_E < I_{CM}$ 时，可近似认为 τ_b, τ_d, τ_c 与 I_E 无关，因而通过表 3.7-1 中的测试结果，可以作出 $1/f_T$ 与 $1/I_E$ 的关系曲线，并由曲线斜率求得 C_{TE} 的近似值，同时由曲线的截距求得 $\tau_b + \tau_d + \tau_c$ 的近似值。

请完成以下数据处理工作：

（1）根据实验数据分别画出 f_T-V_{CE}、f_T-I_E 和 $1/f_T$-$1/I_E$ 关系曲线。

（2）由 $1/f_T$-$1/I_E$ 曲线计算出 C_{TE}、$\tau_b + \tau_d + \tau_c$ 的值。

（3）对实验获得的曲线进行简要的理论分析。

3.7.6　思考题

1. 本实验中采用的特征频率测试方法，其成立条件是什么？

2. 影响特征频率的因素有哪些？要提高晶体管的特征频率，从晶体管的设计、制造和使用方面可以采取什么样的措施？

3. 若晶体管的 f_T 在 10MHz 和 30MHz 这两个测试频率的测量范围之内，在测试时应选取哪一个测试频率？为什么？

4. 如果测试频率分别取 $f = 2f_\beta$ 和 $f = 5f_\beta$，理论上测出的 f_T 的相对误差是多少？

第4章 微电子器件的模型参数提取

通过本书前三章内容的学习，已经掌握了三种基本微电子器件的理论基础、工作原理、设计方法和电学特性测试方法。这些器件相关的知识如何应用到电路设计中去呢？这就需要用桥梁将已学知识与具体应用联系起来，而这其中的一个桥梁就是器件的模型提取。通过测试微电子器件的电学性能数据，将测试的数据用于器件模型的建立，并应用于电路仿真之中，实现电路功能。因此，器件模型的提取是可以将所学的知识转化为具体应用的方法和手段。

本实验使用 PSpice 软件中的 Model Editor 软件，提取二极管、双极型晶体管和 MOSFET 三种器件的 PSpice 模型，将其添加至 PSpice 的元件库中，并进行仿真验证。

4.1 模型提取软件简介

PSpice 是一款适用于计算机的通用电路分析程序软件，其由 SPICE（Simulation Program with Integrated Circuit Emphasis）发展而来。它的用途广泛，不仅可以用于电子电路分析，还可以建立元器件的 PSpice 模型。作为一款通用电路分析程序，PSpice 软件在电路系统仿真方面，可以进行非线性直流分析、非线性暂态分析、线性小信号交流分析、灵敏度分析和统计分析。电路仿真分析的精度和可靠性主要取决于元器件模型参数的精度。尽管 PSpice 模型参数库中已经包含了上万种元器件模型，但是有时用户还是需要根据自己的需求建立元器件的模型及参数。在元件库中不存在的器件模型，用户可以在已有模型的基础上进行修改，也可以根据需求创建相应的器件模型。

利用 PSpice 的 Model Editor 软件创建可仿真的器件模型。Model Editor 软件可以提供二极管、双极型晶体管、IGBT、JFET、MOSFET 等多种元件模型，对 PSpice 元件库进行补充，进而建立更复杂的子电路模型。软件通过描点法来拟合器件的测试参数曲线，从而实现模型参数的提取。具体的器件参数曲线数据可以来源于购买器件的数据手册，也可以来源于器件的实际测量数据。

下面以运放 LTC1152m 的建模为例来进行说明。采用 Model Editor 软件进行模型提取的流程如下。

1. 从开始菜单中打开 PSpice Model Editor，具体路径为/PSpice Accessories/Model Editor。选择 Model/New，建立新的元器件模型，具体设置如图 4.1-1 所示。设置完毕，单击 OK，进入如图 4.1-2 所示的 LTC1152m 大信号摆幅数据输入窗口。

2. 在图 4.1-2 所示对话框的左上侧，输入元器件的特性数据，软件使用数值分析法计算出符合描点设定的模型参数值，然后提取出如图 4.1-3 所示的运放 LTC1152m 模型参数。

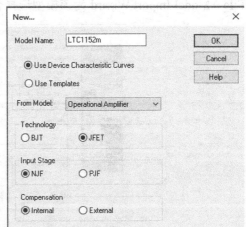

图 4.1-1 新建运放 LTC1152m 模型

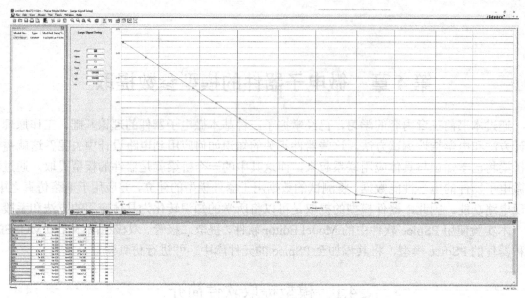

图 4.1-2　LTC1152m 大信号摆幅数据输入窗口

Parameter Name	Value	Minimum	Maximum	Default	Active	Fixed
IS	1e-014	1e-020	0.1	1e-014	☑	☐
N	1	0.2	5	1	☑	☐
RS	0.001	1e-006	100	0.001	☑	☐
IKF	0	0	1000	0	☑	☐
XTI	3	-100	100	3	☐	☐
EG	1.11	0.1	5.51	1.11	☐	☐
CJO	1e-012	1e-020	0.001	1e-012	☐	☐
M	0.3333	0.1	10	0.3333	☐	☐
VJ	0.75	0.3905	10	0.75	☐	☐
FC	0.5	0.001	10	0.5	☐	☐
ISR	1e-010	1e-020	0.1	1e-010	☐	☐
NR	2	0.5	5	2	☐	☐
BV	100	0.1	1000000	100	☐	☐
IBV	0.0001	1e-009	10	0.0001	☐	☐
TT	5e-009	1e-016	0.001	5e-009	☐	☐

图 4.1-3　LTC1152m 模型参数

3．创建元件库。选择 File/Export to capture library，设置完毕后单击 OK。然后，单击 File→Model Import Wizard 为该模型选择合适的外形，如图 4.1-4 所示。

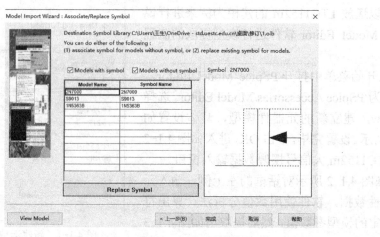

图 4.1-4　建立 LTC1152m 元件外形

4. 配置新的元器件和模型库。如图 4.1-5 所示，在 Capture 工程中，单击 Configuration Files，选择 Library，并通过对话框右侧的 Add to Design 按钮配置新的元器件和模型库。

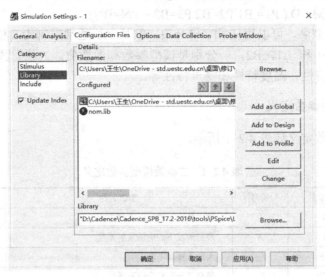

图 4.1-5　配置 LTC1152m 元器件和模型库

5. 应用于电路图进行模型验证。

4.2　二极管模型参数的提取

4.2.1　实验目的

掌握二极管模型的等效电路、模型参数和模型公式，掌握与模型参数相关的物理特性及意义。掌握二极管的模型提取方法，建立模型元件库。

建议学时数：4 学时。

4.2.2　实验原理

二极管模型参数是确定二极管特性的关键参数。确定模型参数，再结合二极管的模型公式，可以求解出任意条件下二极管的特性。同时，通过二极管模型计算公式可以进一步深入了解二极管模型参数的物理意义，为后期的应用工作提供帮助。因此，实验原理部分首先通过等效电路了解等效模型的具体形式，再介绍模型参数提取的过程，最后将提取的模型应用于具有一定功能的电路之中来验证器件模型的正确性。

1. 二极管模型等效电路

二极管模型等效电路如图 4.2-1 所示。其中，R_S 是二极管的串联寄生电阻，主要由接触电阻、体电阻和引线电阻等构成。电流源 I 代表了二极管的直流电流电压关系。C_D 是二极管的电容，该电容由势垒电容和扩散电容并联构成。在静态模型中，二极管电流取决于二极管电压，用一个电流源表示。在二极管的大信号模型和小信号模型中，

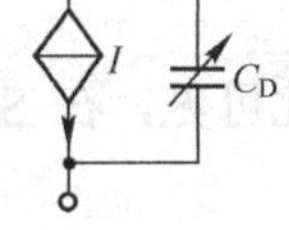

图 4.2-1　二极管模型等效电路

还需要考虑二极管的电容影响。

在 PSpice 中，二极管模型使用模型语句建立。二极管模型语句的一般格式为

.MODEL DNAME D (P1= B1 P2=B2 P3=B3...PN=BN)

DNAME 是模型名，可以用任意字母开头，但其字长通常限制为 8 位。D 是二极管的类型代号，P1，P2，…和 B1，B2，…分别是模型参数和参数值。二极管模型涵盖了二极管的直流特性、小信号特性、温度特性和噪声特性等。

2. 二极管模型参数定义

二极管模型参数定义如表 4.2-1 所示。

表 4.2-1 二极管模型参数定义

相关模块	模型参数	符号	参数名称	单位	默认值
直流特性	IS	I_S	理想情况下的反向饱和电流	A	1e-14
	N	N	理想情况下的电流发射系数		1
	IKF	I_{KF}	大注入膝点电流	A	0
	ISR	I_{SR}	势垒区产生复合电流系数	A	0
	NR	N_R	势垒区产生复合电流发射系数		2
	BV	V_B	反向击穿电压	V	∞
	IBV	I_{BV}	反向击穿膝点电流	A	1e-4
	NBV	N_{BV}	反向击穿电流发射系数		
	RS	R_S	寄生电阻	Ω	0
电容特性	CJO	$C_j(0)$	零偏下 PN 结势垒电容	F	0
	VJ	ϕ_0	PN 结内建电势	V	1
	FC	F_C	正偏耗尽电容系数		0.5
	M	m	PN 结梯度因子		0.5
	TT	τ_D	输运时间	s	0
温度特性	EG	E_g	禁带宽度	eV	1.11
	XTI	X_{TI}	反向饱和电流温度系数		3

注 1：完整的二极管模型参数还应该包含噪声相关参数，但在本书中不予介绍。

注 2：本章符号表示与前三章有一定的区别，这是为了和 PSpice 软件中的符号一致，方便在学习中查找手册。

3. 二极管模型公式

（1）直流电流电压模块相关公式

在理论学习中已知，外加偏压下二极管有三种电流存在：扩散电流 I_{DIFF}、势垒区产生复合电流 I_{GR} 和反向击穿电流 I_{RB}。二极管的总电流为

$$I_D = I_{DIFF} + I_{GR} + I_{RB} \tag{4.2-1}$$

由此可见，在 Spice 模型中二极管的直流电流就是将不同电压条件下的上述三种电流相加而成。

① 扩散电流 I_{DIFF}

理想情况下，载流子在二极管体内通过扩散和漂移两种运动形成电流。但是，在求解二极管的电流电压方程时，可以通过求解少数载流子在中性区的扩散电流而得。因此，理想情

况下二极管的电流又被称为扩散电流。

当外加正向偏压时，根据二极管外加电压大小的不同，扩散电流分为小注入和大注入两种情况。当外加偏压比较小时，即在小注入条件下的扩散电流 I_{DIFF} 的计算公式为

$$I_{DIFF} = I_S \left[\exp\left(\frac{V_D}{NV_t} \right) - 1 \right] \tag{4.2-2}$$

其中，二极管的外加偏压为 V_D，热电势 $V_t = kT / q$。

当外加正向偏压增大到使二极管发生大注入效应，此时的扩散电流与小注入时的扩散电流不同，中性区的少数载流子既要进行扩散运动，同时还在大注入自建电场的作用下进行漂移运动，且漂移电流与扩散电流的大小相等，方向相同。这样就可以将总的电流看作只有扩散电流，只是此时的扩散电流的扩散系数是小注入下的 2 倍，这就是韦伯斯特效应。因此，在 Spice 模型计算公式中，大注入下的电流还是只考虑扩散电流，且需要在扩散电流的计算公式中增加一个表征大注入效应的系数 K_{INJ}。因此，在大注入情况下，扩散电流 I_{diff} 的计算公式为

$$I_{diff} = I_{DIFF} \cdot K_{INJ} \tag{4.2-3}$$

大注入表征系数 K_{INJ} 的计算公式为

$$K_{INJ} = \sqrt{\frac{I_{KF}}{I_{KF} + I_{DIFF}}} \tag{4.2-4}$$

当大注入膝点电流 $I_{KF} > 0$ 时，$K_{INJ} > 1$ 表示有大注入发生。反之，当 $K_{INJ} = 1$ 时，则没有发生大注入。

当外加反向偏压时，扩散电流等于反向饱和电流 I_S，其表达式为

$$I_S = Aqn_i^2 \left(\frac{D_P}{L_P N_D} + \frac{D_N}{L_N N_A} \right) \tag{4.2-5}$$

其中，q 是电子电荷量，n_i 是半导体的本征载流子浓度，D_P 和 D_N 分别代表空穴和电子的扩散系数，L_P 和 L_N 分别代表空穴和电子的扩散长度，N_D 和 N_A 分别表示 N 区和 P 区的掺杂浓度，A 为二极管的结面积。

② 势垒区生产复合电流 I_{GR}

当载流子通过势垒区时会发生产生复合，形成势垒区的产生复合电流。当外加正向偏压时，载流子的复合率大于产生率，形成势垒区复合电流；当外加反向偏压时，载流子的产生率大于复合率，形成势垒区产生电流。势垒区产生复合电流的大小与势垒区的宽度相关，因此随外加偏压的变化而变化。势垒区产生复合电流的计算公式为

$$I_{GR} = I_{SR} \left[\exp\left(\frac{V_D}{N_R V_t} \right) - 1 \right] K_{GEN} \tag{4.2-6}$$

其中，K_{GEN} 为产生系数，其计算公式为

$$K_{GEN} = \left(\left(1 - \frac{V_D}{\phi_0} \right)^2 + 0.005 \right)^{m/2} \tag{4.2-7}$$

③ 反向击穿电流 I_{RB}

当二极管的反向偏压大到击穿电压 V_B 时，二极管发生击穿，电流会随着外加电压的增加而急剧增大，形成反向击穿电流。

当 $V_D < -V_B$ 时，二极管工作在击穿区，反向击穿电流的计算公式为

$$I_{RB} = I_{BV}\left[\exp\left(\frac{V_D + V_B}{N_{BV}V_t}\right) - 1\right] \tag{4.2-8}$$

室温下，若 $V_D < -V_B$，二极管的电流以反向击穿电流为主，此时的电流发射系数为 N_{BV}。当 $V_D \geqslant -V_B$，随着外加电压 V_D 的增大，二极管电流从以势垒区复合电流为主逐渐过渡到以扩散电流为主，然后再过渡到以大注入电流为主。在二极管的模型参数中，N 的默认值是 1，N_R 的默认值是 2。

（2）电容模块相关公式

当二极管外加电压 V_D 变化时，二极管体内电荷 Q_D 会随之变化。Q_D 由两种电荷构成，势垒区的电离杂质电荷 Q_B 和中性区的非平衡载流子电荷 Q_C。

根据电容的定义，二极管电容 C_D 的表达式为

$$C_D = \frac{dQ_D}{dV_D} = \frac{dQ_B + dQ_C}{dV_D} = \frac{dQ_B}{dV_D} + \frac{dQ_C}{dV_D} = C_T + C_d \tag{4.2-9}$$

其中

$$Q_B = AqNx_d \tag{4.2-10}$$

$$Q_C = \tau_D I_F \tag{4.2-11}$$

式中，N 为半导体的掺杂浓度，x_d 为外加偏压下二极管的耗尽区宽度，I_F 为二极管的正向电流。注意，这里与 Q_C 相关的电流是 I_F 而不是二极管电流 I_D，是因为反向偏压下不存在扩散电容。

从上式可以看出，C_D 由势垒电容 C_T 和扩散电容 C_d 并联而成。

$$C_d = \frac{dQ_C}{dV_D} = \frac{d(\tau_D I_F)}{dV_D} = \tau_D \frac{dI_F}{dV_D} \tag{4.2-12}$$

当 $V_D \leqslant F_C\phi_0$ 时

$$C_T = \frac{dQ_B}{dV_D} = C_j(0)\left(1 - \frac{V_D}{\phi_0}\right)^{-m} \tag{4.2-13}$$

当 $V_D > F_C\phi_0$ 时

$$C_T = \frac{dQ_B}{dV_D} = C_j(0)(1 - F_C)^{-(1+m)}\left(1 - F_C(1+m) + m\frac{V_D}{\phi_0}\right) \tag{4.2-14}$$

其中，F_C 为 PN 结正偏耗尽电容系数，典型值为 0.5。m 是二极管的梯度因子，反映了不同掺杂浓度梯度下势垒电容与外加电压之间的关系。例如，突变结的 m 值为 1/2，线性缓变结的 m 值为 1/3。

在小电流条件下，采用耗尽近似可得耗尽区内的电离杂质浓度与掺杂浓度一致。但是，这种关系在大电流的情况下不成立。因为，此时大量的电子和空穴进入耗尽区，耗尽近似不再成立，势垒电容的计算公式不再成立。因此，在外加电压大于 $F_C\phi_0$ 的情况下，对势垒电容的公式采用 chawla-Gummel 线性外推法进行重新计算。

（3）温度特性相关模块

二极管的物理量与温度相关的模型公式为

$$I_S(T) = I_S e^{\left(\frac{T}{T_{nom}} - 1\right)\frac{E_G}{nV_t}}\left(\frac{T}{T_{nom}}\right)^{\frac{X_{TI}}{n}} \tag{4.2-15}$$

$$I_{SR}(T) = I_{SR} e^{\left(\frac{T}{T_{nom}} - 1\right)\frac{E_G}{N_R V_t}}\left(\frac{T}{T_{nom}}\right)^{\frac{X_{TI}}{N_R}} \tag{4.2-16}$$

$$\phi_0(T) = \phi_0 \frac{T}{T_{\text{nom}}} - 3\phi_0 \ln \frac{T}{T_{\text{nom}}} - E_g(T_{\text{nom}}) \frac{T}{T_{\text{nom}}} + E_g(T) \qquad (4.2\text{-}17)$$

$$E_g(T) = 1.16 - \frac{0.000702 T^2}{t + 1108} \qquad (4.2\text{-}18)$$

$$C_j(T) = C_j(0) \left\{ 1 + m \left[0.0004(T - T_{\text{nom}}) + \left(1 - \frac{\phi_0(T)}{\phi_0} \right) \right] \right\} \qquad (4.2\text{-}19)$$

其中，X_{TI} 为反向饱和电流的温度系数，E_g 为禁带宽度。

4.2.3　实验方法和步骤

本实验中，使用 PSpice 的 Model Editor 软件提取二极管 1N5356 的模型参数。

在 Model Editor 软件中，二极管模型参数的提取需要进行 5 组特性曲线的拟合，具体过程如下。首先，新建原件库，在 Model 菜单中单击 New 选项卡添加二极管模型，如图 4.2-2 所示。在 Model Name 框内填写二极管的名称，再选择"Use Device Characteristic Curves"（通过输入器件的特性曲线来提取参数），然后选择器件的模型为"Diode"，最后单击 OK。

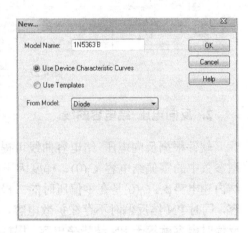

图 4.2-2　模型选项卡

此时，在屏幕上出现如图 4.2-3 所示的五个选项卡。这五个选项卡是五个输入界面，从左到右分别为正向电压-正向电流曲线、反向电压-结电容曲线、反向电压-漏电流曲线、反向击穿数据和反向恢复数据的输入界面。

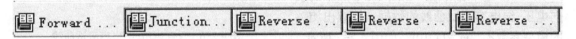

图 4.2-3　曲线选项卡

1.　正向电压-正向电流曲线

二极管正向特性测试曲线如图 4.2-4 所示，将该测试曲线的数据输入图 4.2-5 所示的二极管正向特性拟合曲线卡中，得出拟合曲线。然后，软件利用本征二极管的特性计算公式，提取出二极管模型相关参数的数值：发射系数 N、饱和电流 I_S 和大注入膝点电流 I_{KF}。同时，由图 4.2-1 所示的二极管模型等效电路可知，寄生电阻 R_S 与本征二极管串联。因此，软件利用测量数据，通过最小二乘法寻找数据的最佳函数匹配可以计算出 R_S。

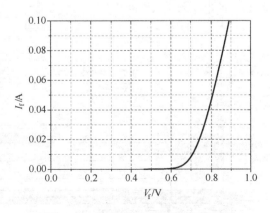

图 4.2-4　二极管正向特性测试曲线

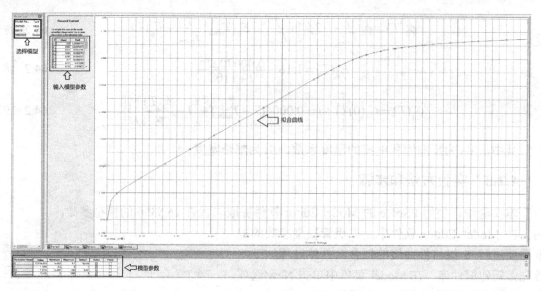

图 4.2-5 二极管正向特性拟合曲线卡

2. 反向电压-结电容曲线

软件根据反向电压-结电容曲线可提取模型参数中的零偏结电容 $C_j(0)$、梯度因子 m、结内建电势 ϕ_0。$C_j(0)$ 是在零偏压时的二极管电容，同时 PN 结反偏时不存在扩散电容，所以反偏时电容就等于 PN 结势垒电容。根据势垒电容的计算公式（4.2-13）和（4.2-14），且 F_C 采用默认值，通过输入如图 4.2-6 所示的反向电压-结电容测试曲线的数据，提取出相关的模型参数 ϕ_0、m 和 $C_j(0)$，如图 4.2-7 所示。

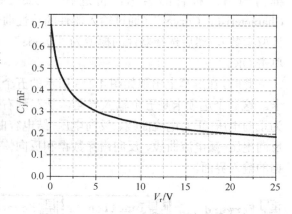

图 4.2-6 反向电压-结电容测试曲线

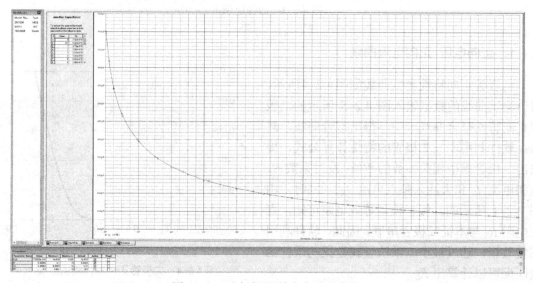

图 4.2-7 反向电压-结电容拟合曲线

3. 反向电压-漏电流曲线

根据如图 4.2-8 所示的反向电压-漏电流
测试曲线可得产生复合电流参数 I_{SR} 及产生
复合电流的发射系数 N_R。室温下，硅 PN
结二极管的反向电流以势垒区产生电流为
主，利用式（4.2-6），采用最小二乘法拟合
出曲线后得到模型参数 I_{SR} 和 N_R，如图 4.2-9
所示。

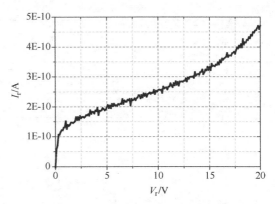

图 4.2-8　反向电压-漏电流测试曲线

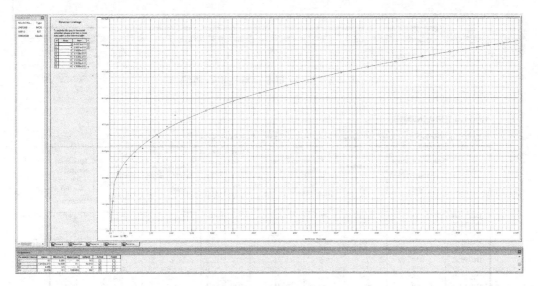

图 4.2-9　反向电压-漏电流曲线数据输入界面

4. 反向击穿电压曲线

通过如图 4.2-10 所示的反向击穿电压
测试曲线，提取出齐纳电压 V_Z、齐纳电流
I_Z 和齐纳阻抗 Z_Z 三个参数，作为数据输入
如图 4.2-11 所示的数据框中，即可提取出
模型参数反向击穿电压 V_B 和反向击穿电流
I_{BV}。需要输入的三个参数可以通过测试曲
线提取，也可以由器件的数据手册提供，
如图 4.2-12 所示。

5. 反向恢复时间数据

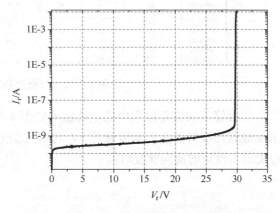

图 4.2-10　二极管反向击穿电压测试曲线

二极管反向恢复时间 t_{rr} 的测试原理电路如图 4.2-13 所示，正向电流脉冲 I_F 通过电阻 R_2
加载到被测管上，在被测管正向导通并处于稳定以后，反向电压测试脉冲 V_R 通过电阻 R_1 加
载到被测管，以便被测管经历反向恢复过程，并从 R_L 处测得反向恢复信号。

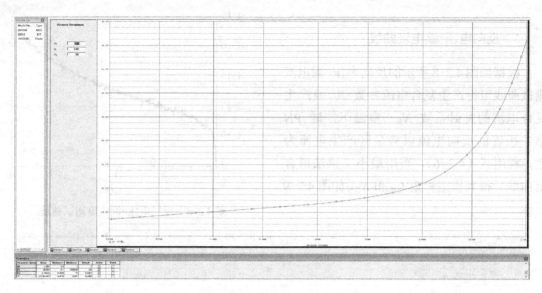

图 4.2-11 反向击穿特性拟合曲线

1N5348B THRU 1N5388B

ELECTRICAL CHARACTERISTICS (T_A=25 unless otherwise noted, V_F=1.2 Max @ I_F=1A for all types.

Type No. (Note 1.)	Nominal Zener Voltage Vz @ I_{ZT} volts (Note 2.)	Test current I_{ZT} mA	Maximum Zener Impedance		Max reverse Leakage Current		Max Surge Current Ir Amps (Note 3.)	Max Voltage Regulation Vz, Volts (Note 4.)	Maximum Regulator Current I_{ZM} mA (Note 5.)
			Z_{ZT} @ I_{ZT} Ohms (Note 2.)	Z_{zk} @ I_{ZK} = 1 mA Ohms (Note 2.)	I_R A	V_R Volts			
1N5348B	11	125	2.5	125	5	8.4	8	0.25	430
1N5349B	12	100	2.5	125	2	9.1	7.5	0.25	395
1N5350B	13	100	2.5	100	1	9.9	7	0.25	365
1N5351B	14	100	2.5	75	1	10.6	6.7	0.25	340
1N5352B	15	75	2.5	75	1	11.5	6.3	0.25	315
1N5353B	16	75	2.5	75	1	12.2	6	0.3	295
1N5354B	17	70	2.5	75	0.5	12.9	5.8	0.35	280
1N5355B	18	65	2.5	75	0.5	13.7	5.5	0.4	265
1N5356B	19	65	3	75	0.5	14.4	5.3	0.4	250
1N5357B	20	65	3	75	0.5	15.2	5.1	0.4	237
1N5358B	22	50	3.5	75	0.5	16.7	4.7	0.45	216
1N5359B	24	50	3.5	100	0.5	18.2	4.4	0.55	198
1N5360B	25	50	4	110	0.5	19	4.3	0.55	190
1N5361B	27	50	5	120	0.5	20.6	4.1	0.6	176
1N5362B	28	50	6	130	0.5	21.2	3.9	0.6	170
1N5363B	30	40	8	140	0.5	22.8	3.7	0.6	158
1N5364B	33	40	10	150	0.5	25.1	3.5	0.6	144
1N5365B	36	30	11	160	0.5	27.4	3.3	0.65	132
1N5366B	39	30	14	170	0.5	29.7	3.1	0.65	122

图 4.2-12 二极管 IN5363 数据手册数据

二极管反向恢复过程中的电流波形如图 4.2-14 所示，I_{rr} 表示二极管反向恢复电流，I_F 表示加载到二极管的正向电流脉冲，I_{rrm} 表示二极管整个反向恢复全过程中反向恢复峰值电流，t_{rr} 表示二极管的反向恢复时间。

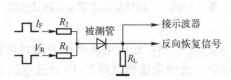

图 4.2-13 反向恢复时间测试原理电路

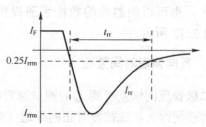

图 4.2-14 反向恢复电流的波形

根据标准 GB/T 4023-2015/IEC 60747-2: 2000，要测量 t_{rr}，必须测试的参数有 I_F、V_R、I_{rr}、I_{rrm}。

设正向偏置电流 $I_{fwd}=1A$，反向抽取电流 $I_{rev}=6A$，负载电阻 $R_L=15\Omega$，得到二极管的阳极电流与时间的关系曲线，如图 4.2-15 所示。从该曲线可以提取出，反向恢复时间 $t_{rr}=86ns$。然后，在反向电流-时间曲线的页面，输入反向恢复时间 t_{rr} 以及测试的条件，即正向电流 I_D、反向电流 I_F 和负载电阻 R_L 的测试数据，即可提取出模型参数输运时间 τ_D，如图 4.2-16 所示。

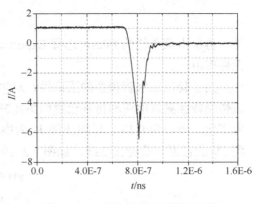

图 4.2-15　反向恢复时间测试曲线

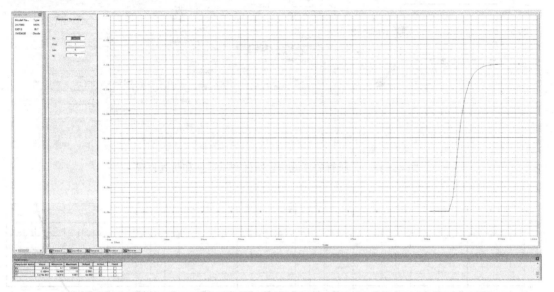

图 4.2-16　反向恢复特性拟合曲线

4.2.4　实验数据处理

上述数据输入完毕后单击菜单栏的 Tools，选择 Extract Parameters，可以将二极管的模型数据提取出来，如图 4.2-17 所示。

Parameter Name	Value	Minimum	Maximum	Default	Active	Fixed
IS	5.311e-013	1e-020	0.1	1e-014	☑	☐
N	1.1355	0.2	5	1	☑	☐
RS	1.2732	1e-006	100	0.001	☑	☐
IKF	12.302	0	1000	0	☑	☐
XTI	3	-100	100	3	☐	☐
EG	1.11	0.1	5.51	1.11	☐	☐
CJO	7.0252e-010	1e-020	0.001	1e-012	☐	☐
M	0.32092	0.1	10	0.3333	☐	☐
VJ	0.39967	0.3905	10	0.75	☐	☐
FC	0.5	0.001	10	0.5	☐	☐
ISR	1.2133e-010	1e-020	0.1	1e-010	☐	☐
NR	4.995	0.5	5	2	☐	☐
BV	29.934	0.1	1000000	100	☐	☐
IBV	0.18644	1e-009	10	0.0001	☐	☐
TT	5.579e-007	1e-016	0.001	5e-009	☐	☐

图 4.2-17　1N5363B 二极管 PSpice 模型数据

再单击菜单栏的 Files，选择 Export to Part Library，生成.olb 文件，即可以添加至 PSpice 元件库中。

为了验证二极管模型的正确性，对生成的二极管模型进行直流扫描。其中，二极管的直流传输特性测试电路和仿真设置如图 4.2-18 所示。二极管的直流扫描电压从-32V～2V 范围内变化，步长为 0.1V。以电压源 V_1 为横轴，二极管电流 I 为纵轴，可以得到二极管从-32V 到 2V 的直流传输特性曲线，如图 4.2-19 所示。

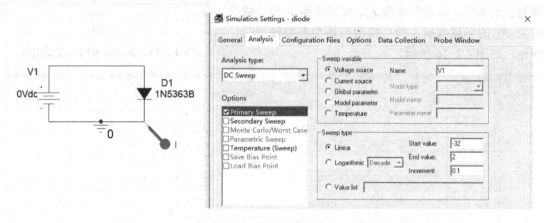

图 4.2-18　二极管的直流传输特性测试电路和仿真设置

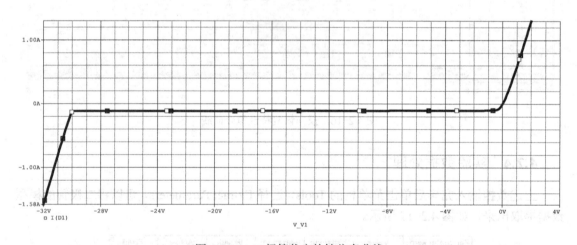

图 4.2-19　二极管伏安特性仿真曲线

4.2.5　实验思考

1．在二极管的模型参数中，哪些参数与面积相关？哪些与面积无关？

2．在电路设计时，应选择适合电路要求的二极管。根据用途二极管主要分为整流二极管、快速二极管和稳压二极管。如何通过模型参数的分析来选择适合电路功能的二极管？

4.3 双极型晶体管模型参数的提取

4.3.1 实验目的

掌握双极型晶体管模型的等效电路，模型参数和模型公式，掌握与模型参数相关的物理特性及意义。掌握双极型晶体管的模型提取方法，建立模型元件库。

建议学时数：4 学时。

4.3.2 实验原理

双极型晶体管有两种模型：EM 模型和 GP 模型。

EM 模型是一种大信号非线性直流模型。最初的 EM 模型，即 EM1 模型，是通过用两个 PN 结二极管分别代表发射结和集电结而建立的，不考虑电荷存储效应和二阶效应，适合所有工作区域。常用的模型有注入型、传输型和混合π型三种。EM1 模型形式简单，物理概念清楚，数学推导比较简单，但是计算的精度比较差。

EM2 模型考虑了电荷存储效应和串联电阻，增加了两个结的耗尽层电容。该模型具有模拟精度高、建模简易、快速、结果易理解等优点，特别适合数字电路。但是，该模型没有考虑基区宽度调制效应和电流放大系数 β 随电流变化的效应。

EM3 模型进一步考虑了双极型晶体管的各种二阶效应，如基区宽度调制效应、电流增益与电流的关系、温度的影响等。EM3 模型与 GP 模型等价。但是，EM3 模型对于基区宽度调制、渡越时间与电流的关系、参数与温度的关系等是分别处理的，而 GP 模型则将这些因素统一处理。GP 模型通过分析基区多数载流子电荷的作用，建立起器件性能与基区多数载流子电荷的联系，其优点是物理意义清楚，可以直接把器件的电学特性与基区多子电荷联系起来，能够有效和高精度地处理大信号问题，而且即使在大注入水平时，也与实际测量结果非常一致。GP 模型提供更精确和更完整的双极型晶体管模型。

本节中，将以 NPN 双极型晶体管为例来介绍。

1. 模型等效电路

NPN 双极型晶体管的等效电路模型如图 4.3-1 所示。

NPN 双极型晶体管的模型语句格式如下：

.MODEL QNAME NPN (P1 = B1 P2 = B2 P3 = B3 ⋯ PN = BN)

PNP 双极型晶体管的模型语句格式如下：

.MODEL QNAME PNP (P1 = B1 P2 = B2 P3 = B3 ⋯ PN = BN)

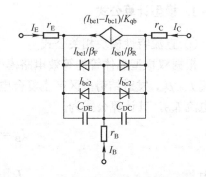

图 4.3-1 NPN 双极型晶体管的等效电路模型

其中，QNAME 为双极型晶体管的模型名，NPN 和 PNP 为晶体管的类型标识符。模型名称可以以任意字母开头，但长度限制为 8 位。P1，P2，…PN 为参数名称，B1，B2，…BN 为参数值。

2. 模型参数定义

双极型晶体管的 PSpice 模型参数定义如表 4.3-1 所示。

表 4.3-1 双极型晶体管 PSpice 模型参数定义

相关模块	模型参数	符号	参数名称	单位	默认值	相关模块	模型参数	符号	参数名称	单位	默认值
直流特性	IS	I_S	反向饱和电流	A	1e-16	直流特性	RC	R_C	集电极电阻	Ω	0
	BF	β_F	理想最大正向电流放大系数		100	电容特性	CJE	C_{JE}	零偏发射结势垒电容	F	0
	NF	N_F	理想情况下正向电流发射系数		1		VJE	ϕ_E	发射结内建势	V	0.75
	VAF	V_{AF}	正向厄尔利电压	V	∞		MJE	m_E	发射结梯度因子		0.33
	IKF	I_{KF}	正向大注入膝点电流	A	∞		CJC	C_{JC}	零偏集电结势垒电容	F	0
	ISE	I_{SE}	发射结势垒区产生复合电流系数	A	0		VJC	ϕ_C	集电结内建电势	V	0.75
	NE	N_E	发射结势垒区产生复合电流发射系数		1.5		MJC	m_C	集电结梯度因子		0.33
	BR	β_R	最大反向电流放大系数		1		TF	τ_F	正向渡越时间	s	0
	NR	N_R	理想情况下反向电流发射系数		1		XTF	X_{TF}	正向渡越时间随偏压变化系数		0
	NK	N_K	大电流衰减系数		0.5		VTF	V_{TF}	正向渡越时间随集电结电压变化	V	∞
	VAR	V_{AR}	反向厄尔利电压	V	∞		ITF	I_{TF}	影响正向渡越时间的大电流参数	A	0
	IKR	I_{KR}	反向大注入膝点电流	A	∞		TR	τ_R	反向渡越时间	s	0
	ISC	I_{SC}	集电结势垒区产生复合电流系数	A	0		FC	F_C	正偏势垒电容系数		0.5
	NC	N_C	集电结势垒区产生复合电流发射系数		2	温度特性	EG	E_g	禁带宽度	eV	1.11
	RE	R_E	发射极电阻	Ω	0		XTB	X_{TB}	电流放大系数 BF、BR 的温度系数		0
	RB	R_B	基极电阻	Ω	0		XTI	X_{TI}	IS 温度系数		3

3. 模型计算公式

① 直流特性模块相关公式

根据双极型晶体管的等效电路模型可知，基极电流 I_B 由四部分构成，分别是发射结扩散电流 I_{be1}/β_F、发射结势垒区产生复合电流 I_{be2}、集电结扩散电流 I_{bc1}/β_R 和集电结势垒区产生复合电流 I_{bc2}，其计算公式为

$$I_B = \frac{I_{be1}}{\beta_F} + I_{be2} + \frac{I_{bc1}}{\beta_R} + I_{bc2} \tag{4.3-1}$$

其中

$$I_{be1} = I_S \left[\exp\left(\frac{V_{be}}{N_F V_t}\right) - 1 \right] \tag{4.3-2}$$

$$I_{be2} = I_{SE} \left[\exp\left(\frac{V_{be}}{N_E V_t}\right) - 1 \right] \tag{4.3-3}$$

$$I_{bc1} = I_S \left[\exp\left(\frac{V_{bc}}{N_R V_t}\right) - 1 \right] \tag{4.3-4}$$

$$I_{bc2} = I_{SC}\left[\exp\left(\frac{V_{bC}}{N_C V_t}\right) - 1\right] \tag{4.3-5}$$

其中，V_{be} 为发射结电压，V_{bc} 为集电结电压，β_F 为理想最大正向增益，β_R 为最大反向增益，I_S 为反向饱和电流，I_{SE} 为发射结势垒区产生复合电流系数，I_{SC} 为集电结势垒区产生复合电流系数。N_F 和 N_R 分别为理想情况下正向和反向电流发射系数，N_E 和 N_C 分别为发射结和集电结势垒区产生复合电流发射系数。

同理，可得
$$I_C = \frac{I_{be1}}{K_{qb}} - \frac{I_{bc1}}{K_{qb}} - \frac{I_{bc2}}{\beta_R} - I_{bc2} \tag{4.3-6}$$

其中，K_{qb} 为基区电荷因子

$$K_{qb} = \frac{1}{1 - \frac{V_{bc}}{V_{AF}} - \frac{V_{be}}{V_{AR}}} \cdot \frac{1 + \left[1 + 4\left(\frac{I_{be1}}{I_{KF}} + \frac{I_{bc1}}{I_{KR}}\right)\right]^{N_K}}{2} \tag{4.3-7}$$

其中，V_{AF} 和 V_{AR} 分别为正向和反向厄尔利电压，I_{KF} 和 I_{KR} 分别为正向和反向大注入膝点电流，N_K 为电流衰减系数。从式（4.3-7）可知，模型通过 K_{qb} 计入了厄尔利效应和大注入效应对集电极电流的影响。

② 电容模块相关公式

根据双极型晶体管的等效电路模型可知，其电容由发射结电容 C_{DE} 和集电结电容 C_{DC} 构成，且上述两个电容都是由势垒电容 C_{jbe} 和扩散电容 C_{tbe} 并联而成。
$$C_{DE} = C_{tbe} + C_{jbe} \tag{4.3-8}$$

其中，发射结扩散电容 C_{tbe} 的表达式为

$$C_{tbe} = \left[\tau_F\left(1 + X_{TF}\left(\frac{I_{be1}}{I_{be1} + I_{TF}}\right)^2 \exp\left(\frac{V_{be}}{1.44 V_{TF}}\right)\right)\right]\frac{d(I_{be1} + I_{be2})}{dV_{be}} \tag{4.3-9}$$

其中，τ_F 是反向渡越时间，X_{TF} 是正向渡越时间随偏压变化系数，V_{TF} 是正向渡越时间随集电结电压变化，I_{TF} 是影响正向渡越时间的大电流参数。因此，该公式考虑了发射结扩散电容随发射极（集电极）电流和集电结电压的变化情况。

发射结势垒电容 C_{jbe} 的表达式为

当 $V_{be} \leqslant F_C \phi_E$ 时
$$C_{jbe} = C_{JE}\left(1 - \frac{V_{be}}{\phi_E}\right)^{-m_E} \tag{4.3-10}$$

当 $V_{be} > F_C \phi_E$ 时
$$C_{jbe} = C_{JE}(1 - F_C)^{-(1+m_E)}\left[1 - F_C(1 + m_E) + m_E\frac{V_{be}}{\phi_E}\right] \tag{4.3-11}$$

其中，C_{JE} 是零偏发射结势垒电容，ϕ_E 是发射结内建电势，m_E 是集电结梯度因子，F_C 是正偏势垒电容系数。

集电结电容计算公式为
$$C_{DC} = C_{tbc} + C_{jbc} \tag{4.3-12}$$

其中，集电结扩散电容 C_{tbc} 的表达式为

$$C_{tbc} = \tau_R\frac{d(I_{bc1} + I_{bc2})}{dV_{bc}} \tag{4.3-13}$$

τ_R 是反向渡越时间。

集电结势垒电容 C_{jbc} 的表达式为：

当 $V_{bc} \leqslant F_C \phi_C$ 时
$$C_{jbc} = C_{JC} \left(1 - \frac{V_{bc}}{\phi_C}\right)^{-m_C} \tag{4.3-14}$$

当 $V_{bc} > F_C \phi_C$ 时
$$C_{jbc} = C_{JC}(1 - F_C)^{-(1+m_C)} \left[1 - F_C(1 + m_C) + m_C \frac{V_{bc}}{\phi_C}\right] \tag{4.3-15}$$

其中，C_{JC} 是零偏发射结势垒电容，ϕ_C 是发射结内建电势，m_C 是集电结梯度因子。

③ 温度特性相关模块

双极型晶体管物理量与温度相关的模型公式如下

$$I_S(T) = I_S e^{\left(\frac{T}{T_{nom}} - 1\right)\frac{E_g}{NV_t}} \left(\frac{T}{T_{nom}}\right)^{\frac{X_{TI}}{N}} \tag{4.3-16}$$

$$I_{SE}(T) = I_{SE} e^{\left(\frac{T}{T_{nom}} - 1\right)\frac{E_g}{N_E V_t}} \left(\frac{T}{T_{nom}}\right)^{\frac{X_{TI}}{N}} \tag{4.3-17}$$

$$I_{SC}(T) = I_{SC} e^{\left(\frac{T}{T_{nom}} - 1\right)\frac{E_g}{N_C V_t}} \left(\frac{T}{T_{nom}}\right)^{\frac{X_{TI}}{N}} \quad \beta_F(T) = \beta_F \left(\frac{T}{T_{nom}}\right)^{\frac{X_{TB}}{N}} \tag{4.3-18}$$

$$\beta_R(T) = \beta_R \left(\frac{T}{T_{nom}}\right)^{\frac{X_{TB}}{N}} \tag{4.3-19}$$

$$\phi_E(T) = \phi_E \frac{T}{T_{nom}} - 3V_t \ln\frac{T}{T_{nom}} - E_g(T_{nom})\frac{T}{T_{nom}} + E_g(T) \tag{4.3-20}$$

$$\phi_C(T) = \phi_C \frac{T}{T_{nom}} - 3V_t \ln\frac{T}{T_{nom}} - E_g(T_{nom})\frac{T}{T_{nom}} + E_g(T) \tag{4.3-21}$$

$$E_g(T) = 1.16 - \frac{0.000702T^2}{t + 1108} \tag{4.3-22}$$

$$C_{JBE}(T) = C_{JE} \left\{1 + m_E \left[0.0004(T - T_{nom}) + \left(1 - \frac{\phi_E(T)}{\phi_E}\right)\right]\right\} \tag{4.3-23}$$

$$C_{JBC}(T) = C_{JC} \left\{1 + m_C \left[0.0004(T - T_{nom}) + \left(1 - \frac{\phi_C(T)}{\phi_C}\right)\right]\right\} \tag{4.3-24}$$

其中，X_{TI} 是反向饱和电流的温度系数，X_{TB} 是电流放大系数 β_F 和 β_R 的温度系数。

4.3.3　实验方法和步骤

本实验中，使用 PSpice 的 Model Editor 软件提取 NPN 管 9013 的模型参数。

NPN 管模型参数的提取需要拟合 8 组数据曲线，其具体拟合过程如下。

首先，新建元件库，并在 Model 菜单中单击 New 选项卡添加双极型晶体管的模型，如图 4.3-2 所示。

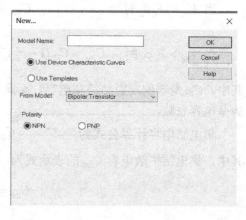

图 4.3-2　模型选项卡

然后，在屏幕上出现如图4.3-3所示的8个曲线输入界面，从左到右分别为：发射结饱和电压-集电极电流（$V_{be(sat)}$-I_c）曲线、输出导纳-集电极电流（h_{oe}-I_c）曲线、电流增益-集电极电流（h_{fe}-I_c）曲线、集电极发射极间饱和电压-集电极电流（$V_{ce(sat)}$-I_c）曲线、输出电容-集电结电压（C_{obo}-V_{cb}）曲线、输入电容-发射结电压（C_{ibo}-V_{ce}）曲线、存储时间-集电极电流（t_s-I_c）曲线、特征频率-集电极电流（f_T-I_c）曲线的输入界面。

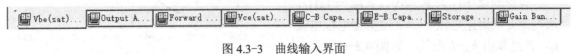

图4.3-3　曲线输入界面

1. 发射结饱和电压-集电极电流（$V_{be(sat)}$-I_c）曲线

为了保证NPN管工作在饱和区，需要选取其输出特性曲线中电流放大系数远小于直流电流放大系数的数据点来绘制$V_{be(sat)}$-I_c曲线。NPN管9013的直流电流增益的典型值是120，选取$I_c/I_b=10$条件下的测试结果，可以得到如图4.3-4所示的$V_{be(sat)}$-I_c曲线。忽略发射结和集电结势垒区生产复合电流以及双极性晶体管大电流下二级效应，集电极电流电压方程简化为$I_c=I_{be1}-I_{bc1}$。因此，在已知发射结和集电结偏压，且N_F和N_R采用默认值1的情况下，通过输入$V_{be(sat)}$-I_c测试曲线数据，软件可提取出模型参数I_S和R_B，如图4.3-5所示。

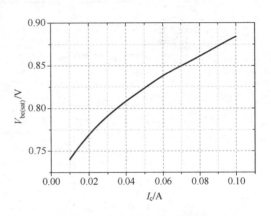

图4.3-4　$V_{be(sat)}$-I_c测试曲线

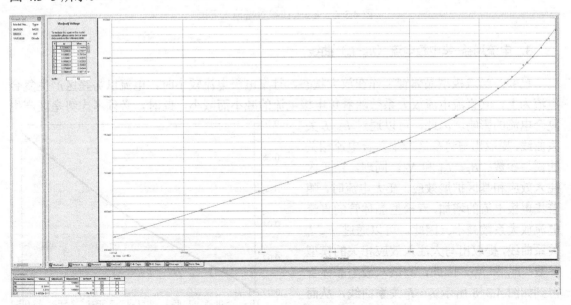

图4.3-5　$V_{be(sat)}$-I_c曲线数据输入界面

2. 输出导纳-集电极电流（h_{oe}-I_c）曲线

已知正向厄尔利电压 V_{AF} 与集电极电流和输出导纳之间的关系为

$$\frac{1}{h_{oe}} = \frac{V_{AF}}{I_c} \qquad (4.3\text{-}25)$$

设置测试条件为 V_{ce}=6V，频率为 1kHz，通过改变发射结电压 V_{be} 来控制集电极电流 I_c，并提取出 h_{oe}-I_c 曲线，如图 4.3-6 所示。将该曲线的数据输入如图 4.3-7 所示的 h_{oe}-I_c 曲线数据输入界面，可提取出 V_{AF}。

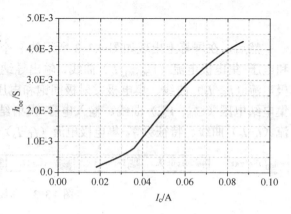

图 4.3-6　h_{oe}-I_c 测试曲线

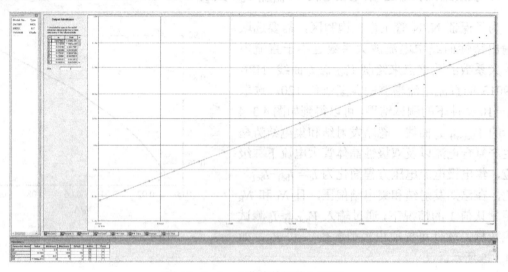

图 4.3-7　h_{oe}-I_c 曲线数据输入界面

3. 电流增益-集电极电流（h_{fe}-I_c）曲线

已知，当双极型晶体管工作在放大状态，且集电极电流较小时，电流以势垒区产生复合电流为主，其直流电流放大系数随着集电极电流的减小而减小。此时，必须考虑势垒区产生复合电流的影响。因此，可以通过 h_{fe}-I_c 关系曲线，提取出与势垒区产生复合电流相关的模型参数：B_F、I_{SE} 和 N_E。同理，由于大注入效应和基区扩展效应，在大电流时，随着集电极电流的增加，双极型晶体管的直流电流放大系数减小。因此，可以通过 h_{fe}-I_c 关系曲线，提取出与大注入效应相关的模型参数：I_{KF} 和 N_K。因此，测试双极型晶体管得到如图 4.3-8 所示 $I_c \sim I_b$ 关系曲线，从而提取出 h_{fe}-I_c 关系曲线，且将提取的数据输入图 4.3-9 所示的数据框中，通过曲线拟合，

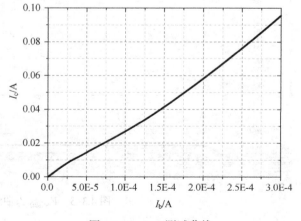

图 4.3-8　I_c-I_b 测试曲线

可以提取出相应的模型参数。

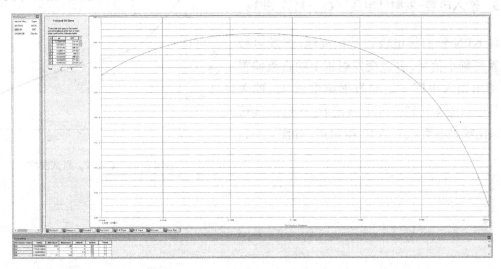

图 4.3-9　h_{fe}-I_c 曲线数据输入界面

4. 集电极发射极饱和电压-集电极电流（$V_{ce(sat)}$-I_c）曲线

设置 I_C/I_B 为 10，保证 NPN 管工作在饱和区，测试得到如图 4.3-10 所示的 $V_{ce(sat)}$-I_c 曲线，并将数据输入如图4.3-11所示 $V_{ce(sat)}$-I_c 曲线数据输入界面的输入框中，用于计算模型参数中的理想最大反向放大系数 β_R、集电结饱和泄漏电流 I_{SC}、集电结漏发射系数 N_C、反向大电流转折点 I_{KR}、集电极欧姆电阻 R_C。

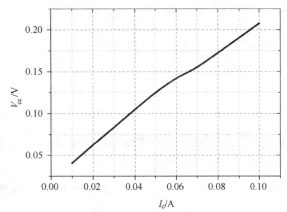

图 4.3-10　$V_{ce(sat)}$-I_c 测试曲线

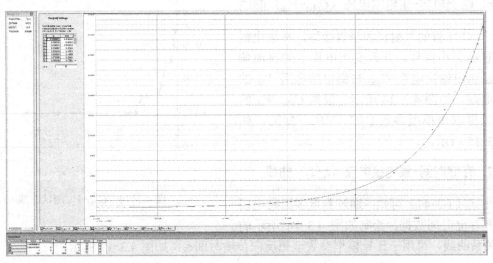

图 4.3-11　$V_{ce(sat)}$-I_c 曲线数据输入界面

5. 输入电容-发射结电压（C_{ibo}-V_{eb}）曲线

将 NPN 管的集电极和基极接地，在发射极上偏置高频小信号，并改变发射极上的直流偏置电压测出输入电容 C_{ibo} 与发射结电压 V_{eb} 的关系曲线，如图 4.3-12 所示。根据 C_{ibo}-V_{eb} 曲线可以提取出模型参数 CJE、VJE 和 MJE，如图 4.3-13 所示。

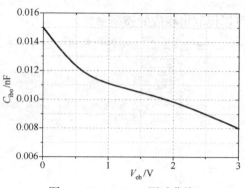

图 4.3-12　C_{ibo}-V_{eb} 测试曲线

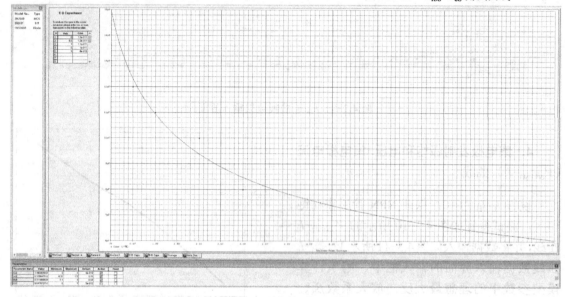

图 4.3-13　C_{ibo}-V_{eb} 曲线数据输入界面

6. 输出电容-集电结电压（C_{obo}-V_{cb}）曲线

将 NPN 管的发射极和基极接地，在集电极上偏置高频小信号，并改变集电极上的直流偏置电压测出输出电容 C_{obo} 与集电结电压 V_{cb} 的关系曲线，如图 4.3-14 所示。根据 C_{obo}-V_{cb} 曲线可以提取出模型参数 CJC、VJC、MJC，如图 4.3-15 所示。

7. 存储时间-集电极电流（t_s-I_c）曲线

由式（1.2-47）可知，通过测量多组集电极电流和存储时间数据，绘制如图 4.3-16 所示的 t_s-I_c 关系曲线，可用于计算模型参数理想反向传输时间 τ_R，如图 4.3-17 所示。

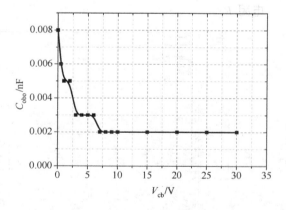

图 4.3-14　C_{obo}-V_{cb} 测试曲线

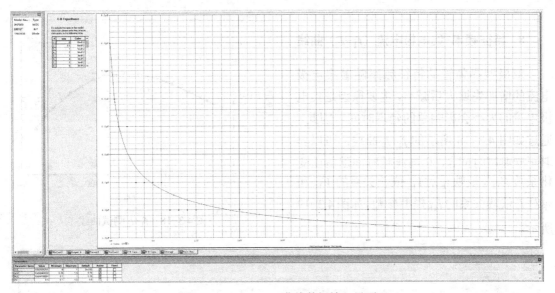

图 4.3-15 C_{obo}-V_{cb} 曲线数据输入界面

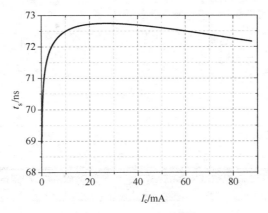

图 4.3-16 t_s-I_c 测试曲线

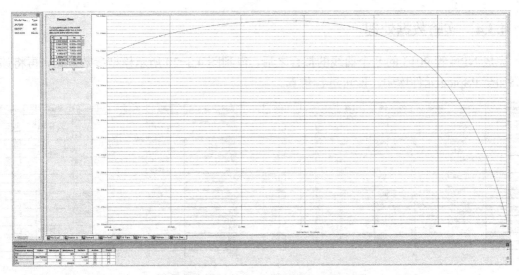

图 4.3-17 t_s-I_c 曲线数据输入界面

8. 特征频率-集电极电流（f_T-I_c）曲线

双极型晶体管的特征频率随着集电极电流的增加先增大后减小，主要原因是集电极电流的大小会影响总的延迟时间。因此，通过如图 4.3-18 所示的 f_T-I_c 曲线，可以提取正向渡越时间 τ_F、正向渡越时间随偏压变化系数 X_{TF}、反映 τ_F 对 V_{bc} 依赖关系的 V_{TF} 和 τ_F 对 I_c 依赖关系的 I_{TF} 模型参数，如图 4.3-19 所示。

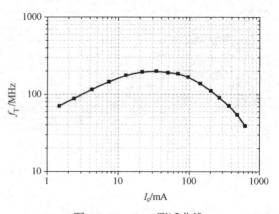

图 4.3-18　f_T-I_c 测试曲线

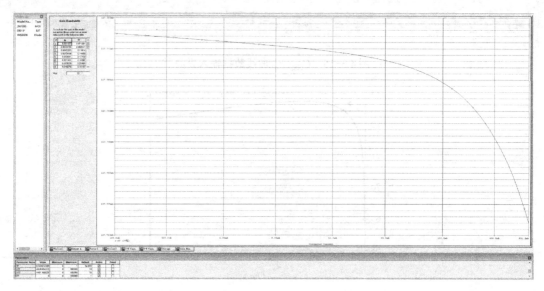

图 4.3-19　f_T-I_c 曲线数据输入界面

4.3.4　实验数据处理

完成 NPN 管 9013 的 8 个曲线的拟合之后，得到图 4.3-20 所示模型参数数据，再将该模型添加至 PSpice 元件库中，即可进行仿真。

Parameter Name	Value	Minimum	Maximum	Default	Active	Fixed
IS	8.3479e-015	1e-020	1e-006	1e-014	☑	☐
BF	257.17	1	1500	100	☐	☐
NF	1	0.8	1.2	1	☐	☐
VAF	35.668	0	1000	100	☐	☐
IKF	19.96	0.01	20	0	☐	☐
ISE	8.3479e-015	0	1	0	☐	☐
NE	2	1	2	1.5	☐	☐
BR	5.9391	0.1	500	1	☐	☐
NR	1	0.1	5	1	☐	☐
VAR	100	0	1000	100	☐	☐
IKR	0.99962	0.01	20	0	☐	☐
ISC	1.5268e-014	0	1	0	☐	☐
NC	2.997	1	3	2	☐	☐
NK	0.5	0.1	0.5	0.5	☐	☐
RE	0	0	100000	0	☐	☐
RB	9.1421	0	100	0	☑	☐

Parameter Name	Value	Minimum	Maximum	Default	Active	Fixed
RC	1.8115	0	100000	0	☐	☐
CJE	1.4932e-011	0	1	2e-012	☐	☐
VJE	0.57805	0.35	1.5	0.75	☐	☐
MJE	0.3111	0.1	1	0.33	☐	☐
CJC	8.0471e-012	0	1	2e-012	☐	☐
VJC	0.45244	0.35	1.5	0.75	☐	☐
MJC	0.40472	0.1	1	0.33	☐	☐
FC	0.5	0.1	1.5	0.5	☐	☐
TF	0.024491	0	1	1e-008	☐	☐
XTF	49.58	0	100000	10	☐	☐
VTF	4487.8	0	100000	10	☐	☐
ITF	0	0	100000	1	☐	☐
PTF	0	0	360	0	☐	☐
TR	1.9039e-008	0	1	1e-008	☐	☐
EG	1.11	0.69	5	1.11	☐	☐
XTB	0	0	100000	0	☐	☐
XTI	3	0.1	100000	3	☐	☐

图 4.3-20　NPN 管 9013 的模型参数数据

下面通过直流输出特性仿真来验证实验提取的器件模型参数。

NPN 管的输出特性曲线测试电路和设置如图 4.3-21 所示。这是一个简易的共射放大电路，使用二级扫描对 V_{ce} 和基极电流 I_1（即 I_b）进行扫描。一级扫描电压 V_{ce}，在 0～8V 区间内以每步 0.1V 进行线性扫描。二级扫描电流 I_1 从 0 增加到 $10\mu A$，并每步增加 $2\mu A$ 进行线性扫描。以 V_{ce} 为横轴，I_c 为纵轴，得到如图 4.3-22 所示的 NPN 管 9013 的输出特性曲线。

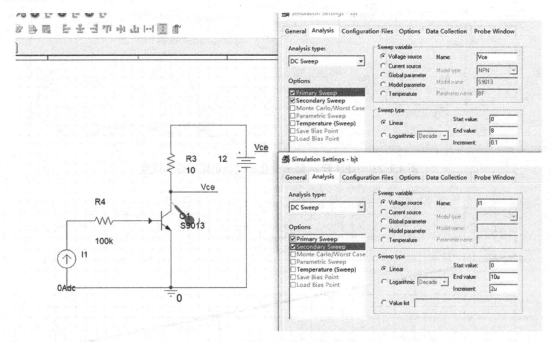

图 4.3-21　NPN 管输出特性曲线测试电路和仿真设置

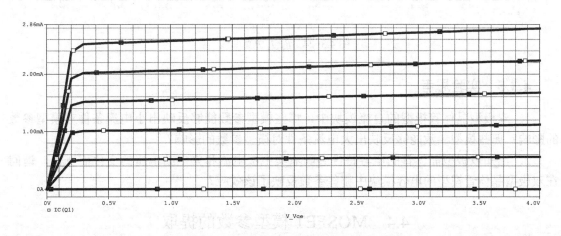

图 4.3-22　NPN 管 9013 的仿真输出特性曲线

图 4.3-23 是用于验证 NPN 管的正向放大倍数 β_F 随 I_c 变化的测试电路和仿真设置，相应的仿真结果如图 4.3-24 所示，可以看出该模型包含了小电流时 β_F 随 I_c 的减小而减小的物理过程。

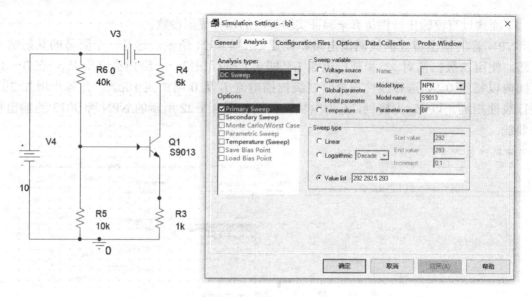

图 4.3-23　NPN 管 β_F 随 I_c 变化的测试电路和仿真设置

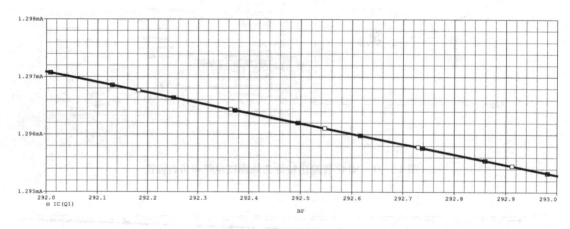

图 4.3-24　β_F–I_c 仿真曲线

4.3.5　实验思考

1．双极型晶体管模型的直流模块中，哪些模型参数能够反映出小电流条件对模型参数的影响？哪些模型参数能够反映出大电流条件对模型参数的影响？

2．已知双极型晶体管的电容特性会随着集电极电流和集电结电压的变化而变化，请问在双极型晶体管模型的电容模块中哪些参数反映了该效应？

4.4　MOSFET 模型参数的提取

绝缘栅型场效应晶体管（MOSFET）是一种电压控制型多子导电器件，又称单极型晶体管。与双极型器件相比，单极性器件具有输入阻抗高、温度特性好、噪声较小、功耗低等特点。

PSpice 中提供了几种 MOSFET 模型，用变量 LEVEL 来指定。本章涉及的模型有：

LEVEL=1 时的一阶模型 MOS1，LEVEL=2 时的二维解析模型 MOS2，LEVEL=3 时的半经验模型 MOS3。

MOS1 适用于精度要求不高的长沟道 MOSFET。

但是，当 MOSFET 的几何尺寸缩小到一定程度，会出现一系列的二阶效应，此时将不再适用 MOS1，而 MOS2 考虑了阈电压的短沟道效应、漏栅静电反馈效应、亚阈区导电等二阶效应。

MOS3 是一个半经验模型，引入了许多经验方程和经验参数，从而改进模型的精度和降低计算的复杂性。MOS3 适用于短沟道 MOSFET，其大多数模型参数与 MOS2 相同，但引入了纵向电场和横向电场对迁移率的影响。

本节以 N 沟道 MOSFET（NMOSFET）为例进行讲解。

4.4.1　实验目的

掌握绝缘栅型场效应晶体管（MOSFET）的模型等效电路、模型参数和模型公式；掌握模型参数的物理特性及意义；掌握双极型晶体管的模型提取的方法，能够建立模型元件库。

建议学时数：4 学时。

4.4.2　实验原理

1. 模型等效电路

MOSFET 的模型等效电路如图 4.4-1 所示。

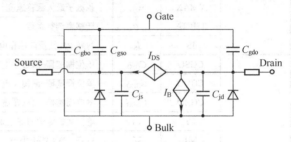

图 4.4-1　MOSFET 的模型等效电路

N 沟道 MOSFET 的模型语句格式如下：

.MODEL MNAME NMOS (P1 = B1 P2 = B2 P3 = B3 … PN = BN)

P 沟道 MOSFET 的模型语句格式如下：

.MODEL MNAME PMOS (P1 = B1 P2 = B2 P3 = B3 … PN = BN)

其中，MNAME 为双极型晶体管的模型名，NMOS 和 PMOS 为器件的类型标识符。模型名称可以以任意字母开头，但长度限制为 8 位。P1，P2，…，PN 为参数名称，B1，B2，…，BN 为参数值。

2. 模型参数

MOSFET 器件的模型参数如表 4.4-1 所示。

表 4.4-1　MOSFET 器件的模型参数

相关模块	模型参数	符号	参数名称	适用级数	单位	默认值
	LEVEL		模型级别			1
几何尺寸	L	L	版图沟道长度		μm	
	W	W	版图沟道宽度		μm	
阈电压模块	VT0	V_{T0}	零偏压阈值电压	1~3	V	1
	DELTA	δ	阈值电压的沟道宽度效应系数	3	–	1
	ETA	η	阈值电压的静态反馈系数	3	–	1

相关模块	模型参数	符号	参数名称	适用级数	单位	默认值
直流模块	KP	K_P	跨导系数	1～3	A/V^2	20μ
	GAMMA	γ	体效应系数	1～3	V$^{1/2}$	0
	PHI	$2\phi_F$	强反型时半导体表面电势	1～3	V	0.6
	LAMBDA	λ	沟道长度调制系数	1～2	V^{-1}	0
	RD	R_D	漏极电阻	1～3	Ω	0
	RS	R_S	源极电阻	1～3	Ω	0
	RG	R_G	栅极电阻	1～3	Ω	0
	RSH	R_{SH}	漏源扩散区薄层电阻	1～3	Ω	0
	RDS	R_{DS}	漏源漏电阻	1～3	Ω	1E6
	U0	μ_0	表面迁移率	1～3	cm/V·s	600
	UCRIT	μ_c	迁移率下降时临界电场	2	V/cm	10000
	UEXP	μ_e	迁移率下降时临界电场指数	2		0
	UTRA	μ_t	迁移率下降时临界电场系数	2		0
	VMAX	v_{max}	载流子最大漂移速度	2～3	m·s^{-1}	0
	THETA	θ	迁移率调制系数	1～3	V^{-1}	0
	IS	I_S	衬底 PN 结反向饱和电流	1～3	A	1E-12
电容模块	CGSO	C_{GSO}	单位栅宽栅-源覆盖电容	1～3	F/m	0
	CGDO	C_{GDO}	单位栅宽栅-漏覆盖电容	1～3	F/m	0
	CGBO	C_{GBO}	单位栅宽栅-衬底覆盖电容	1～3	F/m	0
	CJ	C_J	单位面积零偏衬底结底部电容	1～3	F/m^2	0
	MJ	M_J	衬底结底部梯度因子	1～3	–	0.5
	CJSM	C_{JSM}	单位周边长度零偏压衬底结侧壁电容	1～3	F/m	0
	MJSM	M_{JSM}	衬底结侧壁梯度因子	1～3	–	0.33
	FC	F_C	正偏耗尽电容系数	1～3	–	0.5
	PB	ϕ	衬底 PN 结内建电势	1～3	V	0.8
	CBD	C_{BD}	零偏压 B–D 结电容	1～3	F	0
	CBS	C_{BS}	零偏压 B–S 结电容	1～3	F	0
	TOX	t_{OX}	栅氧化层厚度	1～3	m	1E-7
工艺相关参数	NSUB	N_{SUB}	衬底掺杂浓度	1～3	cm^{-3}	0
	NSS	N_{SS}	表面态浓度	1～3	cm^{-2}	0
	NFS	N_{FS}	快表面态浓度	2～3	cm^{-2}	0
	TPG	t_{pg}	栅材料类型 0 铝栅 1 硅栅，掺杂和衬底相反 -1 硅栅，掺杂和衬底相同	2～3		1
	LD	L_d	漏源 PN 结沿沟道长度方向的横向扩散长度	1～3	μm	0
	WD	W_d	漏源 PN 结沿沟道宽度方向的横向扩散长度	1～3	μm	0
	XJ	x_j	漏源 PN 结结深	2～3	μm	0

3. 参数计算公式

（1）直流特性相关公式

1）MOS1（一级模型）

MOS1 适用于对精度要求不高的长沟道 MOSFET。

① 沟道长度和宽度：

有效沟道长度

$$L_{\text{eff}} = L - 2L_{\text{d}} \tag{4.4-1}$$

有效沟道宽度

$$W_{\text{eff}} = W - 2W_{\text{d}} \tag{4.4-2}$$

其中，L 是版图设计的沟道长度，W 是版图设计的沟道宽度，L_{d} 是沿沟道长度方向的横向扩散长度，W_{d} 是沿沟道宽度方向的横向扩散长度。

② 阈值电压：当衬底偏压 $V_{\text{BS}}=0$ 时，阈值电压 V_{T0} 由半导体表面发生强反型时平带电压 V_{FB}、氧化层上压降 V_{OX} 和半导体上压降 V_{s} 之和构成。

$$V_{\text{T0}} = V_{\text{FB}} + V_{\text{OX}} + V_{\text{s}} \tag{4.4-3}$$

其中

$$V_{\text{FB}} = \phi_{\text{MS}} - \frac{qN_{\text{SS}}}{C_{\text{OX}}} \tag{4.4-4}$$

N_{SS} 是表面态面密度，ϕ_{MS} 是功函数差

$$\phi_{\text{MS}} = \begin{cases} -0.5(E_{\text{g}} + 2\phi_{\text{F}}) & t_{\text{pg}} = 1 \\ 0.5(E_{\text{g}} - 2\phi_{\text{F}}) & t_{\text{pg}} = -1 \\ -0.05 - 0.5(E_{\text{g}} + 2\phi_{\text{F}}) & t_{\text{pg}} = 0 \end{cases} \tag{4.4-5}$$

式中，t_{pg} 代表栅材料类型标志，对金属栅为零，对多晶硅栅，如掺杂与衬底相同时为-1，相反时为+1。$2\phi_{\text{F}}$ 为发生强反型时的半导体表面电势

$$\phi_{\text{F}} = V_{\text{t}}\ln\frac{N_{\text{SUB}}}{n_{\text{i}}} \tag{4.4-6}$$

其中，N_{SUB} 为 MOSFET 器件的衬底掺杂浓度。

单位面积的栅电容为

$$C_{\text{OX}} = \varepsilon_{\text{OX}} / t_{\text{OX}} \tag{4.4-7}$$

其中，ε_{OX} 是栅氧化层的介电常数，t_{OX} 是栅氧化层厚度。

氧化层上的压降为

$$V_{\text{OX}} = \frac{[2q\varepsilon_{\text{s}}N_{\text{SUB}}2\phi_{\text{F}}]^{1/2}}{C_{\text{OX}}} = \frac{[2q\varepsilon_{\text{s}}N_{\text{SUB}}]^{1/2}}{C_{\text{OX}}}(2\phi_{\text{F}})^{1/2} = \gamma(2\phi_{\text{F}})^{\frac{1}{2}} \tag{4.4-8}$$

其中，ε_{s} 是半导体的介电常数，γ 是体效应系数

$$\gamma = [2q\varepsilon_{\text{s}}N_{\text{SUB}}]^{1/2} / C_{\text{OX}} \tag{4.4-9}$$

半导体上压降 V_{S} 就是半导体的表面势，即 $V_{\text{S}} = 2\phi_{\text{F}}$。

当 $V_{\text{BS}} \neq 0$ 时，阈电压为

$$V_{\text{T}} = V_{\text{T0}} + \gamma(\sqrt{2\phi_{\text{F}} - V_{\text{BS}}} - \sqrt{2\phi_{\text{F}}}) \tag{4.4-10}$$

③ 漏源饱和电压

$$V_{\text{DSAT}} = V_{\text{GS}} - V_{\text{T}} \tag{4.4-11}$$

④ 截止区漏极电流：当 $V_{\text{GS}} < V_{\text{T}}$ 时，$I_{\text{D}} = 0$。

⑤ 线性区漏极电流：在线性区，$V_{\text{GS}} \geq V_{\text{T}}$，且 $V_{\text{DS}} < V_{\text{DSAT}}$，漏极电流为

$$I_{\text{D}} = \frac{W_{\text{eff}}}{L_{\text{eff}}} K_{\text{P}} V_{\text{DS}} \left(V_{\text{GS}} - V_{\text{T}} - \frac{V_{\text{DS}}}{2}\right)(1 + \lambda V_{\text{DS}}) \tag{4.4-12}$$

上式中，跨导系数 $K_{\text{P}} = \mu_0 C_{\text{OX}}$，$\mu_0$ 为沟道区载流子的表面迁移率，λ 为沟道长度调制系数。

⑥ 饱和区漏极电流：在饱和区，$V_{\text{GS}} \geq V_{\text{T}}$，且 $V_{\text{DS}} \geq V_{\text{DSAT}}$，漏极电流方程为

$$I_{\text{D}} = \frac{K_{\text{P}}W_{\text{eff}}}{2L_{\text{eff}}}(V_{\text{GS}} - V_{\text{T}})^2(1 + \lambda V_{\text{DS}}) \tag{4.4-13}$$

⑦ 衬底电流：源区、漏区与衬底之间的 PN 结电流可用类似于二极管的公式来表示，即

$$I_{\text{BS}} = I_{\text{S}}\left[\exp\left(\frac{qV_{\text{BS}}}{kT}\right) - 1\right] \tag{4.4-14}$$

$$I_{BD} = I_S \left[\exp\left(\frac{qV_{BD}}{kT} \right) - 1 \right] \qquad (4.4\text{-}15)$$

式中，I_S 是衬底 PN 结的反向饱和电流。

2）MOS2（二级模型）

① 沟道长度和宽度：与一级模型一致。

② 阈值电压：在一级模型的基础上，二级模型的阈值电压应考虑短沟道效应和窄沟道效应。

当 MOSFET 的沟道长度小于 5μm 时，应考虑源区、漏区对沟道电荷的影响。此时，不能采用一级模型中的缓变沟道近似，需要采用梯形的沟道耗尽区剖面形状来模拟这种影响。此时，体效应系数的计算公式改写为

$$\gamma_S = \gamma \left[1 - \frac{x_j}{2L_{eff}} \left(\sqrt{1 + \frac{2W_S}{x_j}} + \sqrt{1 + \frac{2W_D}{x_j}} - 2 \right) \right] \qquad (4.4\text{-}16)$$

其中
$$W_D = \left(\frac{2\varepsilon_{si}}{qN_{sub}} \right)^{1/2} \cdot (2\phi_F - V_{BS} + V_{DS})^{1/2} \qquad (4.4\text{-}17)$$

$$W_S = \left(\frac{2\varepsilon_{si}}{qN_{sub}} \right)^{1/2} \cdot (2\phi_F - V_{BS})^{1/2} \qquad (4.4\text{-}18)$$

当 MOSFET 的沟道宽度很窄时，阈值电压将随着沟道宽度的减小而增大。这个现象称为阈值电压的窄沟道效应。当 MOSFET 的沟道宽度小于 5μm 时，应考虑窄沟道效应。在 MOS2 中，用沟道宽度效应系数 δ 来拟合实验数据。

考虑到 MOSFET 的短沟道效应和窄沟道效应，阈值电压 V_T 修改为

$$V_T = V_{T0} - \gamma\sqrt{2\phi_F} + \gamma_S\sqrt{2\phi_F - V_{BS}} + \delta\frac{\pi\varepsilon_{si}}{4C_{OX}W_{eff}}(2\phi_F - V_{BS}) \qquad (4.4\text{-}19)$$

③ 亚阈区漏极电流：在二级模型中，考虑了 MOSFET 亚阈区导电的情况，并定义了一个新的阈值电压 V_{ON}。当 $V_{GS} < V_{ON}$ 时为表面弱反型，当 $V_{GS} > V_{ON}$ 时为表面强反型，如图 4.4-2 所示。

$$V_{ON} = V_T + n\frac{kT}{q} \qquad (4.4\text{-}20)$$

式中
$$n = 1 + \frac{qN_{FS}}{C_{OX}} + \frac{C_B}{C_{OX}} \qquad (4.4\text{-}21)$$

式中，N_{FS} 是表面快态密度，衬底耗尽层电容为

$$C_B \equiv \frac{dQ_B}{dV_{BS}} = \frac{\gamma}{2\left(2\phi_F - V_{BS}\right)^{1/2}} C_{OX} \qquad (4.4\text{-}22)$$

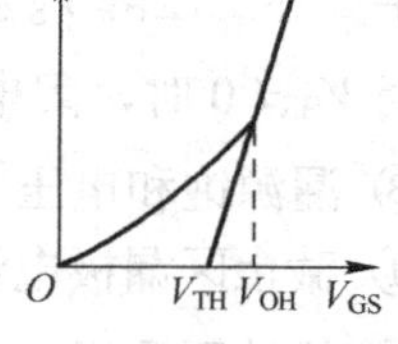

图 4.4-2　阈值电压 V_{ON} 的定义

因此，亚阈区漏极电流方程为　$I_D = I_{ON} \exp\left[\frac{q}{nkT}(V_{GS} - V_{ON}) \right]$ 　(4.4-23)

式中，I_{ON} 代表 $V_{GS} = V_{ON}$ 时的强反型电流，即 $V_{GS} = V_{ON}$ 时的线性区漏极电流。

④ 漏源饱和电压：考虑到短沟道和窄沟道效应后，当 $V_{GS} \geq V_{ON}$ 且 $V_{DS} \geq V_{GSAT}$ 时，漏源饱和电压为

$$V_{DSAT} = \frac{V_{GS} - V_{BIN}}{\eta} + \frac{1}{2}\left(\frac{\gamma_S}{\eta}\right)^2 \left\{ 1 - \left[1 + 4\left(\frac{\eta}{\gamma_S}\right)^2 \left(\frac{V_{GS} - V_{BIN}}{\eta} + 2\phi_F - V_{BS}\right) \right]^{1/2} \right\} \qquad (4.4\text{-}24)$$

其中，$V_{BIN} = V_{T0} - \gamma\sqrt{2\phi_F} + \delta\dfrac{\pi\varepsilon_s}{4C_{OX}Z}(2\phi_F - V_{BS})$，$\eta$为静电反馈系数。此时模型考虑了漏区静电场对沟道区的反馈作用。

⑤ 线性区漏极电流：在 MOS2 中，线性区漏极电流方程采用漏极电流的精确表达式，并考虑到前面讨论的各种因素后，修改为

$$I_D = \beta\left\{\left(V_{GS} - V_{BIN} - \frac{\eta V_{DS}}{2}\right)V_{DS} - \frac{2}{3}\gamma_S\left[\left(V_{DS} + 2\phi_F - V_{BS}\right)^{3/2} - (2\phi_F - V_{BS})^{3/2}\right]\right\} \quad (4.4\text{-}25)$$

上式中，$\beta = \dfrac{\mu_{eff}C_{OX}W_{eff}}{L_{eff} - \Delta L}$。$\mu_{eff}$ 是有效迁移率，MOS1 中假设表面迁移率 μ_0 是常数，但是实际上当 V_{GS} 和 V_{DS} 增加时，μ_0 会有所下降。MOS2 中迁移率采用如下经验公式：

$$\mu_{eff} = \mu_0\left[\frac{\varepsilon_s}{\varepsilon_{OX}}\cdot\frac{\mu_c T_{OX}}{V_{GS} - V_T - \mu_t V_{DS}}\right]^{\mu_e} \quad (4.4\text{-}26)$$

其中，μ_c 代表纵向临界电场强度，μ_t 代表横向电场系数，μ_e 代表迁移率下降的临界指数系数。

当 $V_{DS} > V_{DSAT}$ 后，MOSFET 的沟道夹断点从漏端向源区方向移动，使有效沟道长度缩短 ΔL，这就是沟道长度调制效应。在 MOS2 中

$$\Delta L = \lambda L_{eff}V_{DS} \quad (4.4\text{-}27)$$

其中，λ 为沟道长度调制系数。如模型参数中给定了 λ，就可由上式计算得到 ΔL。如未给定 λ，则

$$\Delta L = x_D\left\{\frac{V_{DS} - V_{DSAT}}{4} + \left[1 + \left(\frac{V_{DS} - V_{DSAT}}{4}\right)^2\right]^{1/2}\right\}^{1/2} \quad (4.4\text{-}28)$$

其中，$x_D = \left(\dfrac{2\varepsilon_s}{qN_{SUB}}\right)^{1/2}$。

⑥ 饱和区漏极电流：在长沟道 MOSFET 中，认为漏极电流饱和的原因是沟道夹断。而在短沟道 MOSFET 中，在沟道被夹断之前已经出现载流子漂移速度的饱和，从而使漏极电流饱和。在 MOS2 模型中，以参数 v_{max} 代表载流子的饱和漂移速度，其漏极电流的计算公式与线性区计算公式一致，只是在计算有效沟道长度时需要考虑速度饱和造成的有效沟道长度变化。

当 $V_{GS} > V_{ON}$ 且 $V_{DS} \geqslant V_{GSAT}$ 时

$$I_D = \beta\left\{\left(V_{GS} - V_{BIN} - \frac{\eta V_{DSAT}}{2}\right)V_{DSAT} - \frac{2}{3}\gamma_S\left[\left(V_{DSAT} + 2\phi_F - V_{BS}\right)^{3/2} - \left(2\phi_F - V_{BS}\right)^{3/2}\right]\right\} \quad (4.4\text{-}29)$$

此时

$$\beta = \frac{\mu_{eff}C_{OX}W_{eff}}{L_{eff} - \Delta L} \quad (4.4\text{-}30)$$

$$\Delta L = x_D\sqrt{\left(\frac{x_D v_{max}}{2\mu_{eff}}\right)^2 + V_{DS} - V_{DSAT}} - \frac{x_D v_{max}}{2\mu_{eff}} \quad (4.4\text{-}31)$$

⑦ 衬底电流：与一级模型一致。

3）MOS3（三级模型）

MOS3 是一个半经验模型，引入了很多经验方程和经验参数，目的是改进模型的精度和降低计算的复杂性。MOS3 适用于短沟道 MOSFET，且模拟精度较高。该模型的大多数模型

参数与 MOS2 的相同，但引入了一些新的效应和参数。

① 沟道长度和宽度：与一级模型一致。

② 阈值电压：MOS3 中，除了考虑短沟道效应和窄沟道效应，还考虑漏栅静电反馈效应对阈值电压 V_T 的影响。

$$V_T = V_{T0} - \gamma\sqrt{2\phi_F} - \zeta V_{DS} + \gamma F_S \left(2\phi_F - V_{BS}\right)^{1/2} + F_N \left(2\phi_F - V_{BS}\right) \tag{4.4-32}$$

上式中，ζ 代表静电反馈因子，由如下经验公式给出

$$\zeta = \frac{8.15 \times 10^{-22}\eta}{C_{OX}L_{eff}^3} \tag{4.4-33}$$

在 MOS3 中采用改进的梯形耗尽区模型，并考虑了圆柱形电场分布的影响，短沟道效应的校正因子 F_S 由下式给出

$$F_S = 1 - \frac{x_j}{L_{eff}}\left\{\frac{L_d + W_C}{x_j}\sqrt{1 - \left(\frac{W_P}{x_j - W_P}\right)^2} - \frac{L_d}{x_j}\right\} \tag{4.4-34}$$

上式中，W_P 和 W_C 分别为平面结耗尽区宽度和圆柱结耗尽区宽度，且有

$$W_P = x_D\left(2\phi_F - V_{BS}\right)^{1/2} \tag{4.4-35}$$

$$W_C / x_j = 0.0631353 + 0.8013292W_P - 0.01110777W_P^2 \tag{4.4-36}$$

如未设定结深 x_j，则阈值电压的短沟道效应不予考虑。

除了 MOS2 中的附加体电荷的"边缘"效应外，MOS3 还包括了场注入和非等平面等因素引起的其他"边缘"效应。F_N 为窄沟道效应的校正因子

$$F_N = \frac{\pi\delta\varepsilon_{si}}{2C_{OX}W_{eff}} \tag{4.4-37}$$

③ 漏源饱和电压：如果 v_{max} 在模型参数中没有输入，MOS3 中的饱和漏极电压为

$$V_{DSAT} = \frac{V_{GS} - V_T}{1 + F_B} \tag{4.4-38}$$

如果 v_{max} 在模型参数中有指定值，则

$$V_{DSAT} = V_a + V_b - \left(V_a^2 + V_b^2\right)^{1/2} \tag{4.4-39}$$

其中

$$V_a = \frac{V_{GS} - V_T}{1 + F_B} \tag{4.4-40}$$

$$V_b = \frac{v_{max}L_{eff}}{\mu_{eff}} \tag{4.4-41}$$

$$F_B = \frac{\gamma F_S}{4(2\phi_F - V_{BS})^{1/2}} + F_N \tag{4.4-42}$$

④ 亚阈区漏极电流：与二级模型一致。

⑤ 线性区漏极电流：MOS3 中的线性区漏极电流方程为

$$I_D = \frac{\beta\left[V_{GS} - V_T - \frac{(1 + F_B)}{2}V_{DS}\right]V_{DS}}{1 + \frac{\mu_{eff}V_{DS}}{v_{max}L_{eff}}} \tag{4.4-43}$$

式中
$$\beta = \frac{\mu_{\text{eff}} C_{\text{OX}} W_{\text{eff}}}{L_{\text{eff}} - \Delta L} \tag{4.4-44}$$

且表面迁移率 μ_{eff} 与 V_{GS} 和 V_{DS} 都有关系，经验公式为

$$\mu_s = \frac{\mu_0}{1 + \theta(V_{\text{GS}} - V_{\text{T}})} \tag{4.4-45}$$

$$\mu_{\text{eff}} = \frac{\mu_s}{1 + \dfrac{\mu_s V_{\text{DS}}}{v_{\text{max}} L}} \tag{4.4-46}$$

其中，θ 为迁移率调制系数。

在 MOS3 中，将发生沟道长度调制效应时沟道长度的减小量 ΔL 表示为

$$\Delta L = x_{\text{D}} [\kappa x_{\text{D}}^2 (V_{\text{DS}} - V_{\text{DSAT}})]^{1/2} - \frac{E_p x_{\text{D}}^2}{2} \tag{4.4-47}$$

E_p 为夹断点处的横向电场，即

$$E_p = \frac{I_{\text{DSAT}}}{g_{\text{DSAT}} L_{\text{eff}}} \tag{4.4-48}$$

g_{DSAT} 为 $V_{\text{DS}} = V_{\text{DSAT}}$ 时的输出电导，κ 是饱和场因子。

⑥ 饱和区漏极电流：

$$I_{\text{D}} = \frac{\beta \left[V_{\text{GS}} - V_{\text{T}} - \dfrac{(1 + F_{\text{B}})}{2} V_{\text{DSAT}} \right] V_{\text{DSAT}}}{1 + \dfrac{\mu_{\text{eff}} V_{\text{DSAT}}}{v_{\text{max}} L_{\text{eff}}}} \tag{4.4-49}$$

⑦ 衬底电流：与一级模型一致。

（2）电容特性相关公式

在 MOSFET 模型中，反映电荷储存效应的有源、漏区与衬底之间的 PN 结电容 C_{BS}、C_{BD}，和三个非线性栅电容 C_{GB}、C_{GS}、C_{GD}。

1）源、漏 PN 结电容 C_{BS}、C_{BD}

漏、源 PN 结电容与二极管的结电容的计算方式类似。

当源与衬底之间的电压 V_{BS} 和漏与衬底之间的电压 V_{BD} 小于 $F_{\text{C}} \cdot \phi_j$ 时

$$C_{\text{BS}} = C_{\text{J}} \frac{A_{\text{S}}}{\left(1 - \dfrac{V_{\text{BS}}}{\phi_j}\right)^{M_{\text{J}}}} + C_{\text{JSM}} \frac{P_{\text{S}}}{\left(1 - \dfrac{V_{\text{BS}}}{\phi_j}\right)^{M_{\text{JSM}}}} \tag{4.4-50}$$

$$C_{\text{BD}} = C_{\text{J}} \frac{A_{\text{D}}}{\left(1 - \dfrac{V_{\text{BD}}}{\phi_j}\right)^{M_{\text{J}}}} + C_{\text{JSM}} \frac{P_{\text{D}}}{\left(1 - \dfrac{V_{\text{BD}}}{\phi_j}\right)^{M_{\text{JSM}}}} \tag{4.4-51}$$

当 V_{BS} 和 V_{BD} 大于 $F_{\text{C}} \cdot \phi_j$ 时

$$\begin{aligned}
C_{\text{BS}} = A_{\text{S}} C_{\text{J}} (1 - FC)^{-(1 + M_{\text{J}})} \left[1 - FC(1 + M_{\text{J}}) + M_{\text{J}} \frac{V_{\text{BS}}}{\phi_j} \right] + \\
P_{\text{D}} C_{\text{JSM}} (1 - FC)^{-(1 + M_{\text{JSM}})} \left[1 - FC(1 + M_{\text{JSM}}) + M_{\text{JSM}} \frac{V_{\text{BD}}}{\phi_j} \right]
\end{aligned} \tag{4.4-52}$$

$$C_{BD} = A_S C_J (1 - FC)^{-(1+M_J)} \left[1 - FC(1 + M_J) + M_J \frac{V_{BD}}{\phi_j} \right] +$$

$$P_D C_{JSM} (1 - FC)^{-(1+M_{JSM})} \left[1 - FC(1 + M_{JSM}) + M_{JSM} \frac{V_{BD}}{\phi_j} \right] \tag{4.4-53}$$

上式中，C_J 为底部单位面积的零偏压结电容，C_{JSM} 为侧壁单位长度的零偏压结电容，A_S 和 A_D 分别为源 PN 结和漏 PN 结的底部面积，P_S 和 P_D 分别为源 PN 结和漏 PN 结的侧壁周长，M_J 为底部电容的梯度因子，M_{JSM} 为侧壁电容的梯度因子，ϕ_j 为 PN 结的内建电势，F_C 为正偏耗尽层电容公式中的系数。

2）栅电容 C_{GB}、C_{GS}、C_{GD}

栅电容 C_{GB}、C_{GS} 和 C_{GD} 可分为与偏压有关及与偏压无关的两部分，即

$$\begin{cases} C_{GB} = C_{GB}' + C_{GB}'' \\ C_{GS} = C_{GS}' + C_{GS}'' \\ C_{GD} = C_{GD}' + C_{GD}'' \end{cases} \tag{4.4-54}$$

其中与偏压无关的部分是栅极与源、漏区之间的交叠氧化层电容，以及栅与衬底之间的交叠氧化层电容(在场氧化层上)，可表示为

$$\begin{cases} C_{GB}'' = C_{GB0} L \\ C_{GS}'' = C_{GS0} Z \\ C_{GD}'' = C_{GD0} Z \end{cases} \tag{4.4-55}$$

式中，C_{GB0} 为单位沟道长度的栅-衬底交叠电容，C_{GS0} 和 C_{GD0} 分别为单位沟道宽度的栅-源和栅-漏交叠电容。

与偏压有关的栅电容是栅氧化层电容与耗尽区电容相串联的部分。栅极上的电荷为

$$Q_G = -Q_i - Q_B \tag{4.4-56}$$

其中，Q_i 是反型层电荷，Q_B 是衬底耗尽层电荷。

根据栅源电容 C_{GS}'、栅漏电容 C_{GD}' 和栅体电容 C_{GB}' 的定义，可得

$$\begin{cases} C_{GS}' = \left. \frac{\partial Q_G}{\partial V_{GS}} \right|_{V_{GD}, V_{GB}} \\[2mm] C_{GD}' = \left. \frac{\partial Q_G}{\partial V_{GD}} \right|_{V_{GS}, V_{GB}} \\[2mm] C_{GB}' = \left. \frac{\partial Q_G}{\partial V_{GB}} \right|_{V_{GD}, V_{GS}} \end{cases} \cdot \tag{4.4-57}$$

其中，$V_{GD} = V_{GS} - V_{DS}$，$V_{GB} = V_{GS} - V_{BS}$。

由上式可得不同工作区中的栅电容随偏压的变化。Meyer 模型采用准静态假设，把电荷仅仅作为电压的函数。由此可以得到 4 个工作区的 C_{GB}'、C_{GS}' 和 C_{GD}' 的计算公式。

① 积累区：$(V_{GS} - V_{BS})$ 小于等于平带电压 V_{FB}，沟道区处于积累状态，此时电容为栅电容，且与 V_{DS} 无关。

$$C_{GB}' = WLC_{OX}, \quad C_{GD}' = 0, \quad C_{GS}' = 0$$

② 亚阈区：当 $V_{FB} < V_{GS} < V_T$ 时，沟道表面处于弱反型状态,反型层电荷可以忽略，此时

$Q_{\mathrm{G}} = -Q_{\mathrm{B}}$，则

$$Q_{\mathrm{G}} = -Q_{\mathrm{B}} = -\frac{1}{2}WLC_{\mathrm{OX}}\gamma^2\left[1-\sqrt{1+\frac{4}{\gamma^2}(V_{\mathrm{GS}}-V_{\mathrm{BS}}-V_{\mathrm{FB}})}\right]$$

根据电容公式可得 $C'_{\mathrm{GB}} = WLC_{\mathrm{OX}}\left[1+\dfrac{4}{\gamma^2}(V_{\mathrm{GS}}-V_{\mathrm{BS}}-V_{\mathrm{FB}})\right]^{-1/2}$，$C'_{\mathrm{GD}} = 0$，$C'_{\mathrm{GS}} = 0$

③ 饱和区：当 $V_{\mathrm{GS}} \geqslant V_{\mathrm{T}}$ 且 $V_{\mathrm{DS}} \geqslant V_{\mathrm{DSAT}}$ 时，器件处于饱和区，沟道区强反型状态下，由于电子的屏蔽作用，耗尽区的电荷 Q_{B} 可以忽略，且沟道发生夹断，栅极电荷 Q_{G} 与 V_{DS} 无关，则

$$Q_{\mathrm{G}} = \frac{2}{3}WLC_{\mathrm{OX}}(V_{\mathrm{GS}}-V_{\mathrm{T}})$$

根据电容公式可得 $C'_{\mathrm{GB}} = 0$，$C'_{\mathrm{GD}} = 0$，$C'_{\mathrm{GS}} = \dfrac{2}{3}WLC_{\mathrm{OX}}$

④ 线性区：当 $V_{\mathrm{GS}} \geqslant V_{\mathrm{T}}$ 且 $V_{\mathrm{DS}} \leqslant V_{\mathrm{DSAT}}$ 时，器件处于线性区，沟道区处于强反型状态，则

$$Q_{\mathrm{G}} = \frac{2}{3}WLC_{\mathrm{OX}}\left[\frac{(V_{\mathrm{GS}}-V_{\mathrm{DS}}-V_{\mathrm{T}})^3-(V_{\mathrm{GS}}-V_{\mathrm{T}})^3}{(V_{\mathrm{GS}}-V_{\mathrm{DS}}-V_{\mathrm{T}})^2-(V_{\mathrm{GS}}-V_{\mathrm{T}})^2}\right]$$

根据电容公式可得 $C'_{\mathrm{GB}} = 0$

$$C'_{\mathrm{GD}} = \frac{2}{3}WLC_{\mathrm{OX}}\left\{1-\left[\frac{V_{\mathrm{GS}}-V_{\mathrm{DS}}-V_{\mathrm{T}}}{2(V_{\mathrm{GS}}-V_{\mathrm{T}})-V_{\mathrm{DS}}}\right]^2\right\}$$

$$C'_{\mathrm{GS}} = \frac{2}{3}WLC_{\mathrm{OX}}\left\{1-\left[\frac{V_{\mathrm{GS}}-V_{\mathrm{T}}}{2(V_{\mathrm{GS}}-V_{\mathrm{T}})-V_{\mathrm{DS}}}\right]^2\right\}$$

（3）温度特性相关公式

MOSFET 的物理量与温度相关的模型公式如下

$$I_{\mathrm{S}}(T) = I_{\mathrm{S}}\mathrm{e}^{\frac{E_{\mathrm{g}}(T_{\mathrm{nom}})\frac{T}{T_{\mathrm{nom}}}-E_{\mathrm{g}}(T)}{V_{\mathrm{t}}}} \tag{4.4-58}$$

$$J_{\mathrm{S}}(T) = J_{\mathrm{S}}\mathrm{e}^{\frac{E_{\mathrm{g}}(T_{\mathrm{nom}})\frac{T}{T_{\mathrm{nom}}}-E_{\mathrm{g}}(T)}{V_{\mathrm{t}}}} \tag{4.4-59}$$

$$\phi_{\mathrm{F}}(T) = \phi_{\mathrm{F}}\frac{T}{T_{\mathrm{nom}}} - 3V_{\mathrm{t}}\ln\left(\frac{T}{T_{\mathrm{nom}}}\right) - E_{\mathrm{g}}(T_{\mathrm{nom}})\frac{T}{T_{\mathrm{nom}}} + E_{\mathrm{g}}(T) \tag{4.4-60}$$

$$C_{\mathrm{BD}}(T) = C_{\mathrm{BD}}\left\{1+M_{\mathrm{J}}\left[0.0004(T-T_{\mathrm{nom}})+\left(1-\frac{P_{\mathrm{B}}(T)}{P_{\mathrm{B}}}\right)\right]\right\} \tag{4.4-61}$$

$$C_{\mathrm{BS}}(T) = C_{\mathrm{BS}}\left\{1+M_{\mathrm{J}}\left[0.0004(T-T_{\mathrm{nom}})+\left(1-\frac{P_{\mathrm{B}}(T)}{P_{\mathrm{B}}}\right)\right]\right\} \tag{4.4-62}$$

$$C_{\mathrm{J}}(T) = C_{\mathrm{J}}\left\{1+M_{\mathrm{J}}\left[0.0004(T-T_{\mathrm{nom}})+\left(1-\frac{P_{\mathrm{B}}(T)}{P_{\mathrm{B}}}\right)\right]\right\} \tag{4.4-63}$$

$$C_{\mathrm{JSW}}(T) = C_{\mathrm{JSW}}\left\{1+M_{\mathrm{JSW}}\left[0.0004(T-T_{\mathrm{nom}})+\left(1-\frac{P_{\mathrm{B}}(T)}{P_{\mathrm{B}}}\right)\right]\right\} \tag{4.4-64}$$

$$K_{\mathrm{P}}(T) = K_{\mathrm{P}} \left(\frac{T}{T_{\mathrm{nom}}} \right)^{-3/2} \tag{4.4-65}$$

$$\mu_0(T) = \mu_0 \left(\frac{T}{T_{\mathrm{nom}}} \right)^{-3/2} \tag{4.4-66}$$

4.4.3 实验方法和步骤

本实验中，使用 PSpice 的 Model Editor 软件提取 NMOSFET 器件 2N7000 的模型参数。

MOSFET 器件模型参数提取需要进行 8 组曲线的拟合，具体过程如下。

首先，新建元件库，并在 Model 菜单中单击 New 选项卡，添加 MOSFET 模型，如图 4.4-3 所示。

然后，屏幕上出现如图 4.4-4 所示的 8 个曲线选项卡，代表 8 个曲线输入界面，从左到右分别为跨导-漏极电流（g_{FS}-I_{D}）曲线、漏极电流-栅源电压（I_{D}-V_{GS}）曲线、导通电阻-漏极电流（R_{DS}-I_{D}）曲线、零偏置漏电流-漏源电压（I_{DSS}-V_{DS}）曲线、栅源电压-导通电荷（V_{GS}-Q_{G}）曲线、输出电容-漏源电压（C_{OSS}-V_{DS}）曲线、下降时间-漏极电流（t_{f}-I_{D}）曲线和反向漏电流-漏源电压（I_{DR}-V_{DS}）曲线。完成上述曲线数据的输入工作，软件即可提取出 MOSFET 的相关模型参数。

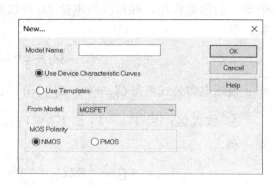

图 4.4-3 模型选项卡

图 4.4-4 曲线选项卡

1. 跨导-漏极电流（g_{FS}-I_{D}）曲线

当 MOSFET 工作在饱和区时，根据漏极电流 I_{D} 与饱和区跨导 g_{FS} 的关系曲线，可以提取与直流电流电压相关模型参数。g_{FS} 可以通过 NMOSFET 的转移特性曲线提取。为了保证器件工作在饱和区，测试时将漏源电压 V_{DS} 保持为 10V。图 4.4-5 是测试得到的 2N7000 的转移特性曲线。然后，对该曲线进行求导，即可得跨导与漏极电流的关系曲线。再将跨导和漏极电流的测试曲线数据输入到图 4.4-6 所示界面的输入框中，软件自动生成跨导-漏极电流（g_{FS}-I_{D}）曲线，并提取出 W 和 K_{P} 两个模型参数。

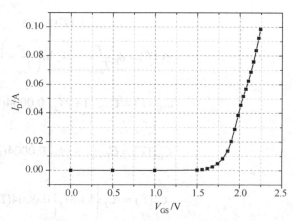

图 4.4-5 2N7000 转移特性测试曲线

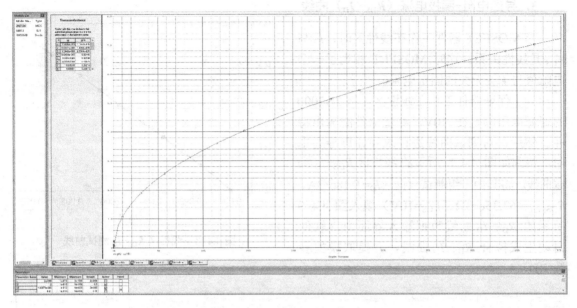

图 4.4-6　g_{FS}-I_D 曲线数据录入界面

2. 漏极电流-栅源电压（I_D-V_{GS}）曲线

根据图 4.4-5 所示的 2N7000 转移特性测试曲线，即漏极电流-栅源电压（I_D-V_{GS}）关系曲线，可以提取出 V_{T0}。将转移特性曲线的数据输入到图 4.4-7 所示的表格中，软件自动生成 I_D-V_{GS} 曲线，并提取出 V_{T0} 模型参数。

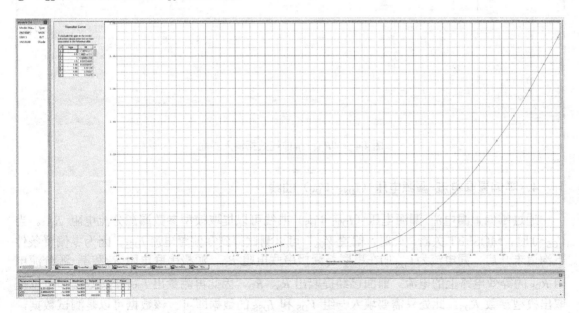

图 4.4-7　I_D-V_{GS} 曲线数据输入界面

3. 导通电阻-漏极电流（R_{DS}-I_D）曲线

当 MOSFET 器件工作在线性区时，I_D 与 V_{DS} 是线性关系。这时 MOSFET 相当于一个电阻值与 V_{DS} 无关的固定电阻。

为了保证器件工作在线性区，将 2N7000 的栅源电压固定在 10V，测量器件的输出特性。然后，对测试曲线进行求导计算导通电阻，得到如图 4.4-8 所示的线性区 R_{DS}-I_D 测试曲线。将其中一组测试数据（I_D= 9.18e-3A、$R_{DS(on)}$=467.35e-3Ω、V_{GS}=10V）填入图 4.4-9 所示的 R_{DS}-I_D 曲线数据输入界面中，软件自动生成拟合 R_{DS}-I_D 曲线，并提取模型参数 RD。

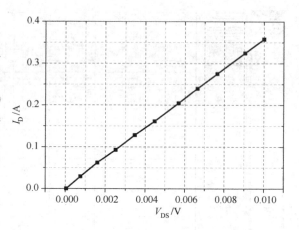

图 4.4-8　线性区 R_{DS}-I_D 测试曲线

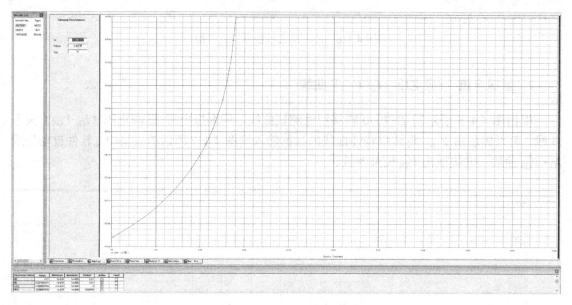

图 4.4-9　R_{DS}-I_D 曲线数据输入界面

4. 零偏置漏电流-漏源电压（I_{DSS}-V_{DS}）曲线

通过零偏置漏电流-漏源电压（I_{DSS}-V_{DS}）曲线可以提取模型参数漏源分流电阻 R_{DS}。当 V_{GS}=0 时，MOSFET 关断。此时，偏置 V_{DS}，可以测试得到零偏置电流 I_{DSS}。因为零偏置条件下沟道未开启，漏电流为 V_{DS} 加在串联着漏极串联电阻 R_D、源极串联电阻 R_S 和漏-源分流电阻 R_{DS} 的等效电路上的电流。前面已经提取出 R_S、R_D，因此再测量出 I_{DSS}-V_{DS} 数据即可以提取出模型参数 R_{DS}。此处只需要填入一组 V_{DS} 和 I_{DSS} 的数据即可。该数据可以是测试数据，也可以由器件的数据手册提供。根据 2N7000 的数据手册，将零偏置条件下的数据（V_{DS}=48V，I_{DSS}=2.4E-11A）填入图 4.4-10 所示的 I_{DSS}-V_{DS} 曲线数据输入界面中，软件自动生成拟合曲线，并提取出模型参数 R_D。

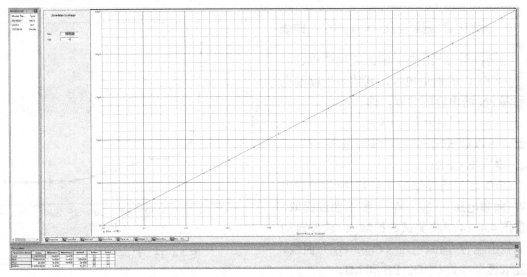

图 4.4-10　I_{DSS}-V_{DS} 曲线数据输入界面

5. 栅源电压-导通电荷（V_{GS}-Q_G）曲线

根据电容的定义，$C = \mathrm{d}Q/\mathrm{d}V$，可以通过栅源电压-导通电荷（$V_{GS}$-$Q_G$）曲线，或者使用器件数据手册上有关导通电荷数据，提取出电容模型相关参数 C_{GS0} 和 C_{GD0}。

图 4.4-11 是 2N7000 器件数据手册中栅电容充电过程栅电荷随栅电压变化的曲线。从图中可知，当 V_{DS} = 25V 且 I_D = 0.5A 时，Q_{GS}= 0.35nC，Q_{GD}= 0.6nC。将上述数据输入图 4.4-12 所示的 V_{GS}-Q_G 曲线数据输入界面，提取出模型参数 CGS0 和 CGD0。

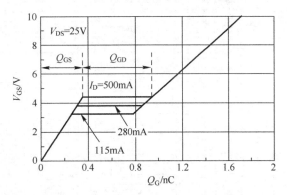

图 4.4-11　2N7000 栅电荷随栅电压变化的曲线

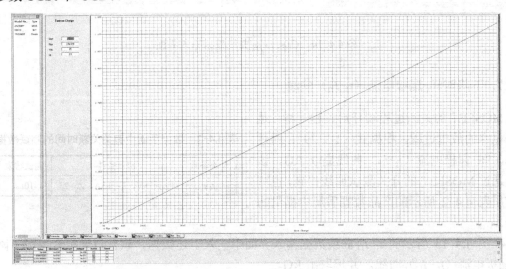

图 4.4-12　V_{GS}-Q_G 曲线数据输入界面

6. 输出电容–漏源电压（C_{OSS}–V_{DS}）曲线

当栅极与源极短接，漏源之间的电容即是 MOSFET 的输出电容，其值等于栅漏电容和漏 PN 结电容的并联，即

$$C_{OSS} = C_{BD} + C_{GD}$$

因此，可以通过输出电容–漏源电压（C_{OSS}–V_{DS}）提取出 CBD。

CBD 可以通过如图 4.4-13 所示的输出电容–漏源电压（C_{OSS}–V_{DS}）测试曲线提取，并在图 4.4-14 中将测试数据输入，软件自动生成输出电容–漏源电压（C_{OSS}–V_{DS}）曲线，并提取模型参数 CBD，PB 和 MJ。

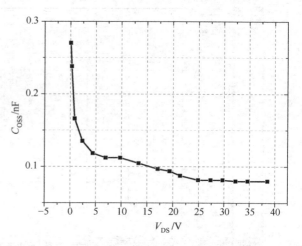

图 4.4-13　C_{OSS}–V_{DS} 拟合曲线

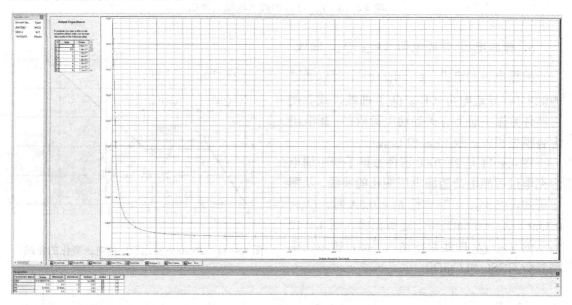

图 4.4-14　C_{OSS}–V_{DS} 曲线数据输入界面

7. 下降时间–漏极电流（t_f–I_D）曲线

MOSFET 的关断过程和开启过程一样，是对栅电容的放电过程。根据式（1.3-29），通过下降时间–漏极电流（t_f–I_D）曲线提取 RG。该数据通过 MOSFET 的开关测试曲线得到，也可以使用表 4.4-2 所示的产品数据手册中提供的数据。

表 4.4-2　数据手册中有关关断时间的测试数据

动态参数	测试条件	测试结果
t_{off}	V_{DD}=15V，I_D=0.5A，Zo=25	10ns

在图 4.4-15 所示的 t_f–I_D 曲线数据输入界面中输入上述数据，软件自动拟合生成下降时间–漏极电流（t_f–I_D）曲线，并提取出 RG。

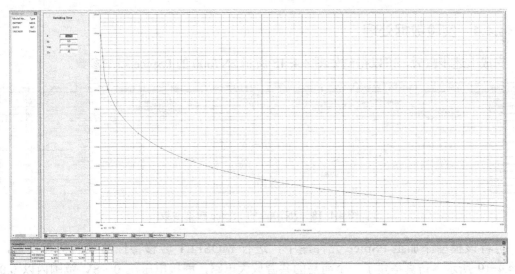

图 4.4-15　t_f-I_D 拟合曲线

8. 反向漏电流-漏源电压（I_{DR}-V_{DS}）曲线

MOSFET 漏、源区与衬底形成了漏、源 PN 结，在 MOSFET 没有形成沟道，且器件处于反向偏置条件时，器件内的漏、源 PN 结的正偏形成电流，这就是器件的反向漏电流。因此，可以通过反向漏电流-漏源电压（I_{DR}-V_{DS}）曲线数据计算 IS、N、RB。I_{DR}-V_{DS} 测试曲线如图 4.4-16 所示，并将测试数据填入如图 4.4-17 所示的 I_{DR}-V_{DS} 曲线数据输入界面中，软件自动提取出模型参数 IS、N 和 RB。

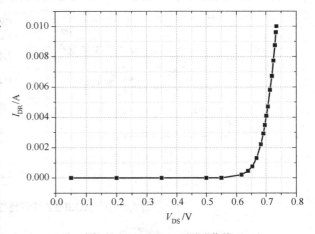

图 4.4-16　I_{DR}-V_{DS} 测试曲线

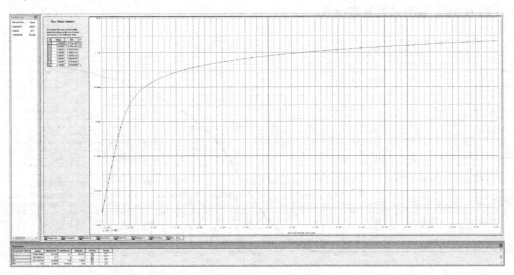

图 4.4-17　I_{DR}-V_{DS} 拟合曲线

4.4.4 实验数据处理

完成上述步骤后，可以得到如图 4.4-18 所示 2N7000 的 PSpice 模型参数。

Parameter Name	Value	Minimum	Maximum	Default	Active	Fixed	Parameter Name	Value	Minimum	Maximum	Default	Active	Fixed
LEVEL	3	1	4	3	☐	☑	FC	0.5	0.1	5	0.5	☐	☐
L	2e-006	1e-018	1e+030	2e-006	☐	☐	RG	100.5690534872	0.01	1e+030	5	☑	☐
W	1.200000047684	1e-018	1e+030	0.5	☐	☐	IS	1.876518080809e-014	1e-018	0.1	1e-014	☐	☐
KP	1.007693171692e-006	1e-018	1e+030	2e-005	☐	☐	N	1.031206344684	0.1	5	1	☐	☐
RS	0.01	1e-018	1e+030	0.01	☐	☐	RB	1.251702259821	1e-009	100	0.001	☐	☐
RD	0.2210331313333	1e-018	1e+030	0.01	☐	☐	PHI	0.6	0.001	1e+030	0.6	☐	☑
VTO	2.99998979487	-1e+030	1e+030	3	☐	☐	GAMMA	0	0	1e+030	0	☐	☑
RDS	2000000000000	1e-018	1e+030	1000000	☐	☐	DELTA	0	0	1e+030	0	☐	☑
TOX	2e-006	1e-018	1e+030	2e-006	☐	☐	ETA	0	0	1e+030	0	☐	☑
CGSO	1.659076220926e-011	1e-018	1	4e-011	☐	☐	THETA	0	0	1e+030	0	☐	☑
CGDO	2.051368885405e-011	1e-018	1	1e-011	☑	☐	KAPPA	0	0	1e+030	0	☐	☑
CBD	8.515291516373e-012	1e-018	1	1e-009	☐	☐	VMAX	0	0	1e+030	0	☐	☑
MJ	1.5	0.1	1.5	0.5	☐	☐	XJ	0	0	1e+030	0	☐	☑
PB	0.3905	0.3905	3	0.8	☐	☐	UO	600	1e-016	1e+030	600	☐	☑

图 4.4-18　2N7000 的 PSpice 模型参数

再将该模型添加至 PSpice 元件库中，进行 MOSFET 转移特性曲线的仿真设置，如图 4.4-19 所示。仿真搭建了一个简易的共源放大电路，栅极电压在 0~8V 范围内以 0.05V 的步长进行线性扫描，漏极电压通过电阻 R_2 固定在 2V。

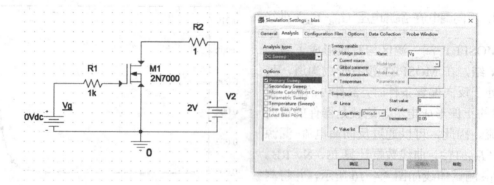

图 4.4-19　MOSFET 转移特性曲线的仿真电路和设置

仿真得到的 2N7000 的转移特性曲线，如图 4.4-20 所示，可以看出该 MOSFET 模型的阈值电压约为 3V，与测试值基本一致。

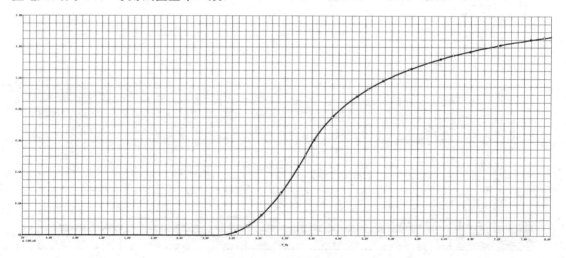

图 4.4-20　2N7000 的转移特性曲线

MOSFET 的输出特性曲线的仿真电路和设置如图 4.4-21 所示,搭建一个简易的共源放大电路，使用二级扫描对漏极电压 V_d 和栅极电压 V_g 进行扫描。其中，一级扫描漏极电压 V_d 在 0～12V 区间内以 0.5V 的步长进行线性扫描，二级扫描栅极电压 V_g 在 3.5～6.5V 范围内以 1V 的步长进行扫描。

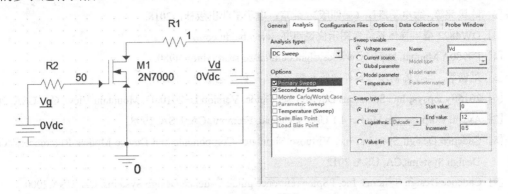

图 4.4-21　2N7000 输出特性曲线仿真电路和设置

仿真得到 2N7000 的传输特性曲线，如图 4.4-22 所示，该器件的输出特性与测试结果基本一致。

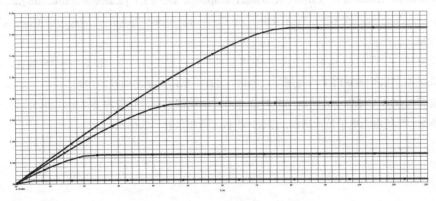

图 4.4-22　2N7000 的输出特性曲线

4.4.5　实验思考

1. MOSFET 器件的短沟道效应可以从哪些模型参数中得到反映？这些模型参数是怎样通过模型公式来改变器件的电学特性的？

2. 在理论学习中，研究的是理想条件下的一维器件结构，在 MOSFET 器件模型参数中如何考虑器件的二维和三维特性？请进行详细说明。

参 考 文 献

[1] 九院校编写组编. 微电子学实验教程. 南京：东南大学出版社，1991.

[2] 陈星弼等. 微电子器件（第四版）. 北京：电子工业出版社，2018.

[3] DW4822 型半导体管特性图示仪说明书. www.baidu.com.

[4] E4980A Manual. https://www.keysight.com/cn/zh/search.html/4980.

[5] 刘诺等. 半导体物理与器件实验教程. 北京：科学出版社，2017.

[6] 2015Synopsys, Inc. Sentaurus Device User Guide. Version D-2010.03. Mountain View, CA, USA, 2010.

[7] Avant! Corporation, Medici 4.1 User's Manual. Fremont, CA, USA, 1998.

[8] Cadence Design Systems, Inc. Virtuoso Simulator Components and Device Models Reference:Cadence Design Systems.CA, USA, 2012.

[9] Cadence Design Systems, Inc. PSpice reference guide:Cadence Design Systems. CA, USA,2000.

[10] 张东辉. PSpice 元器件模型建立及应用. 北京：机械工业出版社，2017.

[11] A. Vladimirescu, and S. Liu. The simulation of MOS Integrated Circuits Using Spice2. University of California, Berkeley, 1980.

[12] Kondo M, Onodera H, Tamaru K. Model-adaptable MOSFET parameter-extraction method using an intermediate mode l. IEEE Transactions on Computer Aided Design of Integrated Circuits & Systems, 1998.

[13] 艾罗拉. 用于 VLSI 模拟的小尺寸 MOS 器件模型：理论与实践. 北京：科学出版社，1999.

[14] 陈星弼. 功率 MOSFET 与高压集成电路. 南京：东南大学出版社，1990.

[15] 秦贤满. GB_T4023-2015/IEC 60747-2: 2000. 中国国家标准化管理委员会，2015.

[16] 李宏. 现代电力电子技术基础. 北京：机械工业出版社，2009.